Reihenentwicklungen in der mathematischen Physik

Von

Dr. Josef Lense

o. ö. Professor der Technischen Hochschule München

Mit 30 Abbildungen

Walter de Gruyter & Co.

vormals G. J. Göschen'sche Verlagshandlung
J. Guttentag, Verlagsbuchhandlung — Georg
Reimer — Karl J. Trübner — Veit & Comp.

Berlin W 10 und Leipzig.

1933

Archiv-Nr. 12 07 33

Druck von Walter de Gruyter & Co., Berlin W 10

Vorwort.

Ziel dieses Buches ist, die bei den wichtigsten Reihenentwicklungen der mathematischen Physik verwendeten Funktionen eingehender in ihren wesentlichen Eigenschaften zu behandeln, soweit die betreffenden Reihen nicht Potenz- oder Fouriersche Reihen sind. Es kommen also in erster Linie Bessel-, Kugel- und Lamésche Funktionen in Betracht, daneben auch wegen ihrer Anwendungen in der Wellenmechanik Laguerresche und Hermitesche Funktionen. Alle schließen sich wegen ihrer Orthogonalitätseigenschaften unmittelbar an die Fourierschen Reihen an.

Es gibt gewiß viele ausgezeichnete Darstellungen über jede einzelne dieser Funktionsklassen, doch sind sie gewöhnlich so umfangreich, daß sich der Leser nur mit großen Schwierigkeiten über die wesentlichen Eigenschaften der betreffenden Funktion ein Bild machen kann. Diese werden daher in den ersten vier Abschnitten des vorliegenden Buches ausführlich behandelt. Dabei habe ich mich mit Rücksicht auf die physikalischen Anwendungen immer auf das reelle Gebiet beschränkt, ausgenommen die Besselschen Funktionen. Während nämlich alle erwähnten Funktionen, die in der Physik verwendet werden, im wesentlichen Polynome, also in ihrem funktionentheoretischen Verhalten leicht zu übersehen sind, ist dies bei den Besselschen Funktionen nicht der Fall. Hier sind schon die einfachsten dieser Funktionen ganze transzendente Funktionen. Sie werden daher in vollster Allgemeinheit für komplexe Veränderliche und Zeiger behandelt, wodurch man gleich einen allgemeinen Überblick über ihr funktionentheoretisches Verhalten gewinnt. Die für die Anwendungen wichtigen Fälle ergeben sich dann durch Aussonderung. Die Darstellung schließt sich hauptsächlich an Watson (vgl. S. 35), im ersten Abschnitt an Courant (vgl. S. 12) an.

Warum nicht auch die Kugelfunktionen in ähnlicher Weise behandelt werden, hat darin seinen Grund, daß sie im wesentlichen hypergeometrische Funktionen sind und die Theorie dieser Funktionen nicht vorausgesetzt wird, während sich die für physikalische Anwendungen wichtigen Fälle reeller Veränderlicher und ganzzahliger positiver Zeiger leicht ohne eine derartige Theorie entwickeln lassen. Es wird daher auch nicht auf die Legendreschen Kugelfunktionen zweiter Art eingegangen. Ähnlich liegen die Verhältnisse bei den Laméschen Funktionen. Hier ist die Behandlung im Anschluß an Hobson (vgl. S. 98) und im Gegensatz zu Poincaré (vgl. S. 133) so gehalten, daß die Kenntnis der elliptischen Funktionen entbehrt werden kann, doch mußte die Darstellung bei Hobson und Poincaré in einigen Punkten vervollständigt werden, um volle Strenge zu erzielen.

Der fünfte Abschnitt bringt das Wichtigste über asymptotische Reihen im Anschluß an Knopp (vgl. S. 152), der sechste die wesentlichen Eigenschaften der Gammafunktion mit Rücksicht darauf, daß im zweiten Abschnitt verschiedene Eigenschaften dieser Funktion gebraucht werden, die in den gewöhnlichen Lehrbüchern der Differential- und Integralrechnung und Funktionentheorie meistens nicht behandelt werden, und die Theorie der Gammafunktion nicht vorausgesetzt werden soll. Am nächsten kommt dem Buch wohl das erwähnte Werk von Courant, doch da dieses infolge seiner ganz anderen Zielrichtung über die in den Abschnitten 4—6 behandelten Dinge fast gar nichts bringt, dürfte auch das vorliegende Buch daneben in Ehren bestehen.

An mathematischen Kenntnissen setzt es Vertrautheit mit den Grundlehren der Funktionentheorie und Differentialgleichungen voraus. Von besonderen Funktionen ist nur eine genaue Kenntnis der sogenannten elementaren Transzendenten, d. h. also im wesentlichen des Logarithmus im komplexen Gebiet erforderlich. Häufig verwendet wird die Integration im Komplexen. Um dem hierin ungeübten Leser die Sache zu erleichtern, sind immer die einzelnen Schritte möglichst ausführlich angegeben. Gelegentlich wird einmal der sogenannte Sturmsche Satz aus der Lehre von den Gleichungen verwendet. Um die Integraleigenschaften der Kugel- und Laméschen Funktionen abzuleiten und die Randwertaufgaben für Kugel und Ellipsoid zu lösen, werden die grundlegenden Sätze der Potentialtheorie benützt.

Das Buch ist in sechs Abschnitte, jeder Abschnitt in Ziffern eingeteilt. Von den Formeln sind nur jene mit Nummern bezeichnet, auf die im Text verwiesen wird. Ihre Bezifferung beginnt in jeder Ziffer von neuem. Bei Verweisen auf Formeln anderer Ziffern werden diese angegeben. So bedeutet z. B. (3) Gleichung (3) derselben Ziffer, (2, 3) Gleichung (3) der Ziffer 2 desselben Abschnittes, (I, 2, 3) Gleichung (3) der Ziffer 2 des ersten Abschnittes, (I, 2) Ziffer 2 des ersten Abschnittes. Definitionen und Lehrsätze sind durch gesperrten Druck hervorgehoben.

Es war meine Absicht und auch der Wunsch des Verlages, das Buch auf einen mäßigen Umfang zu beschränken und ihm damit vielleicht leichter eine weitere Verbreitung zu sichern. Zu diesem Zweck mußte der Text kurz und straff gefaßt und auf frühere Formeln soviel als möglich verwiesen werden. Letzteres trägt gewiß nicht dazu bei, das Lesen des Buches zu erleichtern, doch mußte dieser Übelstand aus dem angegebenen Grund in Kauf genommen werden.

Die Niederschrift des Manuskriptes hat meine Frau besorgt, die Abbildungen Herr Dr. Nikol gezeichnet. Bei der Durchsicht des Manuskriptes stand mir Herr Dr. Winkler mit wertvollen Ratschlägen zur Seite. Die Korrekturen haben die Herren Prof. Dr. Sauer, Privatdozent Dr. Duschek, Dr. Baier, Dr. Lehr, Dr. Nikol und meine Frau mitgelesen. Ihnen allen sei hier mein herzlicher Dank für ihre treue Hilfe ausgesprochen.

München, im Juli 1933.

J. Lense.

Inhaltsverzeichnis.

Seite

IV. Abschnitt. **Laméсhe Funktionen.**

V. Abschnitt. **Asymptotische Reihen.**

VI. Abschnitt. **Gammafunktion.**

Einleitung.

1. Reihenentwicklung. Annäherung durch Polynome. Die Reihenentwicklung einer Funktion einer reellen Veränderlichen $f(x)$ in einem bestimmten Intervall führt zu folgender Frage: Gegeben sei eine Folge von Funktionen der Veränderlichen x

$$\varphi_1(x),\quad \varphi_2(x),\quad \varphi_3(x), \ldots \quad \varphi_n(x), \ldots$$

Man bestimme die Zahlen $c_1, c_2, c_3, \ldots, c_n, \ldots$ so, daß der Ausdruck

$$\left| f(x) - \sum_{n=1}^{r} c_n \varphi_n(x) \right|$$

für jedes x des Intervalls bei passender Wahl von r beliebig klein gemacht werden kann. Die Wahl von r wird dabei im allgemeinen von x abhängen. Man sagt in diesem Fall, die Reihe

$$\sum_{n=1}^{\infty} c_n \varphi_n(x)$$

konvergiert gegen $f(x)$, und schreibt

$$f(x) = \sum_{n=1}^{\infty} c_n \varphi_n(x).$$

Die Kenntnis der Koeffizienten c_n gestattet dann, die Funktion $f(x)$ aus den bekannten Funktionen $\varphi_n(x)$ mit beliebiger Genauigkeit zu berechnen. Um die Rechenarbeit so weit als möglich abzukürzen, wird man die Funktionen $\varphi_n(x)$ möglichst einfach wählen.

Als solche bieten sich vor allem die einzelnen Potenzen von $x - b$ dar, wo b im betrachteten Intervall liegt:

$$(1) \qquad 1,\ x-b,\ (x-b)^2,\ (x-b)^3, \ldots,\ (x-b)^n, \ldots,$$

also eine Darstellung von der Gestalt

$$f(x) = \sum_{n=0}^{\infty} a_n (x-b)^n.$$

Diese unter dem Namen der Potenzreihenentwicklung einer Funktion bekannte Reihenentwicklung soll uns hier nicht näher beschäftigen. Es möge nur auf einen Umstand hingewiesen werden. Funktionen, welche eine derartige Entwicklung gestatten, heißen bekanntlich in der Umgebung der Stelle b analytisch. Bei ihnen wird die Annäherung durch Polynome entsprechend hohen Grades bewerkstelligt. Sie setzen unter anderem die Existenz sämtlicher Ableitungen der Funktionen an der betreffenden Stelle voraus. Nun hat Weierstraß[1]) gezeigt, daß man bei einer viel größeren Funktionenklasse eine Annäherung durch Polynome erreichen kann, nämlich bei jeder stetigen Funktion. Der Unterschied zwischen beiden Arten von Annäherungen ist folgender: Bei den analytischen Funktionen erfolgt die Annäherung so, daß bei der Berechnung jedes neuen Koeffizienten die schon vorhandenen Koeffizienten unverändert bleiben. Hat man also einen bestimmten Grad der Annäherung durch ein Polynom n-ten Grades

$$a_0 + a_1(x - b) + a_2(x - b)^2 + \cdots + a_n(x - b)^n$$

erreicht, so erfolgt der nächste Annäherungsschritt dadurch, daß dieses Polynom durch ein solches $(n + 1)$-ten Grades ersetzt wird, das sich vom vorhergehenden nur durch Hinzufügung des Gliedes $a_{n+1}(x - b)^{n+1}$ unterscheidet, während die schon berechneten $a_0, a_1, \ldots, a_n$ dieselben bleiben. Im Falle der Annäherung einer nicht analytischen stetigen Funktion jedoch erfolgt die Annäherung so, daß in diesem Fall auch die schon berechneten Koeffizienten durch neue zu ersetzen sind.

2. Fouriersche Reihen. Orthogonalfunktionen. Eine zweite Art der Reihenentwicklungen einer willkürlichen Funktion, die besonders bei periodischen Funktionen am Platze ist, besteht darin, daß man für die Funktionen $\varphi_n(x)$ die Funktionen

$$(1) \quad 1,\ \cos x,\ \sin x,\ \cos 2x,\ \sin 2x, \ldots, \cos nx,\ \sin nx, \ldots$$

wählt, also eine Darstellung von der Gestalt

$$(2) \qquad f(x) = \frac{a_0}{2} + \sum_{n=1}^{\infty} (a_n \cos nx + b_n \sin nx)$$

versucht. Man nennt die Entwicklung (2) eine Fouriersche Reihe, weil sich Fourier[2]) zum erstenmal mit derartigen Reihen beschäftigt hat. Die Grundeigenschaften dieser Entwicklung sind gegenwärtig fast in allen Lehrbüchern der Differential- und Integralrechnung enthalten, so daß wir uns damit begnügen können, sie für das Folgende kurz zusammenzustellen. Eine über die gewöhnliche Darstellung hinausgehende, aber dennoch nicht zu ausgedehnte Behandlung findet man in dem Büchlein von W. Rogosinski[3]).

Vor allem ist aus Gleichung (2) klar, daß sich nur periodische Funktionen mit der Periode 2π in dieser Art darstellen lassen. Will man eine im

[1]) K. Weierstraß, Sitzungsberichte Akad. Berlin, 1885, S. 633—639, S. 789—805 wie auch Werke Bd. 3, S. 1—37, Berlin 1903.

[2]) J. B. Fourier, Théorie analytique de la chaleur, Paris 1822 (Werke Bd. 1, deutsch von R. Weinstein, Berlin 1884).

[3]) W. Rogosinski, Fouriersche Reihen, Samml. Göschen Bd. 1022, Berlin und Leipzig 1930, W. de Gruyter & Co.

Intervall $a \leqq x \leqq b$ definierte nicht periodische Funktion in eine solche Reihe entwickeln, so hat man anzusetzen:

$$(3) \qquad f(x) = \frac{a_0}{2} + \sum_{n=1}^{\infty} \left(a_n \cos \frac{2\pi n x}{b-a} + b_n \sin \frac{2\pi n x}{b-a} \right).$$

Die rechte Seite dieser Gleichung hat die Periode $b - a$. Die Gleichung ist also sicher außerhalb des Intervalls ungültig, falls nicht auch die Funktionswerte von $f(x)$ dort als periodische Wiederholung der innerhalb des Intervalles gelegenen Werte definiert werden. Da man durch Einführung einer neuen Veränderlichen immer von Gleichung (3) auf Gleichung (2) zurückgehen kann, genügt es, Entwicklungen von der Gestalt (2) zu betrachten. Durch Einführung der neuen Veränderlichen wird das Intervall auf die Länge 2π gestreckt oder verkürzt.

Setzt man die Gültigkeit der Gleichung (2) und gleichmäßige Konvergenz der Reihe voraus, so erhält man die Koeffizienten a_k, b_k $(k = 1, 2, 3, \ldots)$ in folgender Weise: Man multipliziert die Gleichung mit $\cos kx$, bzw. $\sin kx$ und integriert von $-\pi$ bis $+\pi$. Berücksichtigt man die Beziehungen

$$(4) \qquad \frac{1}{\pi} \int_{-\pi}^{+\pi} \cos kx \cos nx \, dx = \begin{cases} 1 & \text{für } n = k \\ 0 & \text{,, } n \neq k, \end{cases}$$

$$\frac{1}{\pi} \int_{-\pi}^{+\pi} \sin kx \sin nx \, dx = \begin{cases} 1 & \text{für } n = k \\ 0 & \text{,, } n \neq k, \end{cases}$$

$$\frac{1}{\pi} \int_{-\pi}^{+\pi} \cos kx \sin nx \, dx = 0,$$

so erhält man die bekannten Formeln

$$a_k = \frac{1}{\pi} \int_{-\pi}^{+\pi} f(x) \cos kx \, dx,$$

$$b_k = \frac{1}{\pi} \int_{-\pi}^{+\pi} f(x) \sin kx \, dx.$$

Die erste gilt auch für $k = 0$, wie durch direkte Integration der Gleichung (2) von $-\pi$ bis $+\pi$ folgt.

Die in den Formeln (4) festgelegte Tatsache, auf der diese Berechnung der Koeffizienten beruht, läßt sich in Worten so ausdrücken: Multipliziert man irgend zwei verschiedene der Funktionen in der Folge (1) miteinander und integriert das Produkt von $-\pi$ bis $+\pi$, so ergibt sich immer Null. Man bezeichnet diese Eigenschaft als Orthogonalität und sagt: **Irgend zwei verschiedene Funktionen der Folge (1) sind zu einander orthogonal.** Es wird sich herausstellen, daß diese Eigenschaft nicht auf die Folge (1) allein beschränkt ist, sondern einer sehr allgemeinen Klasse von Funktionen zukommt, die man passend als **orthogonale Funktionen** bezeichnet.

Die Frage, welche Eigenschaft eine im Intervall $-\pi \leqq x \leqq +\pi$ definierte und darüber hinaus periodisch fortgesetzte Funktion haben muß, damit Gleichung (2) möglich sei, ist seit Dirichlet[1]) in zahlreichen Abhandlungen untersucht worden. Für die physikalischen Anwendungen seien folgende hinreichenden (aber keineswegs notwendigen) Bedingungen hier ohne Beweis angegeben:

1. Die Funktion sei samt ihrer ersten Ableitung stetig bis auf eine endliche Anzahl von Unstetigkeitsstellen mit endlichen Sprüngen, so daß jedesmal an einer Sprungstelle links- und rechtsseitiger Grenzwert der Funktion beziehungsweise der Ableitung vorhanden ist. In diesem Fall konvergiert die Reihe in abgeschlossenen Stetigkeitsintervallen der Funktion gleichmäßig und stellt dort die Funktion dar. An den Sprungstellen der Funktion konvergiert die Reihe ebenfalls und stellt dort das arithmetische Mittel des links- und rechtsseitigen Grenzwertes der Funktion dar.

2. Dasselbe gilt, wenn die erste Ableitung der Funktion eine endliche Anzahl von Unendlichkeitsstellen hat, aber absolut integrierbar bleibt. Näheres siehe in dem erwähnten Buch von Rogosinski.

Wir haben bis jetzt sowohl bei der Entwicklung in eine Potenzreihe als auch in eine Fourierreihe immer eine Funktion einer reellen Veränderlichen zugrunde gelegt. In ähnlicher Weise kann man aber auch vorgehen, wenn eine Funktion von mehreren Veränderlichen vorliegt, oder wenn die Veränderliche als komplex vorausgesetzt wird. Im Fall der komplexen Veränderlichen zeigt sich bei der Potenzreihenentwicklung erst die ganze Tragweite der betreffenden Theorie, indem sich die differenzierbaren Funktionen als identisch mit jenen herausstellen, die sich in Potenzreihen entwickeln lassen, eine der Grunderkenntnisse der Theorie der Funktionen einer komplexen Veränderlichen.

---

[1]) L. Dirichlet, J. f. M. 4 (1829), S. 157—169 oder Werke 1, S. 117—132, Berlin 1889.

I. Abschnitt.

Orthogonalfunktionen.

1. Definitionen. Normierung. Wir knüpfen an die in der Einleitung gegebene Definition der Orthogonalfunktionen an und betrachten die Folge der Funktionen

$$\varphi_1(x),\quad \varphi_2(x),\quad \varphi_3(x),\ldots \tag{1}$$

Sie seien im Intervall $a \leqq x \leqq b$ definiert und stetig. Wir sagen, die Funktionen sind Orthogonalfunktionen oder je zwei verschiedene sind zueinander orthogonal bezüglich des zugrunde gelegten Intervalles, wenn die Beziehung gilt:

$$\int_a^b \varphi_m(x)\,\varphi_n(x)\,dx = 0 \qquad (m \neq n;\ m, n = 1, 2, 3, \ldots).$$

Um die Schreibweise abzukürzen, wollen wir im folgenden nach einem Vorschlag von R. Courant[1]) immer

$$\int_a^b \varphi_m(x)\,\varphi_n(x)\,dx = (\varphi_m, \varphi_n)$$

setzen. Wir nennen die Folge (1) ein normiertes Orthogonalsystem, wenn die Gleichungen erfüllt sind:

$$(\varphi_m, \varphi_n) = \begin{cases} 1 & \text{für } m = n \\ 0 & \text{,, } m \neq n. \end{cases} \tag{2}$$

(φ_n, φ_n) nennt man die Norm von φ_n. Sie kann nur Null sein, wenn die Funktion an jeder Stetigkeitsstelle Null ist, d. h. also gemäß den über die Funktionen $\varphi_n(x)$ gemachten Voraussetzungen, wenn $\varphi_n(x)$ identisch verschwindet. Identisch verschwindende Funktionen nehmen wir aber in die Folge gar nicht auf.

Ein nicht normiertes System von Orthogonalfunktionen läßt sich immer normieren. Ist nämlich $(\varphi_n, \varphi_n) = N_n$ (N_n ist seiner Bedeutung nach immer positiv), so betrachten wir die Folge $\psi_n(x) = \dfrac{\varphi_n(x)}{\sqrt{N_n}}$; sie besteht aus lauter normierten Orthogonalfunktionen.

r Funktionen $f_1(x), f_2(x), \ldots, f_r(x)$ nennen wir linear abhängig, wenn sie identisch in x einer homogenen linearen Gleichung $\sum_{n=1}^{r} c_n f_n(x) = 0$ genügen, wo die c_n Konstante sind, die nicht sämtlich verschwinden. Sonst heißen die Funktionen linear unabhängig. Funktionen eines Orthogonalsystems sind immer linear

[1]) R. Courant u. D. Hilbert, Methoden der mathematischen Physik, I, 2. Auflage, Berlin 1931, J. Springer, S. 40.

unabhängig. Denn aus einer Beziehung $\sum_{n=1}^{r} c_n \varphi_n(x) = 0$ würde durch Multiplikation mit $\varphi_k(x)$ und Integration zwischen a und b folgen:

$$c_k = 0 \qquad (k = 1, 2, \ldots r).$$

2. Orthogonalisierung. Aus einer Folge (1, 1) läßt sich durch einen Orthogonalisierungsprozeß immer ein Orthogonalsystem herstellen, falls von den Funktionen $\varphi_n(x)$ für beliebiges r je r linear unabhängig sind. Man ersetzt nämlich die $\varphi_n(x)$ durch geeignete Linearkombinationen und zwar so: Wir bestimmen zwei nicht gleichzeitig verschwindende Koeffizienten c_1, c_2 so, daß $\psi_2 = c_1 \varphi_1 + c_2 \varphi_2$ zu φ_1 orthogonal ist, d. h. aus der Gleichung

$$c_1(\varphi_1, \varphi_1) + c_2(\varphi_1, \varphi_2) = 0.$$

Da φ_1 und φ_2 linear unabhängig sind, verschwindet ψ_2 nicht identisch. Der Gleichförmigkeit halber schreiben wir noch $\psi_1 = \varphi_1$.

Nun bilden wir (wieder mit drei nicht gleichzeitig verschwindenden Zahlen c_1', c_2', c_3') die Funktion

$$\psi_3 = c_1' \psi_1 + c_2' \psi_2 + c_3' \varphi_3$$

und zwar so, daß $(\psi_1, \psi_3) = 0$ und $(\psi_2, \psi_3) = 0$, also wegen $(\psi_1, \psi_2) = 0$ die Gleichungen

$$c_1'(\psi_1, \psi_1) + c_3'(\psi_1, \varphi_3) = 0$$
$$c_2'(\psi_2, \psi_2) + c_3'(\psi_2, \varphi_3) = 0$$

erfüllt sind. ψ_3 kann nicht identisch verschwinden, weil ψ_1, ψ_2, φ_3 linear unabhängig sind. Wären sie nämlich linear abhängig, so müßte sich φ_3 als Linearkombination von ψ_1 und ψ_2 darstellen lassen, weil diese beiden als Orthogonalfunktionen linear unabhängig sind. Dann ließe sich φ_3 aber auch als Linearkombination von φ_1 und φ_2 darstellen, gegen die Voraussetzung, daß φ_1, φ_2, φ_3 linear unabhängig sind. In dieser Weise fahren wir fort, d. h. wir bestimmen jetzt vier Koeffizienten, die nicht gleichzeitig verschwinden, so daß die mit ihnen gebildete Linearkombination aus ψ_1, ψ_2, ψ_3, φ_4 orthogonal zu ψ_1, ψ_2, ψ_3 ist usw. So wird die Folge (1) schrittweise orthogonalisiert.

Ein Beispiel eines normierten Orthogonalsystems für das Intervall $-\pi \leqq x \leqq +\pi$ ist durch die Folge

$$(1) \qquad \frac{1}{\sqrt{2\pi}}, \quad \frac{\cos x}{\sqrt{\pi}}, \quad \frac{\sin x}{\sqrt{\pi}}, \quad \frac{\cos 2x}{\sqrt{\pi}}, \quad \frac{\sin 2x}{\sqrt{\pi}}, \ldots$$

gegeben, wie sofort aus den Gleichungen (2, 4) der Einleitung folgt.

Orthogonalisiert man das System (1, 1) der Einleitung im Intervall $-1 \leqq x \leqq +1$ mit $b = 0$, so erhält man die sogenannten Legendreschen Polynome (vgl. III, 15). Man kann auch das mit $\sqrt{p(x)}$ multiplizierte System $1, x, x^2, x^3, \ldots$ in einem bestimmten Intervall $a \leqq x \leqq b$ orthogonalisieren, wo $p(x) \geqq 0$ und stetig ist; man erhält so ein System von Polynomen $Q_0(x), Q_1(x), Q_2(x), \ldots$, welche man die zur Belegungsfunktion $p(x)$ gehörigen Polynome nennt. Sie genügen bei passender Normierung den Beziehungen

$$\int_a^b p(x)\, Q_m(x)\, Q_n(x)\, dx = \begin{cases} 0 & \text{für } m \neq n \\ 1 & \text{,, } m = n \end{cases}.$$

3. Besselsche Ungleichung. Vollständigkeitsbeziehung. Konvergenz im Mittel. Wir nehmen jetzt an, die Folge (1, 1) sei orthogonalisiert und normiert, d. h. es gelten die Beziehungen (1, 2). $f(x)$ sei eine im selben Intervall definierte stetige Funktion. Wir wollen für sie einen Näherungsausdruck von der Gestalt $\sum_{n=1}^{r} \gamma_n \varphi_n(x)$ mit festem r derart finden, daß die Annäherung im Sinn der Methode der kleinsten Quadrate ein möglichst kleines mittleres Fehlerquadrat

$$M = \int_a^b [f(x) - \sum_{n=1}^{r} \gamma_n \varphi_n(x)]^2\, dx$$

liefert. Wir haben also die Koeffizienten γ_n so zu bestimmen, daß

$$\frac{\partial M}{\partial \gamma_n} = 0 \qquad (n = 1, 2, \ldots r)$$

ist. Die Rechnung ergibt:

Man hat für die γ_n die Zahlen $c_n = (f, \varphi_n)$ zu setzen. Aus der Umformung

$$\text{(1)} \qquad \begin{aligned} M &= \int_a^b f(x)^2\, dx - 2 \sum_{n=1}^{r} \gamma_n c_n + \sum_{n=1}^{r} \gamma_n^2 \\ &= \int_a^b f(x)^2\, dx - \sum_{n=1}^{r} c_n^2 + \sum_{n=1}^{r} (\gamma_n - c_n)^2 \end{aligned}$$

folgt, daß tatsächlich M für $\gamma_n = c_n$ seinen kleinsten Wert annimmt. Man nennt die Zahlen γ_n die (Fourierschen) Entwicklungskoeffizienten oder Komponenten von $f(x)$ bezüglich des Orthogonalsystems. Die gewöhnlichen Fourierschen Koeffizienten erhält man in dem besonderen Fall, daß die Folge (2, 1) als Orthogonalsystem zugrunde liegt.

Aus der Gleichung (1) folgt, weil $M \geqq 0$ ist, für $\gamma_n = c_n$ die Beziehung

$$\sum_{n=1}^{r} c_n^2 \leqq \int_a^b f(x)^2\, dx .$$

Da die rechte Seite dieser Ungleichung von r nicht abhängt, die Ungleichung daher für jeden beliebigen Wert von r gilt, konvergiert die Reihe $\sum_{n=1}^{\infty} c_n^2$ und man erhält die Beziehung

$$\sum_{n=1}^{\infty} c_n^2 \leqq \int_a^b f(x)^2\,dx\,. \tag{2}$$

Sie wird die Besselsche Ungleichung[1]) genannt.

Wenn es möglich ist, für jede stetige Funktion das kleinste mittlere Fehlerquadrat

$$\int_a^b \Big[f(x) - \sum_{n=1}^{r} c_n \varphi_n(x)\Big]^2 dx$$

durch passende Wahl von r unter jede noch so kleine positive Zahl herunterzudrücken, oder mit anderen Worten, jede stetige Funktion durch eine Linearkombination $\sum_{n=1}^{r} c_n \varphi_n(x)$ mit genügend vielen Gliedern im Sinne der Methode der kleinsten Quadrate („im Mittel", wie man sagt) beliebig genau darzustellen, so nennt man die Folge (1, 1) ein vollständiges, normiertes, orthogonales Funktionensystem.

Weil in diesem Fall M für genügend großes r und $\gamma_n = c_n$ beliebig klein gemacht werden kann, gilt statt (2) und zwar nur in diesem Fall die Gleichung

$$\sum_{n=1}^{\infty} c_n^2 = (f, f)\,, \tag{3}$$

die sogenannte Vollständigkeitsbeziehung.

Hat man noch eine zweite, im selben Intervall definierte, stetige Funktion $g(x)$ mit den Entwicklungskoeffizienten

$$d_n = (g, \varphi_n)\,,$$

so gilt

$$\sum_{n=1}^{\infty} d_n^2 = (g, g)\,,$$

und da auch $f(x) + g(x)$ stetig ist und die Entwicklungskoeffizienten $c_n + d_n = (f + g, \varphi_n)$ hat, ebenso

$$\sum_{n=1}^{\infty} (c_n + d_n)^2 = (f + g, f + g)\,.$$

Aus der letzten Gleichung aber folgt

$$\begin{aligned}(f + g, f + g) &= (f, f) + 2(f, g) + (g, g)\\ &= \sum_{n=1}^{\infty} (c_n^2 + 2c_n d_n + d_n^2)\,,\end{aligned}$$

daher

$$\sum_{n=1}^{\infty} c_n d_n = (f, g)\,. \tag{4}$$

---

[1]) F. W. Bessel, Astr. Nachr. 6 (1828), S. 333—348.

Die Gleichungen (3) und (4) sind infolgedessen gleichwertig; denn aus (4) folgt auch umgekehrt für $f(x) = g(x)$ wieder (3).

Wir sehen also, daß die Aussagen

1. Vollständigkeit des Orthogonalsystems $\varphi_1(x)$, $\varphi_2(x)$, ... oder

$$\lim_{r\to+\infty}\int_a^b\Big[f(x)-\sum_{n=1}^{r}c_n\varphi_n(x)\Big]^2=0\,,$$

2. Gültigkeit der Vollständigkeitsbeziehung in einer der beiden Formen (3) oder (4) gleichwertig sind.

Aus der Gültigkeit der Gleichung

$$(5)\qquad \lim_{r\to+\infty}\int_a^b\Big[f(x)-\sum_{n=1}^{r}c_n\varphi_n(x)\Big]^2=0$$

darf man aber keineswegs auf die Entwickelbarkeit von $f(x)$ in eine nach den Funktionen $\varphi_n(x)$ fortschreitende Reihe schließen, d. h. auf die Gültigkeit der Gleichung

$$f(x)=\sum_{n=1}^{\infty}c_n\varphi_n(x).$$

Diese Gleichung ist selbstverständlich gesichert, falls die gleichmäßige Konvergenz der Reihe $\sum_{n=1}^{\infty}c_n\varphi_n(x)$ feststeht. Denn dann kann man in (5) unter dem Integralzeichen zur Grenze übergehen.

Ein vollständiges Orthogonalsystem ist abgeschlossen, d. h. es gibt keine stetige, nicht identisch verschwindende Funktion $\varphi(x)$, die zu allen $\varphi_n(x)$ orthogonal ist. Denn ihre Entwicklungskoeffizienten wären alle Null, während $(\varphi, \varphi) \neq 0$ ist, d. h. die Vollständigkeitsbeziehung wäre nicht erfüllt. Die Umkehrung dieses Satzes gilt allgemein nur dann, wenn statt des Riemannschen Integralbegriffes der Lebesguesche zugrunde gelegt wird und soll daher hier nicht besprochen werden.

Läßt man aus einem vollständigen System eine der Funktionen $\varphi_n(x)$, z. B. $\varphi_k(x)$ weg, so ist die übrigbleibende Folge nicht mehr vollständig. Denn $\varphi_k(x)$ wäre zu allen übrigbleibenden Funktionen orthogonal, ohne identisch zu verschwinden, d. h. das Restsystem wäre nicht mehr abgeschlossen und daher auch nicht mehr vollständig. Bei einem unvollständigen System läßt sich also sicher nicht jede stetige Funktion in eine Reihe nach den Funktionen des Systems entwickeln (sonst müßte ja z. B. $\varphi_k(x)$ identisch verschwinden, weil alle seine Entwicklungskoeffizienten bezüglich des Restsystems Null sind), aber bei einem vollständigen ebenfalls nicht, wie die feinere Theorie der Fourierschen Reihen zeigt. Wir können nur die Gültigkeit der Gleichung (5) behaupten, oder wie man sich auszudrücken pflegt, die Funktion $\sum_{n=1}^{r}c_n\varphi_n(x)$ konvergiert „im Mittel“ gegen $f(x)$.

Jede stetige Funktion ist durch ihre Entwicklungskoeffizienten in bezug auf ein vollständiges Orthogonalsystem eindeutig festgelegt, d. h. zwei stetige Funktionen sind miteinander identisch, wenn sie dieselben Entwicklungskoeffizienten haben. Denn ihre Differenz hat die Entwicklungskoeffizienten Null, daher auch die Form Null und verschwindet somit identisch.

4. Laguerresche Funktionen. Wir führen die am Schluß von Ziffer 2 angedeutete Orthogonalisierung für alle $x \geqq 0$ mit $p(x) = e^{-x}$ durch. Wir erhalten dadurch im Intervall 0 bis ∞ ein System von Orthogonalfunktionen von der Gestalt $e^{-\frac{x}{2}} L_n(x)$ $(n = 0, 1, 2, \ldots)$, wo $L_n(x)$ ein Polynom n-ten Grades bedeutet. Man nennt sie die Laguerreschen Orthogonalfunktionen bzw. Laguerreschen Polynome[1]). Wir werden im folgenden ein derartiges System von Polynomen angeben; weil aber der Orthogonalisierungsvorgang gemäß Ziffer 2 die Funktionen bis auf konstante Faktoren eindeutig liefert, und zwar, vom Faktor $e^{-\frac{x}{2}}$ abgesehen, der Reihe nach als Polynome steigenden Grades, wobei jeder Grad vertreten ist, muß unser System mit dem gesuchten übereinstimmen.

Wir entwickeln zu diesem Zweck

$$(1) \qquad \psi(x, t) = \frac{e^{-\frac{xt}{1-t}}}{1-t}$$

nach Potenzen von t. Es ergibt sich

$$(2) \qquad \begin{aligned} \psi(x, t) &= \sum_{k=0}^{\infty} \frac{(-1)^k x^k}{k!} \frac{t^k}{(1-t)^{k+1}} \\ &= \sum_{k=0}^{\infty} \frac{(-1)^k x^k}{k!} \left[1 + \sum_{m=1}^{\infty} \frac{(k+1)(k+2)\ldots(k+m)}{1.2\ldots m} t^m\right] t^k \\ &= \sum_{k=0}^{\infty} \frac{(-1)^k x^k}{k!} \sum_{n=k}^{\infty} \binom{n}{k} t^n \\ &= \sum_{n=0}^{\infty} \sum_{k=0}^{n} \frac{(-1)^k}{k!} \binom{n}{k} x^k t^n \\ &= \sum_{n=0}^{\infty} \frac{L_n(x)}{n!} t^n, \end{aligned}$$

indem wir

$$L_n(x) = n! \sum_{k=0}^{n} \frac{(-1)^k}{k!} \binom{n}{k} x^k$$

[1]) E. Laguerre, Bull. Soc. Math. France 7 (1879), S. 72—81 oder Werke 1, S. 428—437, Paris 1898.

setzen. Nun ist aber nach der Multiplikationsregel der Differentialrechnung

$$(3)\qquad e^x \frac{d^n(x^n e^{-x})}{dx^n} = \sum_{k=0}^{n} (-1)^k \binom{n}{k} n(n-1)\ldots(k+1)\, x^k = L_n(x)$$

oder auch

$$\begin{aligned} L_n(x) &= \sum_{k=0}^{n} (-1)^{n-k} \binom{n}{k} n(n-1)\ldots(n-k+1)\, x^{n-k} \\ &= \sum_{k=0}^{n} \frac{(-1)^{n-k}}{k!} [n(n-1)\ldots(n-k+1)]^2 x^{n-k} \\ &= (-1)^n \left[x^n - \frac{n^2}{1!} x^{n-1} + \frac{n^2(n-1)^2}{2!} x^{n-2} + \cdots + (-1)^n n!\right]. \end{aligned}$$

Für die ersten dieser Polynome ergibt sich so

$$\begin{aligned} L_0(x) &= 1, \\ L_1(x) &= -x + 1, \\ L_2(x) &= x^2 - 4x + 2, \\ L_3(x) &= -x^3 + 9x^2 - 18x + 6, \\ L_4(x) &= x^4 - 16x^3 + 72x^2 - 96x + 24, \\ &\ldots\ldots\ldots\ldots \end{aligned}$$

Um zu zeigen, daß die Polynome $L_n(x)$ wirklich die gesuchten sind, haben wir die Orthogonalität der Funktion $e^{-\frac{x}{2}} L_n(x)$ nachzuweisen. Wir erhalten nach (3), wenn wir teilweise integrieren, für $n > k$

$$\begin{aligned} (4)\qquad \int_0^\infty e^{-x} x^k L_n(x)\, dx &= \int_0^\infty x^k \frac{d^n(x^n e^{-x})}{dx^n} dx \\ &= -k \int_0^\infty x^{k-1} \frac{d^{n-1}(x^n e^{-x})}{dx^{n-1}} dx \\ &= k(k-1) \int_0^\infty x^{k-2} \frac{d^{n-2}(x^n e^{-x})}{dx^{n-2}} dx \\ &= \ldots\ldots\ldots \\ &= (-1)^k k! \int_0^\infty \frac{d^{n-k}(x^n e^{-x})}{dx^{n-k}} dx = 0. \end{aligned}$$

Daraus folgt sofort

$$\int_0^\infty e^{-x} L_n(x)\, L_m(x)\, dx = 0 \qquad \text{für} \qquad n > m,$$

weil sich dieses Integral als eine Summe von Integralen der Gestalt (4) mit konstanten Koeffizienten darstellen läßt. Damit ist die Behauptung bewiesen.

Ähnlich ergibt sich, wenn wir (3) und (4) zu Hilfe nehmen,

$$\begin{aligned}\int_0^\infty e^{-x} L_n(x)^2\,dx &= \int_0^\infty (-1)^n x^n \frac{d^n(x^n e^{-x})}{dx^n}\,dx \\ &= n!\int_0^\infty x^n e^{-x}\,dx \\ &= n!\,n\int_0^\infty x^{n-1} e^{-x}\,dx \\ &= n!\,n(n-1)\int_0^\infty x^{n-2} e^{-x}\,dx \\ &= \cdots\cdots\cdots\cdots \\ &= (n!)^2.\end{aligned}$$

Die Funktionen

$$\varphi_n(x) = \frac{e^{-\frac{x}{2}} L_{n-1}(x)}{(n-1)!} \qquad (n = 1, 2, \ldots)$$

bilden also das normierte Orthogonalsystem.

5. Eigenschaften der Laguerreschen Funktionen. Aus (4, 1) erhalten wir

$$(1-t)^2 \frac{\partial \psi(x,t)}{\partial t} = (1-t-x)\,\psi(x,t),$$

also

$$(1-t)^2 \sum_{n=1}^\infty \frac{L_n(x)}{(n-1)!} t^{n-1} = (1-t-x)\sum_{n=0}^\infty \frac{L_n(x)}{n!} t^n,$$

somit, wenn wir die Koeffizienten von t^n vergleichen,

$$(1) \qquad L_{n+1}(x) - (2n+1-x)\,L_n(x) + n^2 L_{n-1}(x) = 0 \qquad (n \geqq 1),$$

also eine Rekursionsformel für die $L_n(x)$.

Ähnlich ergibt sich aus (4, 1)

$$(1-t)\frac{\partial\psi(x,t)}{\partial x} = -\,t\psi(x,t),$$

hiermit

$$(1-t)\sum_{n=0}^\infty \frac{L_n'(x)}{n!} t^n = -\,t\sum_{n=0}^\infty \frac{L_n(x)}{n!} t^n$$

oder

$$(2) \qquad L_n'(x) - n\,L_{n-1}'(x) = -\,n\,L_{n-1}(x) \qquad (n \geqq 1).$$

Wenn wir die Rekursionsformel differenzieren, erhalten wir

$$(3) \quad L_{n+1}'(x) - (2n+1-x)\,L_n'(x) + L_n(x) + n^2 L_{n-1}'(x) = 0.$$

Ferner ist nach (2), wenn wir n durch $n+1$ ersetzen,

$$(4) \qquad L'_{n+1}(x) - (n+1)\,L'_n(x) + (n+1)\,L_n(x) = 0,$$

daher, wenn (3) von (4) abgezogen wird,

$$(n-x)\,L'_n(x) + n\,L_n(x) - n^2 L'_{n-1}(x) = 0$$

oder nach (2)

$$(5) \qquad x\,L'_n(x) = n\,L_n(x) - n^2\,L_{n-1}(x) \qquad (n \geqq 1),$$

somit nach (2) und (5)

$$\begin{aligned}\frac{d[x\,L'_n(x)]}{dx} &= n\,L'_n(x) - n^2\,L'_{n-1}(x)\\ &= -\,n^2 L_{n-1}(x)\\ &= x\,L'_n(x) - n\,L_n(x),\end{aligned}$$

d. h. $L_n(x)$ genügt der homogenen linearen Differentialgleichung zweiter Ordnung

$$xy'' + (1-x)\,y' + ny = 0 \qquad (n = 0, 1, 2, \ldots).$$

Setzen wir

$$y = ze^{\frac{x}{2}},$$

also

$$y' = \left(\frac{z}{2} + z'\right) e^{\frac{x}{2}},$$

$$y'' = \left(\frac{z}{4} + z' + z''\right) e^{\frac{x}{2}},$$

so wird

$$xz'' + z' + \left(\frac{1}{2} - \frac{x}{4} + n\right) z = 0 \; (n = 0, 1, 2, \ldots).$$

Dieser Differentialgleichung genügen also die Laguerreschen Funktionen $e^{-\frac{x}{2}} L_n(x)$.

6. Hermitesche Funktionen. Wählen wir $p(x) = e^{-x^2}$ und lassen sämtliche reellen Werte von x zu, so erhalten wir im Intervall $-\infty$ bis $+\infty$ ein System von Orthogonalfunktionen der Gestalt $e^{-\frac{x^2}{2}} H_n(x)$, wo $H_n(x)$ ebenfalls ein Polynom n-ten Grades bedeutet. Man nennt sie die Hermiteschen Orthogonalfunktionen bzw. Hermiteschen Polynome[1]). Wir gehen wieder von einer erzeugenden Funktion aus, nämlich

[1]) Ch. Hermite, C. R. Acad. sc. Paris **58**, S. 93—100, 266—273; **60** (1865), S. 370—377, 432—440, 461—466, 512—518 oder Werke **2** (Paris 1908), S. 293—312, 319—346.

$$(1)\qquad \begin{aligned}\psi(x,t) &= e^{-t^2+2tx}\\ &= e^{x^2}e^{-(t-x)^2}\\ &= e^{x^2}\sum_{n=0}^{\infty}\left[\frac{d^n e^{-(t-x)^2}}{dt^n}\right]_{t=0}\frac{t^n}{n!}\\ &= e^{x^2}\sum_{n=0}^{\infty}\frac{(-1)^n}{n!}\frac{d^n e^{-x^2}}{dx^n}t^n\\ &= \sum_{n=0}^{\infty}\frac{H_n(x)}{n!}t^n,\end{aligned}$$

indem wir

$$(2)\qquad H_n(x) = (-1)^n e^{x^2}\frac{d^n e^{-x^2}}{dx^n}, \qquad H_0(x) = 1$$

setzen. Ähnlich wie in Ziffer 4 werden wir zeigen, daß die so definierten Funktionen $H_n(x)$ tatsächlich die Hermiteschen Polynome sind, indem wir ihre Orthogonalitätseigenschaft nachweisen. Es ist nämlich $H_n(x)$ nach (2) ein Polynom n-ten Grades, ferner wegen (1)

$$\frac{\partial\psi(x,t)}{\partial x} = 2t\,\psi(x,t),$$

somit

$$(3)\qquad H_n'(x) = 2n\,H_{n-1}(x) \qquad (n \geqq 1),$$

daher für $n > m$, wenn wir teilweise integrieren,

$$\begin{aligned}\int_{-\infty}^{+\infty} H_m(x)\,H_n(x)\,e^{-x^2}\,dx &= (-1)^n\int_{-\infty}^{+\infty} H_m(x)\frac{d^n e^{-x^2}}{dx^n}dx\\ &= (-1)^{n-1}\cdot 2m\int_{-\infty}^{+\infty} H_{m-1}(x)\frac{d^{n-1}e^{-x^2}}{dx^{n-1}}dx\\ &= \cdots\cdots\cdots\cdots\\ &= (-1)^{n-m}\cdot 2^m m!\int_{-\infty}^{+\infty} H_0(x)\frac{d^{n-m}e^{-x^2}}{dx^{n-m}}dx = 0.\end{aligned}$$

Damit ist die Behauptung bewiesen. Für $n = m$ ist

$$\int_{-\infty}^{+\infty} H_n(x)^2 e^{-x^2}\,dx = 2^n n!\int_{-\infty}^{+\infty} H_0(x)e^{-x^2}\,dx = 2^n n!\sqrt{\pi}.$$

Die Funktionen des normierten Orthogonalsystems sind daher

$$\varphi_n(x) = \frac{H_{n-1}(x)\,e^{-\frac{x^2}{2}}}{\sqrt{2^{n-1}(n-1)!\sqrt{\pi}}} \qquad (n = 1, 2, 3, \ldots)$$

7. Eigenschaften der Hermiteschen Funktionen. Aus (6, 1) folgt

$$\frac{\partial\psi(x,t)}{\partial t} + 2(t-x)\;\psi(x,t) = 0,$$

daher durch Koeffizientenvergleichung die Rekursionsformel

$$(1) \qquad H_{n+1}(x) - 2x H_n(x) + 2n H_{n-1}(x) = 0 \qquad (n \geqq 1).$$

Wenn man (1) differenziert, erhält man

$$H'_{n+1}(x) - 2x H'_n(x) - 2H_n(x) + 2n H'_{n-1}(x) = 0$$

oder nach (6, 3)

$$2n H_n(x) - 2x H'_n(x) + 2n H'_{n-1}(x) = 0.$$

Ferner ist nach (6, 3)

$$H''_n(x) = 2n H'_{n-1}(x),$$

daher aus den beiden letzten Gleichungen

$$(2) \qquad H''_n(x) - 2x H'_n(x) + 2n H_n(x) = 0,$$

d. h. $H_n(x)$ genügt der linearen homogenen Differentialgleichung zweiter Ordnung

$$y'' - 2xy' + 2ny = 0 \qquad (n = 0, 1, 2, \ldots).$$

Setzt man

$$y = ze^{\frac{x^2}{2}},$$

also

$$y' = (xz + z')e^{\frac{x^2}{2}},$$

$$y'' = [(x^2 + 1)z + 2xz' + z'']e^{\frac{x^2}{2}},$$

so wird

$$z'' + (2n + 1 - x^2)z = 0 \qquad (n = 0, 1, 2, \ldots).$$

Dieser Differentialgleichung genügen die Hermiteschen Funktionen $e^{-\frac{x^2}{2}} H_n(x)$.

Die ersten Hermiteschen Polynome ergeben sich aus (6, 2) und der Rekursionsformel (1) zu

$$H_0(x) = 1,$$
$$H_1(x) = 2x,$$
$$H_2(x) = 4x^2 - 2,$$
$$H_3(x) = 8x^3 - 12x,$$
$$H_4(x) = 16x^4 - 48x^2 + 12,$$
$$\cdots\cdots\cdots\cdots$$

Allgemein ergibt sich so aus der Rekursionsformel $H_n(x)$ als Polynom n-ten Grades, in dem die Potenzen $x^{n-1}, x^{n-3}, \ldots$ fehlen; der Koeffizient von x^n ist 2^n. Um die übrigen Koeffizienten zu bestimmen, setzen wir

$$H_n(x) = \sum_{m=0}^{n} a_m x^{n-m}$$

und verwenden die Differentialgleichung (2). Man erhält

$$\sum_{m=0}^{n} (n-m)(n-m-1)\, a_m x^{n-m-2} - 2x \sum_{m=0}^{n} (n-m)\, a_m x^{n-m-1} + 2n \sum_{m=0}^{n} a_m x^{n-m} = 0$$

oder, wenn wir die Koeffizienten von x^{n-m} vergleichen,

$$(n-m+2)(n-m+1)\, a_{m-2} + 2m a_m = 0,$$

d. h.

$$a_m = -\frac{(n-m+2)(n-m+1)}{2m} a_{m-2},$$

daher wegen $a_0 = 2^n$

$$a_{2k} = \frac{(-1)^k}{k!} 2^{n-2k} n(n-1)\ldots(n-2k+1),$$

also

$$H_n(x) = \sum_{k=0}^{\left[\frac{n}{2}\right]} \frac{(-1)^k}{k!} n(n-1)\ldots(n-2k+1)(2x)^{n-2k}.$$

Dabei bedeutet $[\alpha]$ die größte ganze Zahl $\leqq \alpha$.

II. Abschnitt.

Besselfunktionen.

a) Ganzzahlige Zeiger.

1. Geschichte. Wir werden in diesen Funktionen ein weiteres Beispiel für Orthogonalfunktionen kennenlernen. Sie treten zum erstenmal in einer von Daniel Bernoulli[1]) im Jahre 1738 behandelten mechanischen Aufgabe auf, betreffend die Schwingungen einer schweren Kette mit konstanter Längendichte, die an einem Ende aufgehängt ist. Führt man passende Maßeinheiten ein, so kommt man auf die Differentialgleichung

$$\frac{d}{dx}\left(x\frac{dy}{dx}\right) + y = 0.$$

Die Lösung wird als Potenzreihe in x angesetzt und erhalten.

1764 gelangt L. Euler[2]), als er sich mit den Schwingungen einer gespannten Membran beschäftigte, zu folgender Differentialgleichung (wieder

---

[1]) D. Bernoulli, Comm. Petrop. **6** (1732/33 [38]), S. 108—122, 8. Satz, S. 116.

[2]) L. Euler, Petrop. n. comm. **10** (1764 [66]), S. 243—260.

bei passender Wahl der Maßeinheiten)

$$(1) \qquad \frac{d^2 y}{dx^2} + \frac{1}{x}\frac{dy}{dx} + \left(1 - \frac{\nu^2}{x^2}\right) y = 0 .$$

Dabei bedeutet ν eine reelle Konstante. Auch hier erhält man eine formale Lösung durch folgenden Ansatz:

$$y = x^\nu (a_0 + a_2 x^2 + a_4 x^4 + \cdots).$$

Die Koeffizienten sind so zu bestimmen, daß die Funktion der Differentialgleichung genügt, sie hängen also von ν ab. Die Reihe wird sich später als beständig konvergent herausstellen, wir bezeichnen diese Lösung mit $I_\nu(x)$ und nennen sie die Besselfunktion vom Zeiger ν. Um den Zusammenhang mit der von Bernoulli behandelten Differentialgleichung zu erkennen, führen wir in dieser die neue Veränderliche

$$u = 2\sqrt{x}$$

ein. Man erhält

$$\frac{dy}{dx} = \frac{dy}{du}\frac{1}{\sqrt{x}},$$

$$\frac{d^2 y}{dx^2} = \frac{d^2 y}{du^2}\frac{1}{x} - \frac{dy}{du}\frac{1}{2x^{3/2}} .$$

Es ergibt sich somit

$$\frac{d^2 y}{du^2} + \frac{1}{u}\frac{dy}{du} + y = 0 ,$$

d. h. die von Euler untersuchte Differentialgleichung mit $\nu = 0$. Die reguläre Lösung der von Bernoulli behandelten Differentialgleichung wird also in unserer Bezeichnung durch $I_0(2\sqrt{x})$ gegeben, ist somit tatsächlich eine Potenzreihe in x.

Einige Zeit später treten die mit $I_\nu(x)$ bezeichneten Funktionen, die wir vorläufig durch Reihenentwicklung aus der Differentialgleichung (1) erhalten haben, bei Lagrange [1]) in einer astronomischen Fragestellung auf, nämlich in der Theorie der elliptischen Planetenbewegung. Wir werden sie später (Ziffer 32) als Anwendung der Besselfunktionen ausführlicher behandeln.

Bei der Untersuchung der Wärmeleitung in einem Kreiszylinder kam Fourier [2]) auf folgende Differentialgleichung:

$$\frac{\partial y}{\partial t} = \frac{\partial^2 y}{\partial x^2} + \frac{1}{x}\frac{\partial y}{\partial x} .$$

Die Maßeinheiten sind wieder passend gewählt vorausgesetzt. Setzt man $y = e^{-t} v(x)$, so erhält man für v die Differentialgleichung

---

[1]) J. Lagrange, Hist. de l'Acad. R. des Sc. de Berlin 25 (1769 [71]), S. 204—233, oder Werke 3 (1869), S. 113—138.

[2]) Vgl. Einleitung, Ziff. 2, Anmerkung 2.

$$\frac{d^2 v}{dx^2} + \frac{1}{x}\frac{dv}{dx} + v = 0\,,$$

d. h. (1) mit $\nu = 0$, also die Lösung $v(x) = I_0(x)$.

Kurz darauf untersuchte Poisson [1]) die Wärmeleitung in einer Kugel und kam dabei auf eine Differentialgleichung der Art:

$$\frac{d^2 y}{dx^2} + \left[1 - \frac{n(n+1)}{x^2}\right] y = 0 \qquad (n = 0, 1, 2, \ldots)\,.$$

Auch sie können wir in Zusammenhang mit der Gleichung (1) bringen. Wir setzen $y = \sqrt{x}\,v$ und erhalten

$$\frac{dy}{dx} = \frac{v}{2\sqrt{x}} + \sqrt{x}\,\frac{dv}{dx}\,,$$

$$\frac{d^2 y}{dx^2} = -\frac{v}{4x^{3/2}} + \frac{1}{\sqrt{x}}\frac{dv}{dx} + \sqrt{x}\,\frac{d^2 v}{dx^2}\,,$$

somit

$$\frac{d^2 v}{dx^2} + \frac{1}{x}\frac{dv}{dx} + \left[1 - \frac{(2n+1)^2}{4x^2}\right] v = 0\,.$$

Es ergibt sich infolgedessen die Lösung $v = I_{n+\frac{1}{2}}(x)$.

Wir sehen, daß in allen diesen Fällen die Gleichung (1) zum Vorschein kommt, wenn man passende Veränderliche einführt. Der Name Besselfunktion rührt davon her, daß Bessel [2]) zuerst ihre Haupteigenschaften für ganzzahlige Zeiger $\nu \geqq 0$ untersucht hat, als er sich mit derselben astronomischen Fragestellung beschäftigte, die auch Lagrange auf diese Funktionen geführt hatte. Die Funktionen $I_{\frac{1}{3}}(x)$ und $I_{-\frac{1}{3}}(x)$ wurden zuerst von W. Wirtinger [3]) zur Berechnung des Airyschen Regenbogenintegrales verwendet.

2. Definition. Erzeugende Funktion. Am einfachsten ergeben sich die Besselfunktionen mit ganzzahligen Zeigern ν als Koeffizienten der einzelnen Potenzen von t, wenn man die Funktion $e^{\frac{z}{2}\left(t-\frac{1}{t}\right)}$ in eine nach positiven und negativen Potenzen von t fortschreitende Reihe entwickelt. Dabei sind z und t als komplex gedacht. Diese Tatsache wurde von Hansen [4]) entdeckt und von Schlömilch [5]) zur genauen Untersuchung der Funktionen verwertet. In derselben Weise wollen auch wir diese Funktionen einführen, weil sich so ihre Grundeigenschaften am leichtesten ergeben. In Ziff. 3 werden wir nachweisen, daß sie der Differentialgleichung (1, 1) genügen.

---

[1]) S. D. Poisson, Journal Ecole Polytechn. **12** (1823), S. 249—403.

[2]) Fr. W. Bessel, Abhandlungen Akad. Berlin, 1824 [26], S. 1—52.

[3]) W. Wirtinger, Berichte des naturw.-med. Vereins in Innsbruck **23** (1896/97).

[4]) P. A. Hansen, Schriften der Sternwarte Seeburg, Gotha 1843, S. 106.

[5]) O. Schlömilch, Z. f. Math. u. Phys. **2** (1857), S. 137—165.

Wir setzen also an

$$e^{\frac{z}{2}\left(t-\frac{1}{t}\right)} = \sum_{n=-\infty}^{+\infty} t^n I_n(z) \tag{1}$$

und erhalten

$$e^{\frac{z}{2}\left(t-\frac{1}{t}\right)} = \sum_{r=0}^{\infty} \left(\frac{z}{2}\right)^r \frac{t^r}{r!} \sum_{m=0}^{\infty} \left(-\frac{z}{2}\right)^m \frac{t^{-m}}{m!}.$$

Beide Reihen der rechten Seite konvergieren absolut, daher konvergiert auch die durch gliedweise Multiplikation entstehende Reihe absolut und kann somit nach Potenzen von t geordnet werden. Man erhält infolgedessen für $n \geqq 0$

$$I_n(z) = \sum_{m=0}^{\infty} \frac{(-1)^m z^{n+2m}}{2^{n+2m} m!\,(n+m)!}. \tag{2}$$

Vertauschen wir t mit $-\frac{1}{t}$, so folgt

$$e^{\frac{z}{2}\left(-\frac{1}{t}+t\right)} = \sum_{n=-\infty}^{+\infty} (-t)^{-n} I_n(z)$$
$$= \sum_{n=-\infty}^{+\infty} (-t)^n I_{-n}(z),$$

also

$$I_{-n}(z) = (-1)^n I_n(z). \tag{3}$$

Man nennt die Funktion $e^{\frac{z}{2}\left(t-\frac{1}{t}\right)}$ die erzeugende Funktion. Die Reihe (1) ist ihre Laurentsche Entwicklung. Sie konvergiert, wie aus der Theorie der Potenzreihen von mehreren Veränderlichen bekannt ist, für alle t und z gleichmäßig in dem abgeschlossenen Gebiet $a \leqq |t| \leqq b$, $|z| \leqq R$, wo a, b, R beliebige positive Konstanten sind. Die Reihe (2) stellt also eine ganze Funktion von z dar, d. h. die Besselschen Funktionen sind ganze Funktionen ihrer Veränderlichen, und zwar transzendente, weil sie keine Polynome sind.

3. Rekursionsformeln. Differentialgleichung. Wenn man die Laurentsche Entwicklung gliedweise nach t differenziert, erhält man wieder eine gleichmäßig konvergente Reihe, nämlich die Laurentsche Reihe für die differenzierte Funktion. In unserem Fall (2, 1) ergibt sich

$$\frac{z}{2}\left(1+\frac{1}{t^2}\right) e^{\frac{z}{2}\left(t-\frac{1}{t}\right)} = \sum_{n=-\infty}^{+\infty} n\, t^{n-1} I_n(z)$$

oder

$$\frac{z}{2}\left(1+\frac{1}{t^2}\right) \sum_{n=-\infty}^{+\infty} t^n I_n(z) = \sum_{n=-\infty}^{+\infty} n\, t^{n-1} I_n(z).$$

Da die Laurentsche Entwicklung eindeutig ist, folgt durch Koeffizientenvergleichung

$$(1) \qquad I_{n-1}(z) + I_{n+1}(z) = \frac{2n}{z} I_n(z).$$

Ebenso liefert gliedweise Differentiation von (2, 1) nach z die Laurentsche Reihenentwicklung für die differenzierte Funktion, nämlich

$$\frac{1}{2}\left(t - \frac{1}{t}\right) e^{\frac{z}{2}\left(t - \frac{1}{t}\right)} = \sum_{n=-\infty}^{+\infty} t^n I_n'(z)$$

oder

$$\frac{1}{2}\left(t - \frac{1}{t}\right) \sum_{n=-\infty}^{+\infty} t^n I_n(z) = \sum_{n=-\infty}^{+\infty} t^n I_n'(z),$$

daher

$$(2) \qquad I_{n-1}(z) - I_{n+1}(z) = 2 I_n'(z).$$

Addition und Subtraktion der Gleichungen (1) und (2) liefert

$$z I_n'(z) + n I_n(z) = z I_{n-1}(z),$$
$$z I_n'(z) - n I_n(z) = - z I_{n+1}(z)$$

oder

$$(3) \qquad \begin{aligned} \frac{d}{dz}\left[z^n I_n(z)\right] &= z^n I_{n-1}(z), \\ \frac{d}{dz}\left[z^{-n} I_n(z)\right] &= - z^{-n} I_{n+1}(z). \end{aligned}$$

Ersetzen wir in der zweiten dieser Gleichungen n durch $n - 1$, so erhalten wir

$$\frac{d}{dz}\left[z^{1-n} I_{n-1}(z)\right] = - z^{1-n} I_n(z)$$

oder, wenn wir auf den Klammerausdruck der linken Seite die erste der Gleichungen (3) anwenden,

$$\frac{d}{dz}\left\{z^{1-2n} \frac{d}{dz}\left[z^n I_n(z)\right]\right\} = - z^{1-n} I_n(z).$$

Führt man die angezeigten Differentiationen aus, so folgt

$$I_n''(z) + \frac{1}{z} I_n'(z) + \left(1 - \frac{n^2}{z^2}\right) I_n(z) = 0.$$

Damit ist der Beweis für die früher aufgestellte Behauptung erbracht, daß die Entwicklungskoeffizienten $I_n(z)$ in der Reihe (2, 1) tatsächlich der Differentialgleichung (1, 1) für $\nu = n$ genügen.

4. Jacobische Reihenentwicklungen. Aus der Entwicklung (2, 1) bekommen wir auch zwei Reihen, die auf Jacobi[1]) zurückgehen. Wir schreiben (2, 1) mit Hilfe von (2, 3) in der Form

---

[1]) J. Jacobi, J. f. M. **25** (1836), S. 12 oder Werke **6** (1891), S. 101.

$$e^{\frac{z}{2}\left(t-\frac{1}{t}\right)} = I_0(z) + \sum_{n=1}^{\infty} [t^n + (-1)^n t^{-n}] I_n(z),$$

setzen für $t = \pm e^{i\varphi}$ und erhalten

$$e^{\pm iz\sin\varphi} = I_0(z) + 2\sum_{n=1}^{\infty} I_{2n}(z)\cos 2n\varphi \pm 2i\sum_{n=0}^{\infty} I_{2n+1}(z)\sin(2n+1)\varphi.$$

Wenn wir die in dieser Gleichung zusammengefaßten beiden Gleichungen addieren, bzw. subtrahieren, ergibt sich

$$(1)\qquad \begin{aligned} \cos(z\sin\varphi) &= I_0(z) + 2\sum_{n=1}^{\infty} I_{2n}(z)\cos 2n\varphi, \\ \sin(z\sin\varphi) &= 2\sum_{n=0}^{\infty} I_{2n+1}(z)\sin(2n+1)\varphi. \end{aligned}$$

Schreiben wir $\frac{\pi}{2} - \varphi$ statt φ, so folgt

$$(2)\qquad \begin{aligned} \cos(z\cos\varphi) &= I_0(z) + 2\sum_{n=1}^{\infty} (-1)^n I_{2n}(z)\cos 2n\varphi, \\ \sin(z\cos\varphi) &= 2\sum_{n=0}^{\infty} (-1)^n I_{2n+1}(z)\cos(2n+1)\varphi. \end{aligned}$$

Die erste der Gleichungen (1) liefert für $\varphi = 0$ das besondere Ergebnis

$$(3)\qquad 1 = I_0(z) + 2\sum_{n=1}^{\infty} I_{2n}(z).$$

Setzen wir in den Gleichungen (2) $\varphi = 0$, so erhalten wir die Entwicklungen von $\cos z$ und $\sin z$ nach Besselfunktionen, nämlich

$$\begin{aligned} \cos z &= I_0(z) + 2\sum_{n=1}^{\infty} (-1)^n I_{2n}(z), \\ \sin z &= 2\sum_{n=0}^{\infty} (-1)^n I_{2n+1}(z). \end{aligned}$$

5. Besselsche Integraldarstellung. Additionstheorem. Aus der Entwicklung (2, 1) folgt auch die auf Bessel[1]) zurückgehende Integraldarstellung der Besselfunktionen. Wie aus der Theorie der Funktionen einer komplexen Veränderlichen bekannt ist, ergibt sich der Koeffizient von t^n in der Laurentschen Entwicklung durch die Cauchysche Formel

$$(1)\qquad I_n(z) = \frac{1}{2\pi i}\int t^{-n-1} e^{\frac{z}{2}\left(t-\frac{1}{t}\right)} dt.$$

Das Integral ist über eine geschlossene, doppelpunktsfreie Kurve zu erstrecken, welche den Nullpunkt im positiven Sinn umkreist. Wählen wir als diese

[1]) Vergleiche S. 25, Anmerkung 2.

Kurve den Einheitskreis, setzen also $t = e^{-i\varphi}$, so wird

$$I_n(z) = \frac{1}{2\pi} \int_{-\pi}^{+\pi} e^{i(n\varphi - z\sin\varphi)}\, d\varphi$$

und daraus weiter

$$I_n(z) = \frac{1}{2\pi} \int_0^{\pi} e^{i(n\varphi - z\sin\varphi)}\, d\varphi + \frac{1}{2\pi} \int_{-\pi}^{0} e^{i(n\varphi - z\sin\varphi)}\, d\varphi.$$

Führen wir im zweiten Integral $-\varphi$ statt φ als Veränderliche ein, so verwandelt es sich in

$$\int_0^{\pi} e^{-i(n\varphi - z\sin\varphi)}\, d\varphi,$$

daher wird

$$I_n(z) = \frac{1}{\pi} \int_0^{\pi} \cos(n\varphi - z\sin\varphi)\, d\varphi.$$

Aus der Formel (1) ergibt sich leicht das Additionstheorem der Besselfunktionen[1]). Wir können nämlich schreiben, indem wir (2, 1) verwenden:

$$\begin{aligned} I_n(z_1 + z_2) &= \frac{1}{2\pi i} \int t^{-n-1} e^{\frac{z_1+z_2}{2}\left(t-\frac{1}{t}\right)} dt \\ &= \frac{1}{2\pi i} \int \sum_{m=-\infty}^{+\infty} t^{m-n-1} I_m(z_1)\, e^{\frac{z_2}{2}\left(t-\frac{1}{t}\right)} dt \\ &= \frac{1}{2\pi i} \sum_{m=-\infty}^{+\infty} I_m(z_1) \int t^{m-n-1} e^{\frac{z_2}{2}\left(t-\frac{1}{t}\right)} dt \\ &= \sum_{m=-\infty}^{+\infty} I_m(z_1)\, I_{n-m}(z_2). \end{aligned}$$

6. Neumannsche Reihenentwicklungen. Mit einer Entwicklung von z^m (m ganze positive Zahl) nach Besselfunktionen, die auf C. Neumann[2]) zurückgeht, wollen wir diese Betrachtungen über Besselfunktionen mit ganzzahligen Zeigern schließen. Der Gedankengang für ihre Herleitung rührt von A. C. Dixon[3]) her.

Wenn wir das folgende Integral längs einer geschlossenen, doppelpunktsfreien Kurve erstrecken, die den Nullpunkt im positiven Sinn umkreist, erhalten wir

[1]) C. Neumann, Theorie der Besselschen Funktionen, Leipzig 1867, S. 40; E. Lommel, Studien über die Besselschen Funktionen, Leipzig 1868, S. 26—27.

[2]) Vergleiche das in der vorhergehenden Anm. angegebene Buch, S. 38.

[3]) A. C. Dixon, Messenger 32 (1903), S 8.

$$\int u^{m-1} e^{\frac{z}{u}} du = \int u^{m-1} \sum_{n=0}^{\infty} \frac{1}{n!} \left(\frac{z}{u}\right)^n du = \frac{2\pi i z^m}{m!},$$

also

$$(1) \qquad z^m = \frac{m!}{2\pi i} \int u^{m-1} e^{\frac{z}{u}} du.$$

Wir führen nun an Stelle der Veränderlichen u die durch die Gleichung

$$(2) \qquad u = \frac{2t}{1-t^2}$$

definierte Veränderliche t ein. u ist also in einer gewissen Umgebung von $t=0$ eine analytische Funktion von t und $=0$ für $t=0$; daher wird eine genügend kleine Umgebung von $t=0$ der t-Ebene auf eine bestimmte Umgebung von $u=0$ der u-Ebene konform abgebildet. Wenn infolgedessen t den Nullpunkt auf einer ganz innerhalb dieser Umgebung von $t=0$ gelegenen, doppelpunktfreien Kurve umkreist, bewegt sich auch u in einer doppelpunktfreien Kurve im selben Sinn gerade einmal um den Nullpunkt. Wir können Formel (1) somit auch schreiben

$$(3) \qquad z^m = \frac{m!}{2\pi i} \int e^{-\frac{z}{2}\left(t-\frac{1}{t}\right)} \frac{1}{m} \frac{du^m}{dt} dt.$$

Der binomische Satz liefert aus (2)

$$u^m = 2^m t^m \sum_{n=0}^{\infty} (-1)^n \binom{-m}{n} t^{2n}$$

$$= 2^m \sum_{n=0}^{\infty} \frac{(m+n-1)!}{(m-1)!\, n!} t^{m+2n},$$

also wird (3) wegen (5, 1)

$$z^m = \frac{2^m}{2\pi i} \int e^{-\frac{z}{2}\left(t-\frac{1}{t}\right)} \sum_{n=0}^{\infty} \frac{(m+2n)\,(m+n-1)!}{n!} t^{m+2n-1} dt$$

$$= 2^m \sum_{n=0}^{\infty} \frac{(m+2n)\,(m+n-1)!}{n!} I_{-m-2n}(-z).$$

Berücksichtigen wir noch die Formeln (2, 2) und (2, 3), so ergibt sich schließlich

$$\left(\frac{z}{2}\right)^m = \sum_{n=0}^{\infty} \frac{(m+2n)\,(m+n-1)!}{n!} I_{m+2n}(z).$$

Die Formel gilt nicht für $m=0$, wie der Vergleich mit (4, 3) lehrt.

b) Beliebige Zeiger.

7. Differentialgleichung. Wir haben gesehen, daß die Besselfunktionen mit ganzzahligen Zeigern der Differentialgleichung

$$z^2 I_n''(z) + z I_n'(z) + (z^2 - n^2) I_n(z) = 0$$

genügen. Wir legen jetzt diese Differentialgleichung der Behandlung zugrunde und wollen ihre allgemeine Lösung untersuchen, setzen aber dabei gleich, um größte Allgemeinheit zu haben, n als beliebige komplexe Zahl voraus. Um das auch äußerlich zu kennzeichnen, schreiben wir ν statt n. Die zu untersuchende Differentialgleichung lautet also

$$(1) \qquad z^2 \frac{d^2 w}{dz^2} + z \frac{dw}{dz} + (z^2 - \nu^2)\, w = 0.$$

Wir machen den Ansatz

$$(2) \qquad w = \sum_{m=0}^{\infty} c_m z^{\alpha+m}$$

und erhalten, wenn wir die Koeffizienten der Potenz $z^{\alpha+m}$ vergleichen, die Rekursionsformel

$$(\alpha + m)(\alpha + m - 1)\, c_m + (\alpha + m)\, c_m + c_{m-2} - \nu^2 c_m = 0$$

oder

$$(3) \qquad [(\alpha + m)^2 - \nu^2]\, c_m + c_{m-2} = 0\,.$$

Insbesondere ergibt sich $(\alpha^2 - \nu^2)\, c_0 = 0$ für $m = 0$. Diese Gleichung wird durch $\alpha = \pm\, \nu$ erfüllt. Ferner liefert $m = 1 : [(\alpha + 1)^2 - \nu^2]\, c_1 = 0$. Die Konstante c_0 bleibt willkürlich, die übrigen sind aus der letzten Gleichung und aus (3) zu bestimmen. Hat man $\alpha = +\, \nu$ gewählt und ist 2ν keine negative ganze Zahl, so ergibt sich

$$c_{2m} = \frac{(-1)^m c_0}{2^{2m} m!\, (\nu + 1)(\nu + 2) \ldots (\nu + m)}, \qquad c_{2m+1} = 0.$$

Hat man sich hingegen für $\alpha = -\, \nu$ entschieden und ist 2ν keine positive ganze Zahl, so folgt

$$(4) \qquad c_{2m} = \frac{(-1)^m c_0}{2^{2m} m!\, (-\nu + 1)(-\nu + 2) \ldots (-\nu + m)}, \qquad c_{2m+1} = 0.$$

Für die willkürlich bleibende Konstante c_0 setzen wir im ersten Fall (vgl. VI, 1, 1)

$$c_0 = \frac{1}{2^\nu \Gamma(\nu + 1)},$$

im zweiten Fall

$$c_0 = \frac{1}{2^{-\nu} \Gamma(-\nu + 1)}.$$

Die beiden so entstandenen Lösungen bezeichnen wir mit $I_\nu(z)$ und $I_{-\nu}(z)$ und können unter Verwendung einer bekannten Formel aus der Theorie der Gammafunktion (vgl. VI, 3, 1) schreiben

$$(5) \qquad I_\nu(z) = \sum_{m=0}^{\infty} \frac{(-1)^m z^{\nu+2m}}{2^{\nu+2m}\, m!\, \Gamma(\nu + m + 1)}.$$

Die Wahl von c_0 ist so getroffen, daß sich für $\nu = n$ gerade die Reihe (2, 2) ergibt.

Die Reihe (5) für $z^{-\nu} I_\nu(z)$ konvergiert absolut und gleichmäßig im Gebiete $|z| \leqq R$, $|\nu| \leqq N$, wo R und N beliebige positive Zahlen sind. Denn bildet man den Quotienten zweier aufeinanderfolgender Glieder, so ergibt sich

$$\left| - \frac{z^2}{4m(\nu + m)} \right| \leqq \frac{R^2}{4m(m - N)} \leqq \beta < 1$$

für alle $m > m_0$, wenn nur m_0 genügend groß gewählt ist. Aus dem Quotientenkennzeichen für konvergente Reihen folgt somit die Behauptung. $z^{-\nu} I_\nu(z)$ ist also eine ganze transzendente Funktion von z, $I_\nu(z)$ eine analytische Funktion von z und ν, die Stelle $z = 0$ gegebenenfalls ausgenommen. Für z^ν wählen wir immer den Hauptwert, d. h. wir setzen $z^\nu = e^{\nu \ln z}$ und wählen den Winkel von $\ln z$ zwischen $-\pi$ und $+\pi$. Ist $\nu \geqq 0$, so ist nach dem Obigen die Berechnung immer möglich im Fall $\alpha = \nu$. Dasselbe gilt für $\alpha = -\nu$, wenn nicht ν von der Form $k + \frac{1}{2}$ oder k ist, wo $k = 0, 1, 2, \ldots$ Im ersten Fall $\left(\nu = k + \frac{1}{2}\right)$ erhält man wie früher aus (3) $c_1 = c_3 = c_5 = \cdots = c_{2k-1} = 0$, c_{2k+1} bleibt willkürlich, für c_{2m} ergibt sich Formel (4), für $c_{2m+1} (m > k)$ dagegen

$$c_{2m+1} = \frac{(-1)^{m-k} c_{2k+1}}{2^{m-k}(2k+3)(2k+5)\ldots(2m+1)(m-k)!}.$$

Setzen wir diesen Ausdruck in die Reihe (2) ein und verwenden die Beziehung (5), so folgt in diesem Fall als allgemeine Lösung

$$w = c_0 \cdot 2^{-k-\frac{1}{2}} \Gamma\left(\frac{1}{2} - k\right) I_{-k-\frac{1}{2}}(z)$$
$$+ c_{2k+1} \cdot 2^{k+\frac{1}{2}} \Gamma\left(\frac{3}{2} + k\right) I_{k+\frac{1}{2}}(z).$$

Im zweiten Fall $(\nu = k)$ liefert (3)

$$c_1 = c_3 = c_5 = \cdots = 0, \qquad c_{2k-2} = c_{2k-4} = \cdots = c_0 = 0,$$

c_{2k} bleibt willkürlich, dagegen erhält man für c_{2m} $(m > k)$

$$c_{2m} = \frac{(-1)^{m-k} c_{2k}}{2^{2(m-k)} (m-k)! (k+1)(k+2)\ldots m}.$$

(2) und (5) geben dann als Lösung

$$w = 2^k k! \, c_{2k} I_k(z),$$

also bis auf einen konstanten Faktor dieselbe Lösung wie für $\alpha = \nu$.

8. Hauptsystem von Lösungen. Bekanntlich hat eine homogene lineare Differentialgleichung zweiter Ordnung zwei Lösungen w_1 und w_2, aus denen sich alle übrigen durch Linearkombination bilden lassen. Man nennt zwei solche Lösungen ein Hauptsystem von Lösungen der Differentialgleichung. Das entscheidende Kennzeichen dafür, daß zwei Lösungen w_1 und w_2 ein Hauptsystem bilden, wird durch die Wronskische Determinante

$$W = \begin{vmatrix} w_1 & w_2 \\ w_1' & w_2' \end{vmatrix}$$

geliefert. Für W ergibt sich aus der Differentialgleichung folgender Ausdruck: Es gilt

$$z^2 w_1'' + z w_1' + (z^2 - \nu^2) w_1 = 0\,,$$
$$z^2 w_2'' + z w_2' + (z^2 - \nu^2) w_2 = 0\,.$$

Wir multiplizieren die erste dieser Gleichungen mit w_2, die zweite mit w_1 und subtrahieren sie dann. Man erhält so

$$z(w_2 w_1'' - w_1 w_2'') + (w_2 w_1' - w_1 w_2') = 0$$

oder

$$z W' + W = 0\,,$$

daher

$$(1) \qquad W = \frac{C}{z} \qquad (C = \text{const.})\,.$$

Wir wollen jetzt W für unsere beiden Lösungen $I_\nu(z)$ und $I_{-\nu}(z)$ berechnen, setzen also

$$w_1 = I_\nu(z) = \frac{z^\nu}{2^\nu \Gamma(\nu + 1)} + \cdots,$$
$$w_2 = I_{-\nu}(z) = \frac{z^{-\nu}}{2^{-\nu} \Gamma(-\nu + 1)} + \cdots,$$
$$w_1' = \frac{\nu z^{\nu-1}}{2^\nu \Gamma(\nu + 1)} + \cdots,$$
$$w_2' = \frac{-\nu z^{-\nu-1}}{2^{-\nu} \Gamma(-\nu + 1)} + \cdots,$$

daher

$$W = -\frac{2\nu}{\Gamma(\nu + 1)\Gamma(-\nu + 1) z} + \cdots.$$

Alle weggelassenen Glieder liefern höhere Potenzen von z als die (-1)-te. Da aber W nach (1) von der Gestalt $\frac{C}{z}$ ist, müssen die Koeffizienten dieser Glieder Null sein. Es ist also genau

$$(2) \qquad W(I_\nu, I_{-\nu}) = -\frac{2\nu}{\Gamma(\nu + 1)\Gamma(-\nu + 1) z}$$
$$= -\frac{2}{\Gamma(\nu)\Gamma(-\nu + 1) z}$$
$$= -\frac{2 \sin \nu\pi}{\pi z}\,.$$

Wir haben dabei die beiden Funktionalgleichungen (VI, 3, 1) und (VI, 3, 4) verwendet, denen die Gammafunktion genügt.

Ist also ν keine ganze Zahl, so ist W von Null verschieden und $I_\nu(z)$ und $I_{-\nu}(z)$ bilden ein Hauptsystem. Ist dagegen ν eine ganze Zahl, so verschwindet W identisch, die beiden Lösungen hängen voneinander linear ab, es besteht die bekannte Beziehung (2, 3)

$$I_{-n}(z) = (-1)^n I_n(z).$$

Diese Beziehung ergibt sich auch durch direkte Rechnung. Es gilt ja ($n \geqq 0$)

$$I_{-n}(z) = \sum_{m=0}^{\infty} \frac{(-1)^m z^{-n+2m}}{2^{-n+2m} m! \Gamma(-n+m+1)}.$$

Nun ist nach (VI, 3) $\frac{1}{\Gamma(-n+m+1)} = 0$ für $m = 0, 1, 2, \ldots n-1$ und $\Gamma(n+1) = n!$, daher

$$(3) \qquad I_{-n}(z) = \sum_{m=n}^{\infty} \frac{(-1)^m z^{-n+2m}}{2^{-n+2m} m! \Gamma(-n+m+1)}$$
$$= (-1)^n \sum_{r=0}^{\infty} \frac{(-1)^r z^{n+2r}}{2^{n+2r} r! \Gamma(n+r+1)}$$
$$= (-1)^n I_n(z).$$

Wir haben also in $I_\nu(z)$ und $I_{-\nu}(z)$ zwei linear unabhängige Lösungen unserer Differentialgleichung, d. h. ein Hauptsystem gefunden, sobald ν keine ganze Zahl ist. Daß in diesem Fall $I_\nu(z)$ und $I_{-\nu}(z)$ nicht voneinander linear abhängen, erkennt man auch aus (7, 5). Für ganzzahlige ν müssen wir uns neben $I_\nu(z)$ um eine andere, davon linear unabhängige Lösung umsehen. Das soll später geschehen, vorerst wollen wir die für $I_\nu(z)$ geltenden Rekursionsformeln ableiten.

9. Rekursionsformeln. Die in Ziffer 3 erhaltenen Formeln gelten auch für allgemeines ν. Der Beweis ergibt sich einfach durch Ausrechnung. Wir erhalten aus (7, 5)

$$(1) \qquad \frac{d}{dz}[z^\nu I_\nu(z)] = \frac{d}{dz} \sum_{m=0}^{\infty} \frac{(-1)^m z^{2\nu+2m}}{2^{\nu+2m} m! \Gamma(\nu+m+1)}$$
$$= \sum_{m=0}^{\infty} \frac{(-1)^m z^{2\nu-1+2m}}{2^{\nu-1+2m} m! \Gamma(\nu+m)}$$
$$= z^\nu I_{\nu-1}(z),$$

$$\frac{d}{dz}[z^{-\nu} I_\nu(z)] = \frac{d}{dz} \sum_{m=0}^{\infty} \frac{(-1)^m z^{2m}}{2^{\nu+2m} m! \Gamma(\nu+m+1)}$$
$$= \sum_{m=1}^{\infty} \frac{(-1)^m z^{2m-1}}{2^{\nu+2m-1} (m-1)! \Gamma(\nu+m+1)}$$

$$= \sum_{m=0}^{\infty} \frac{(-1)^{m+1} z^{2m+1}}{2^{\nu+2m+1} m!\, \Gamma(\nu+m+2)}$$
$$= -z^{-\nu} I_{\nu+1}(z)$$

und daraus

$$z I_\nu'(z) + \nu I_\nu(z) = z I_{\nu-1}(z),$$
$$z I_\nu'(z) - \nu I_\nu(z) = -z I_{\nu+1}(z)$$

oder

$$I_{\nu-1}(z) + I_{\nu+1}(z) = \frac{2\nu}{z} I_\nu(z),$$
$$I_{\nu-1}(z) - I_{\nu+1}(z) = 2 I_\nu'(z).$$

(1) läßt sich auch schreiben

$$\frac{d}{z\,dz}[z^\nu I_\nu(z)] = z^{\nu-1} I_{\nu-1}(z),$$
$$\frac{d}{z\,dz}[z^{-\nu} I_\nu(z)] = -z^{-\nu-1} I_{\nu+1}(z)$$

oder bei k-maliger Wiederholung ($k = 1, 2, 3, \ldots$)

$$\left(\frac{d}{z\,dz}\right)^k [z^\nu I_\nu(z)] = z^{\nu-k} I_{\nu-k}(z),$$
(2)
$$\left(\frac{d}{z\,dz}\right)^k [z^{-\nu} I_\nu(z)] = (-1)^k z^{-\nu-k} I_{\nu+k}(z).$$

10. Besselfunktionen erster und zweiter Art. Wir suchen jetzt neben $I_n(z)$ eine zweite davon linear unabhängige Lösung unserer Differentialgleichung (7, 1). Wir setzen zuerst $\nu \neq n$ voraus. Da die Differentialgleichung homogen linear ist, genügt ihr auch $\frac{I_\nu(z) - (-1)^n I_{-\nu}(z)}{\nu - n}$. Lassen wir ν gegen n (n nichtnegative, ganze Zahl) konvergieren, so ist

(1)
$$\mathsf{Y}_n(z) = \lim_{\nu \to n} \frac{I_\nu(z) - (-1)^n I_{-\nu}(z)}{\nu - n}$$

eine Lösung der Differentialgleichung für $\nu = n$. Wir erhalten nämlich

$$\mathsf{Y}_n(z) = \lim_{\nu \to n} \frac{I_\nu(z) - I_n(z)}{\nu - n} - (-1)^n \lim_{\nu \to n} \frac{I_{-\nu}(z) - I_{-n}(z)}{\nu - n}$$
$$= \left[\frac{\partial I_\nu(z)}{\partial \nu} - (-1)^n \frac{\partial I_{-\nu}(z)}{\partial \nu}\right]_{\nu=n}.$$

Wir haben diese Funktion im Anschluß an G. N. Watson[1]) mit $\mathsf{Y}_n(z)$ bezeichnet. Man überzeugt sich leicht, daß sie der Differentialgleichung für $\nu = n$ genügt. Denn da $I_\nu(z)$ eine analytische Funktion von z und ν ist, ergibt sich durch Differentiation der Differentialgleichung nach ν:

[1]) G. N. Watson, A Treatise on the Theory of Bessel Functions, Cambridge 1922, S. 58.

$$z^2 \frac{d^2}{dz^2} \frac{\partial I_{\pm\nu}(z)}{\partial \nu} + z \frac{d}{dz} \frac{\partial I_{\pm\nu}(z)}{\partial \nu} + (z^2 - \nu^2) \frac{\partial I_{\pm\nu}(z)}{\partial \nu} - 2\nu I_{\pm\nu}(z) = 0.$$

Setzen wir zur Abkürzung

$$\frac{\partial I_\nu(z)}{\partial \nu} - (-1)^n \frac{\partial I_{-\nu}(z)}{\partial \nu} = Z_\nu(z),$$

so folgt daraus

$$z^2 \frac{d^2 Z_\nu(z)}{dz^2} + z \frac{dZ_\nu(z)}{dz} + (z^2 - \nu^2) Z_\nu(z) = 2\nu[I_\nu(z) - (-1)^n I_{-\nu}(z)],$$

daher

$$z^2 \frac{d^2 Z_\nu(z)}{dz^2} + z \frac{dZ_\nu(z)}{dz} + (z^2 - n^2) Z_\nu(z) = (\nu^2 - n^2) Z_\nu(z) + 2\nu [I_\nu(z) - (-1)^n I_{-\nu}(z)].$$

Da sämtliche Funktionen stetige Funktionen von ν sind, liefert der Grenzübergang $\nu \to n$ die Behauptung.

Aus (1) folgt weiter

$$\begin{aligned} \mathrm{Y}_{-n}(z) &= \lim_{\nu \to -n} \frac{I_\nu(z) - (-1)^{-n} I_{-\nu}(z)}{\nu + n} \\ &= \lim_{\nu \to n} \frac{I_{-\nu}(z) - (-1)^n I_\nu(z)}{-\nu + n} \\ &= (-1)^n \mathrm{Y}_n(z). \end{aligned}$$

Es ist

$$\left[\frac{\partial I_{-\nu}(z)}{\partial \nu}\right]_{\nu=0} = -\left[\frac{\partial I_\nu(z)}{\partial \nu}\right]_{\nu=0},$$

daher

$$\mathrm{Y}_0(z) = 2 \left[\frac{\partial I_\nu(z)}{\partial \nu}\right]_{\nu=0}.$$

Da die Reihe für $I_\nu(z)$ gleichmäßig in ν konvergiert und die einzelnen Glieder analytische Funktionen von ν sind, kann man gliedweise nach ν differenzieren und erhält daher

$$\mathrm{Y}_0(z) = 2 \sum_{m=0}^{\infty} \left\{ \frac{(-1)^m z^{\nu+2m}}{2^{\nu+2m}\, m!\, \Gamma(\nu + m + 1)} \left[\ln \frac{z}{2} - \frac{\partial}{\partial \nu} \ln \Gamma(\nu + m + 1)\right]\right\}_{\nu=0}$$

und ähnlich

$$\begin{aligned} \mathrm{Y}_n(z) = &\sum_{m=0}^{\infty} \left\{ \frac{(-1)^m z^{\nu+2m}}{2^{\nu+2m}\, m!\, \Gamma(\nu + m + 1)} \left[\ln \frac{z}{2} - \frac{\partial}{\partial \nu} \ln \Gamma(\nu + m + 1)\right]\right\}_{\nu=n} \\ &+ (-1)^n \sum_{m=0}^{\infty} \left\{ \frac{(-1)^m z^{-\nu+2m}}{2^{-\nu+2m}\, m!\, \Gamma(-\nu + m + 1)} \left[\ln \frac{z}{2} - \frac{\partial}{\partial \nu} \ln \Gamma(-\nu + m + 1)\right]\right\}_{\nu=n}. \end{aligned}$$

Schon in dieser Darstellung kann man aus dem Auftreten des logarithmischen Gliedes schließen, daß die gefundene Funktion $\mathrm{Y}_n(z)$ von $I_n(z)$ nicht linear abhängt und daher zusammen mit $I_n(z)$ ein Hauptsystem darstellt. Ein ganz einfacher Beweis wird sich dafür später aus der Berechnung der Wronskischen Determinante ergeben.

Wir setzen nun

$$(2) \qquad Y_\nu(z) = \frac{I_\nu(z)\cos\nu\pi - I_{-\nu}(z)}{\sin\nu\pi}.$$

$Y_\nu(z)$ ist als Linearkombination von $I_\nu(z)$ und $I_{-\nu}(z)$ mit konstanten Koeffizienten ebenfalls eine Lösung der Besselschen Differentialgleichung. Wir nennen $I_\nu(z)$ die zum Zeiger ν gehörige Besselsche Funktion erster Art, $Y_\nu(z)$ die zugeordnete Besselsche Funktion zweiter Art. Die Funktion $Y_\nu(z)$ wurde von H. Weber[1]) eingeführt, allerdings auf einem ganz anderen Weg, den wir später kennen lernen werden. An Stelle von $I_\nu(z)$ und $I_{-\nu}(z)$ kann man auch $I_\nu(z)$ und $Y_\nu(z)$ als Hauptsystem wählen. Denn auch diese beiden Funktionen sind linear unabhängig. Ihre Wronskische Determinante ist ja nach (2) und (8, 2)

$$(3) \qquad W(I_\nu, Y_\nu) = \begin{vmatrix} I_\nu(z) & Y_\nu(z) \\ I'_\nu(z) & Y'_\nu(z) \end{vmatrix} = -\frac{1}{\sin\nu\pi}\begin{vmatrix} I_\nu(z) & I_{-\nu}(z) \\ I'_\nu(z) & I'_{-\nu}(z) \end{vmatrix} = \frac{2}{\pi z},$$

also von Null verschieden. Doch nun haben wir mehr gewonnen. $W(I_\nu, Y_\nu)$ hängt von ν nicht ab, d. h. die beiden Funktionen $I_\nu(z)$ und $Y_\nu(z)$ bilden auch ein Hauptsystem, wenn ν eine ganze Zahl ist. Sehen wir nach, was in diesem Fall aus $Y_\nu(z)$ wird. Die Definition (2) ist jetzt wegen (2, 3) sinnlos. Da aber $Y_\nu(z)$ in ν analytisch ist, können wir schreiben

$$\begin{aligned} Y_n(z) &= \lim_{\nu\to n} \frac{I_\nu(z)\cos\nu\pi - I_{-\nu}(z)}{\sin\nu\pi} \\ &= \lim_{\nu\to n} \frac{\dfrac{\partial I_\nu(z)}{\partial\nu}\cos\nu\pi - \pi I_\nu(z)\sin\nu\pi - \dfrac{\partial I_{-\nu}(z)}{\partial\nu}}{\pi\cos\nu\pi} \\ &= \frac{1}{\pi}\left[\frac{\partial I_\nu(z)}{\partial\nu} - (-1)^n\frac{\partial I_{-\nu}(z)}{\partial\nu}\right]_{\nu=n} \\ &= \frac{1}{\pi}\,\mathsf{Y}_n(z). \end{aligned}$$

Als geschichtliche Tatsache sei noch erwähnt, daß C. Neumann[2]) nicht $\mathsf{Y}_n(z)$ als zweites von $I_n(z)$ linear unabhängiges Integral der Besselschen Differentialgleichung neben $I_n(z)$ betrachtet hat, sondern die Verbindung $\frac{1}{2}\mathsf{Y}_n(z) + (\ln 2 - C)\,I_n(z)$, wo C die sogenannte Eulersche Konstante ist (vgl. hierzu V, 9). Er nannte diese Funktion die komplementäre Besselfunktion, während er als Funktion zweiter Art eine andere Funktion bezeichnete, die jedoch nicht der Besselschen Differentialgleichung genügt.

---

[1]) H. Weber, J. f. M. 76 (1873), S. 9; Math. Ann. 6 (1873), S. 148.

[2]) Vgl. das auf S. 29, Anmerkung 1 angegebene Buch von C. Neumann, S. 42—44.

11. Rekursionsformeln für die Besselfunktionen zweiter Art. Nach (9, 1) gelten die Formeln

$$(1)\qquad \begin{aligned} \frac{d}{dz}[z^\nu I_\nu(z)] &= z^\nu I_{\nu-1}(z)\,, \\ \frac{d}{dz}[z^\nu I_{-\nu}(z)] &= -\,z^\nu I_{-\nu+1}(z)\,. \end{aligned}$$

Wir multiplizieren die erste Formel mit ctg $\nu\pi$, die zweite mit $\frac{1}{\sin \nu\pi}$ und subtrahieren sie. Dann ergibt sich

$$(2)\qquad \frac{d}{dz}[z^\nu Y_\nu(z)] = z^\nu Y_{\nu-1}(z)\,.$$

Ersetzen wir in den Formeln (1) ν durch $-\nu$, so folgt

$$\begin{aligned} \frac{d}{dz}[z^{-\nu} I_\nu(z)] &= -\,z^{-\nu} I_{\nu+1}(z)\,, \\ \frac{d}{dz}[z^{-\nu} I_{-\nu}(z)] &= z^{-\nu} I_{-\nu-1}(z)\,. \end{aligned}$$

Wir multiplizieren wieder die erste dieser Formeln mit ctg $\nu\pi$, die zweite mit $\frac{1}{\sin \nu\pi}$ und subtrahieren sie. Dann erhalten wir

$$(3)\qquad \frac{d}{dz}[z^{-\nu} Y_\nu(z)] = -\,z^{-\nu} Y_{\nu+1}(z)$$

oder

$$\frac{d}{dz}[z^\nu Y_{-\nu}(z)] = -\,z^\nu Y_{-\nu+1}(z)\,.$$

Es ergeben sich somit dieselben Rekursionsformeln wie für die Funktionen erster Art. Da die Besselfunktionen samt ihren Ableitungen stetige Funktionen von ν sind, gelten die Formeln durch Grenzübergang auch für ganzzahlige Werte von ν. Behandelt man die Formeln (2) und (3) wie in Ziffer 9, so folgen die dort angegebenen Rekursionsformeln auch für die Funktionen zweiter Art.

12. Zylinderfunktionen. N. Sonine und N. Nielsen[1]) definieren als Zylinderfunktion die allgemeinste analytische Funktion $C_\nu(z)$, welche den beiden Rekursionsformeln der Besselfunktionen genügt:

$$(1)\qquad \begin{aligned} C_{\nu-1}(z) + C_{\nu+1}(z) &= \frac{2\nu}{z} C_\nu(z)\,, \\ C_{\nu-1}(z) - C_{\nu+1}(z) &= 2C'_\nu(z)\,. \end{aligned}$$

In ähnlicher Art und Weise wie in Ziffer 3 ergibt sich (wir brauchen nur ν an Stelle von n und $C_\nu(z)$ an Stelle von $I_\nu(z)$ zu schreiben) für $C_\nu(z)$ die

---

[1]) N. Sonine, Math. Ann. **16** (1880), S. 1—80; N. Nielsen, Handbuch der Theorie der Zylinderfunktionen, Leipzig 1904, S. 1, 42 ff.

Differentialgleichung

$$(2) \qquad z^2 C_\nu''(z) + z C_\nu'(z) + (z^2 - \nu^2) C_\nu(z) = 0 .$$

Da $I_\nu(z)$ und $Y_\nu(z)$ für alle ν ein Hauptsystem bilden, muß

$$C_\nu(z) = a_\nu I_\nu(z) + b_\nu Y_\nu(z)$$

sein. Dabei bedeuten a_ν, b_ν von z unabhängige Konstanten. Wenn wir dieses Ergebnis in die aus (1) folgende Formel

$$z C_\nu'(z) + \nu C_\nu(z) = z C_{\nu-1}(z)$$

einsetzen und hierauf noch einmal diese Formel für $C_\nu(z) = I_\nu(z)$ und $C_\nu(z) = Y_\nu(z)$ verwenden, erhalten wir

$$a_\nu I_{\nu-1}(z) + b_\nu Y_{\nu-1}(z) = a_{\nu-1} I_{\nu-1}(z) + b_{\nu-1} Y_{\nu-1}(z)$$

oder, weil $I_{\nu-1}(z)$ und $Y_{\nu-1}(z)$ linear unabhängig sind, $a_\nu = a_{\nu-1}$, $b_\nu = b_{\nu-1}$, d. h. a_ν und b_ν sind periodische Funktionen von ν mit der Periode 1. Umgekehrt genügt jede analytische Funktion $C_\nu(z)$, in der a_ν und b_ν diese Eigenschaften haben, den beiden Rekursionsformeln, wie sich durch Einsetzen ergibt. Die allgemeine Lösung von (1) lautet daher

$$C_\nu(z) = A(\nu) I_\nu(z) + B(\nu) Y_\nu(z) ,$$

wo $A(\nu)$ und $B(\nu)$ beliebige periodische Funktionen mit der Periode 1 sind.

Wir beweisen noch einen Satz, den wir später brauchen werden. Wir betrachten die reelle Funktion

$$f(x) = C_\nu(x)^2 + \frac{x^2 C_\nu'(x)^2}{x^2 - \nu^2} .$$

Es ist gemäß (2) für $x > 0$

$$f'(x) = - \frac{2x^3 C_\nu'(x)^2}{(x^2 - \nu^2)^2} ,$$

d. h. $f(x)$ nimmt fortwährend ab, wenn x von $|\nu|$ an wächst. Diejenigen Werte von $C_\nu(x)$, für welche $C_\nu'(x) = 0$ ist, nehmen also ihrem absoluten Betrage nach mit wachsendem x fortwährend ab, wenn $x \geqq |\nu|$ ist[1]).

c) Integraldarstellungen.

13. Laplacesche Umformung. Nach Ziffer 7 ist $z^{-\nu} J_\nu(z)$ eine ganze transzendente Funktion. Wir wollen versuchen, diese Funktion nach Laplace durch ein bestimmtes Integral darzustellen, nämlich in der Form $\int_a^b e^{izt} f(t)\,dt$, wo $f(t)$ passend zu bestimmen ist. Da die Funktion

$$F(z) = z^\nu \int_a^b e^{izt} f(t)\,dt$$

[1]) G. N. Watson, Proc. London Math. Soc. (2) **16** (1917), S. 170—171.

der Besselschen Differentialgleichung genügen muß, haben wir zu bilden

$$\frac{dF(z)}{dz} = \nu z^{\nu-1}\int_a^b e^{izt} f(t)\,dt + iz^\nu \int_a^b e^{izt}\, t f(t)\,dt,$$

$$\frac{d^2F(z)}{dz^2} = \nu(\nu-1)z^{\nu-2}\int_a^b e^{izt} f(t)\,dt$$

$$+ 2i\nu z^{\nu-1}\int_a^b e^{izt}\, t f(t)\,dt - z^\nu \int_a^b e^{izt}\, t^2 f(t)\,dt,$$

daher ist

$$z^2\frac{d^2F(z)}{dz^2} + z\frac{dF(z)}{dz} + (z^2-\nu^2)F(z)$$

$$= z^{\nu+2}\int_a^b e^{izt}(1-t^2)f(t)\,dt + (2\nu+1)\,iz^{\nu+1}\int_a^b e^{izt}\, t f(t)\,dt$$

$$= -\,iz^{\nu+1}\left[e^{izt}(1-t^2)f(t)\right]_a^b$$

$$+ iz^{\nu+1}\int_a^b e^{izt}\left\{(2\nu+1)t f(t) - \frac{d}{dt}\left[(t^2-1)f(t)\right]\right\}dt.$$

Um diesen Ausdruck zum Verschwinden zu bringen, wählen wir $a, b, f(t)$ so, daß

$$\frac{d}{dt}\left[(t^2-1)f(t)\right] = (2\nu+1)\,t f(t)$$

und

$$\left[e^{izt}(1-t^2)\, f(t)\right]_a^b = 0$$

ist. Die Differentialgleichung liefert

$$(t^2-1)\, f'(t) = (2\nu-1)\, t f(t)$$

oder

$$f(t) = C(t^2-1)^{\nu-\frac{1}{2}}.$$

14. Erste Hankelsche Integraldarstellung. Um die zweite Bedingung in Ziffer 13 zu erfüllen, wollen wir als Integrationsweg eine geschlossene Kurve, also $a = b$ wählen, so zwar, daß $e^{izt}(t^2-1)^{\nu+\frac{1}{2}}$ seinen ursprünglichen Wert wieder annimmt, wenn t die ganze Kurve durchlaufen hat. Wir wählen zu diesem Zweck die Kurve C_1 um die Punkte $+1$ und -1 (siehe Abb. 1).

Abb. 1.

Die Bedingungen sind erfüllt, denn beim Umlauf um $+1$ ändert sich der Winkel der Funktion um $(2\nu+1)\pi$, beim Umlauf um -1 dagegen um $-(2\nu+1)\pi$, so daß dasselbe $f(t)$ wieder erscheint. Von der vieldeutigen

Funktion $(t^2 - 1)^{\nu+\frac{1}{2}}$ sei jener Zweig gewählt, für den die Winkel von $t - 1$ und $t + 1$ auf der reellen Achse rechts vom Punkte $+1$ den Wert 0 haben. Wir müssen allerdings voraussetzen, daß $\nu \neq \frac{1}{2}, \frac{3}{2}, \frac{5}{2}, \ldots$ ist, sonst ist die Funktion in ± 1 analytisch und daher das Integral nach dem Satz von Cauchy Null. Wir ziehen nun den Integrationsweg ganz eng um die Strecke zwischen -1 und $+1$ zusammen, d. h. er soll in kleinen Kreisen die Punkte $+1$ und -1 umschlingen und sonst ganz mit der reellen Achse zwischen beiden Punkten zusammenfallen. Dabei ändert sich der Wert des Integrals nach dem Cauchyschen Satze nicht. Schließlich lassen wir die Halbmesser der beiden kleinen Kreise gegen Null streben. Setzen wir den reellen Teil $\Re(\nu + \frac{1}{2}) > 0$ voraus, so bleibt der Integrand auch für $t = \pm 1$ integrierbar und die beiden Bestandteile des Integrals, die von den kleinen Kreisen herrühren, verschwinden in der Grenze. Man sieht dies sofort ein, wenn man z. B. für das Integral um den Punkt $+1$ $t = 1 + re^{i\varphi}$ setzt; denn dann ergibt sich

$$\lim_{r\to 0} \int e^{izt}(t^2 - 1)^{\nu-\frac{1}{2}}\,dt$$

$$= i \lim_{r\to 0} r^{\nu+\frac{1}{2}} \int_{-\pi}^{+\pi} e^{iz(1+re^{i\varphi})}\,(2 + re^{i\varphi})^{\nu-\frac{1}{2}}\,e^{i\varphi(\nu+\frac{1}{2})}\,d\varphi = 0;$$

es ist nämlich

$$\lim_{r\to 0} \int_{-\pi}^{+\pi} e^{iz(1+re^{i\varphi})}\,(2 + re^{i\varphi})^{\nu-\frac{1}{2}}\,e^{i\varphi(\nu+\frac{1}{2})}\,d\varphi$$

$$= 2^{\nu-\frac{1}{2}}\,e^{iz} \int_{-\pi}^{+\pi} e^{i\varphi(\nu+\frac{1}{2})}\,d\varphi$$

$$= 2^{\nu-\frac{1}{2}}\,e^{iz}\,\frac{e^{i\pi(\nu+\frac{1}{2})} - e^{-i\pi(\nu+\frac{1}{2})}}{i(\nu+\frac{1}{2})}$$

$$= \frac{2^{\nu+\frac{1}{2}}\,e^{iz}\sin\pi(\nu+\frac{1}{2})}{\nu+\frac{1}{2}},$$

weil der Integrand gleichmäßig gegen den Grenzwert strebt.

Es bleiben also noch die Bestandteile des Integrales übrig, die von der Strecke von -1 bis $+1$ herrühren. Obwohl diese Strecke zweimal entgegengesetzt durchlaufen wird, heben sich diese Bestandteile doch nicht auf. Der Umlauf um den Punkt $+1$ kommt ja so zustande, daß wir z. B. von 0 bis $+1$ integrieren, dann den Punkt $+1$ umlaufen und hierauf von $+1$ nach 0 gehen. Da nun nach Voraussetzung $t - 1$ rechts von $+1$ auf der reellen Achse den Winkel 0 haben soll, müssen wir diese Funktion im Integral vor dem Umlauf auf der reellen Achse zwischen 0 und 1 durch $(1 - t)e^{-\pi i}$ und nach dem Umlauf durch $(1 - t)e^{\pi i}$ ersetzen. Hierauf haben wir von 0 nach -1 zu integrieren, den Punkt -1 zu umlaufen, dabei nimmt $1 + t$ den Faktor $e^{-2\pi i}$ an, und schließlich von -1 nach 0 zurückzukehren. Wir erhalten also

$$\int_{C_1} e^{izt}(t^2-1)^{\nu-\frac{1}{2}}\,dt = e^{-\pi i(\nu-\frac{1}{2})}\int_0^1 + e^{\pi i(\nu-\frac{1}{2})}\int_1^0 + e^{\pi i(\nu-\frac{1}{2})}\int_0^{-1} + e^{-\pi i(\nu-\frac{1}{2})}\int_{-1}^0,$$

wobei unter den Integralzeichen der rechten Seite jedesmal

$$e^{izt}(1-t^2)^{\nu-\frac{1}{2}}\,dt$$

zu schreiben ist, also

$$(1)\qquad \int_{C_1} e^{izt}(t^2-1)^{\nu-\frac{1}{2}}\,dt = \left[e^{-\pi i(\nu-\frac{1}{2})} - e^{\pi i(\nu-\frac{1}{2})}\right]\int_{-1}^{+1} e^{izt}(1-t^2)^{\nu-\frac{1}{2}}\,dt$$

$$= -2i\sin\left(\nu-\tfrac{1}{2}\right)\pi\int_{-1}^{+1} e^{izt}(1-t^2)^{\nu-\frac{1}{2}}\,dt$$

$$= 2i\cos\nu\pi\int_{-1}^{+1} e^{izt}(1-t^2)^{\nu-\frac{1}{2}}\,dt$$

$$= 2i\cos\nu\pi\int_{-1}^{+1}\sum_{m=0}^{\infty}\frac{(iz)^m}{m!}t^m(1-t^2)^{\nu-\frac{1}{2}}\,dt.$$

Die Reihe kann gliedweise integriert werden, weil sie gleichmäßig konvergiert. Ferner beachten wir, daß

$$\int_{-1}^{+1} t^m(1-t^2)^{\nu-\frac{1}{2}}\,dt = 0$$

ist für ungerade m, weil der Integrand in diesem Falle eine ungerade Funktion ist. (Ergibt sich sofort durch Zerlegung in $\int_{-1}^{0} + \int_{0}^{1}$ und Einführung von $-t$ an Stelle von t als Veränderliche im ersten Integral.) Wir erhalten somit

$$\int_{C_1} e^{izt}(t^2-1)^{\nu-\frac{1}{2}}\,dt = 2i\cos\nu\pi\sum_{m=0}^{\infty}\frac{(-1)^m z^{2m}}{(2m)!}\int_{-1}^{+1} t^{2m}(1-t^2)^{\nu-\frac{1}{2}}\,dt.$$

Dann ist, weil der Integrand jetzt eine gerade Funktion ist (ebenfalls durch eine ähnliche Zerlegung einzusehen),

$$\int_{-1}^{+1} t^{2m}(1-t^2)^{\nu-\frac{1}{2}}\,dt = 2\int_0^1 t^{2m}(1-t^2)^{\nu-\frac{1}{2}}\,dt$$

$$= \int_0^1 u^{m-\frac{1}{2}}(1-u)^{\nu-\frac{1}{2}}\,du$$

$$= B\left(m+\tfrac{1}{2},\ \nu+\tfrac{1}{2}\right)$$

$$= \frac{\Gamma(m+\frac{1}{2})\,\Gamma(\nu+\frac{1}{2})}{\Gamma(m+\nu+1)}$$

(vgl. VI, 9, 4), also

$$z^\nu \int_{C_1} e^{izt}(t^2-1)^{\nu-\frac{1}{2}}\,dt = 2i\cos\nu\pi\,\Gamma\left(\nu+\frac{1}{2}\right)\sum_{m=0}^{\infty}\frac{(-1)^m z^{\nu+2m}\Gamma\left(m+\frac{1}{2}\right)}{(2m)!\,\Gamma(m+\nu+1)}$$
$$= 2^{\nu+1} i\,\Gamma\left(\frac{1}{2}\right)\Gamma\left(\nu+\frac{1}{2}\right)\cos\nu\pi\, I_\nu(z)\,,$$

weil $\Gamma\left(m+\frac{1}{2}\right)=\frac{1}{2}\cdot\frac{3}{2}\cdots\frac{2m-1}{2}\Gamma\left(\frac{1}{2}\right)$ ist (vgl. VI, 3, 1). Berücksichtigen wir schließlich noch (vgl. VI, 3, 4)

$$(2)\qquad \Gamma(\nu+\tfrac{1}{2}) = \Gamma[1-(\tfrac{1}{2}-\nu)] = \frac{\pi}{\sin(\frac{1}{2}-\nu)\pi\,\Gamma(\frac{1}{2}-\nu)}\,,$$

so erhalten wir

$$(3)\qquad I_\nu(z) = \frac{\Gamma(\frac{1}{2}-\nu)\,z^\nu}{2^{\nu+1}\pi i\,\Gamma(\frac{1}{2})}\int_{C_1} e^{izt}(t^2-1)^{\nu-\frac{1}{2}}\,dt\,.$$

Die Formel wurde unter der Voraussetzung $\Re(\nu+\frac{1}{2})>0$ abgeleitet. Da aber beide Seiten der Gleichung analytische Funktionen von ν sind, gilt sie nach den Regeln der analytischen Fortsetzung allgemein für alle ν, die keine positiven ungeraden Vielfachen von $\frac{1}{2}$ sind. Sie stammt von Hankel[1]).

15. Poissonsche Integraldarstellung. Aus den Gleichungen (1), (2), (3) der vorigen Ziffer folgt für $\Re(\nu+\frac{1}{2})>0$ und alle ν (anal. Forts.)

$$(1)\qquad I_\nu(z) = \frac{z^\nu}{2^\nu\Gamma(\frac{1}{2})\Gamma(\nu+\frac{1}{2})}\int_{-1}^{+1} e^{izt}(1-t^2)^{\nu-\frac{1}{2}}\,dt$$
$$= \frac{z^\nu}{2^\nu\Gamma(\frac{1}{2})\,\Gamma(\nu+\frac{1}{2})}\left[\int_{-1}^{+1}\cos(zt)\,(1-t^2)^{\nu-\frac{1}{2}}\,dt + i\int_{-1}^{+1}\sin(zt)\,(1-t^2)^{\nu-\frac{1}{2}}\,dt\right]$$
$$= \frac{z^\nu}{2^{\nu-1}\Gamma(\frac{1}{2})\,\Gamma(\nu+\frac{1}{2})}\int_0^1\cos(zt)\,(1-t^2)^{\nu-\frac{1}{2}}\,dt\,,$$

denn der Integrand des ersten Integrales ist eine gerade, der des zweiten eine ungerade Funktion von t.

Wir führen nun $t=\cos\varphi$ als neue Veränderliche ein und erhalten

$$I_\nu(z) = \frac{z^\nu}{2^{\nu-1}\Gamma(\frac{1}{2})\,\Gamma(\nu+\frac{1}{2})}\int_0^{\frac{\pi}{2}}\cos(z\cos\varphi)\sin^{2\nu}\varphi\,d\varphi\,.$$

Da in dieser Formel $2\int_0^{\frac{\pi}{2}} = \int_0^{\frac{\pi}{2}} + \int_{\frac{\pi}{2}}^{\pi}$ ist, wie man leicht sieht, wenn man im

[1]) H. Hankel, Math. Ann. 1 (1869), S. 473—485.

zweiten Integral $\pi - \varphi$ statt φ als neue Veränderliche einführt, so ergibt sich auch

$$I_\nu(z) = \frac{z^\nu}{2^\nu \Gamma(\frac{1}{2})\, \Gamma(\nu + \frac{1}{2})} \int_0^\pi \cos(z \cos\varphi) \sin^{2\nu}\varphi \, d\varphi .$$

Vom Ausdruck der rechten Seite zeigte zuerst E. Lommel [1]), daß er eine Lösung der Besselschen Differentialgleichung ist. Für nichtnegatives 2ν war diese Tatsache schon Poisson [2]) bekannt.

16. Rationale Darstellung von $I_{n+\frac{1}{2}}(z)$ durch e^{iz} und $\sqrt{z}$. Bevor wir eine zweite Darstellung von $I_\nu(z)$ durch ein bestimmtes Integral behandeln, wollen wir Formel (15, 1) benützen, um damit die Besselfunktionen, deren Zeiger sich um $\frac{1}{2}$ von einer ganzen Zahl unterscheiden, als rationale Funktionen von e^{iz} und $\sqrt{z}$ darzustellen. Wie sich zeigen läßt (worauf wir aber nicht eingehen), ist das für alle andern Werte des Zeigers unmöglich [3]).

Formel (15, 1) liefert, wenn man $\Gamma(\frac{1}{2}) = \sqrt{\pi}$ verwendet (vgl. VI, 3, 5), für $n = 0, 1, 2, \ldots$

$$I_{n+\frac{1}{2}}(z) = \frac{z^{n+\frac{1}{2}}}{2^n\, n!\, \sqrt{2\pi}} \int_{-1}^{+1} e^{izt} (1 - t^2)^n \, dt .$$

Ferner ist

$$\int_{-1}^{+1} e^{izt}(1-t^2)^n\,dt = -\frac{i}{z}\Big[e^{izt}(1-t^2)^n\Big]_{-1}^{+1} + \frac{i}{z}\int_{-1}^{+1} e^{izt}\,\frac{d(1-t^2)^n}{dt}\,dt$$

$$= -\left(\frac{i}{z}\right)^2\left[e^{izt}\,\frac{d\,(1-t^2)^n}{dt}\right]_{-1}^{+1} + \left(\frac{i}{z}\right)^2\int_{-1}^{+1} e^{izt}\,\frac{d^2(1-t^2)^n}{dt^2}\,dt$$

$$= \left[-e^{izt}\sum_{r=1}^{2n}\left(\frac{i}{z}\right)^{r+1}\frac{d^r(1-t^2)^n}{dt^r}\right]_{-1}^{+1} + \left(\frac{i}{z}\right)^{2n+1}\int_{-1}^{+1} e^{izt}\,\frac{d^{2n+1}(1-t^2)^n}{dt^{2n+1}}\,dt .$$

Das letzte Integral verschwindet, weil die $(2n+1)$-te Ableitung eines Polynoms $2n$-ten Grades Null ist. Nach der Produktregel der Differentialrechnung ist

$$\frac{d^r(1-t^2)^n}{dt^r} = \frac{d^r\,(1+t)^n\,(1-t)^n}{dt^r} = \sum_{k=0}^{r}\binom{r}{k}\frac{d^k\,(1+t)^n}{dt^k}\,\frac{d^{r-k}\,(1-t)^n}{dt^{r-k}} ,$$

also

$$\left.\frac{d^r(1-t^2)^n}{dt^r}\right|_{t=1} = (-1)^n\binom{r}{n}\, n!\, 2^{2n-r}\, n(n-1)\ldots(2n-r+1)$$

$$= (-1)^n\binom{r}{n}\, n!\,\frac{2^{2n-r}\, n!}{(2n-r)!}$$

---

1) Vgl. das auf S. 29, Anmerkung 1 angegebene Buch von E. Lommel, S. 1 ff.

2) S. D. Poisson, Journal Ecole Polytechn. 12 (1823), S. 300 ff., 340 ff.

3) J. Liouville, Journ. de Math. 6 (1841), S. 1—13, 36.

und

$$\left.\frac{d^r(1-t^2)^n}{dt^r}\right|_{t=-1} = (-1)^{r-n}\binom{r}{n} n!\,\frac{2^{2n-r}\,n!}{(2n-r)!},$$

solange $r \geqq n$ ist. Für $r < n$ wird die betrachtete r-te Ableitung an beiden Grenzen Null. Wir erhalten somit

$$(1)\qquad I_{n+\frac{1}{2}}(z) = \frac{z^{n+\frac{1}{2}}}{2^n\sqrt{2\pi}}\left[(-1)^{n+1}e^{iz}\sum_{r=n}^{2n}\frac{i^{r+1}\,2^{2n-r}\,r!}{z^{r+1}(r-n)!\,(2n-r)!}\right.$$

$$\left.+(-1)^{n+1}e^{-iz}\sum_{r=n}^{2n}\frac{(-i)^{r+1}\,2^{2n-r}\,r!}{z^{r+1}(r-n)!\,(2n-r)!}\right]$$

$$=\frac{1}{\sqrt{2\pi z}}\left[e^{iz}\sum_{r=0}^{n}\frac{i^{r-n-1}\,(n+r)!}{r!\,(n-r)!\,(2z)^r}\right.$$

$$\left.+e^{-iz}\sum_{r=0}^{n}\frac{(-i)^{r-n-1}\,(n+r)!}{r!\,(n-r)!\,(2z)^r}\right].$$

Es ergibt sich z. B.

$$(2)\qquad I_{\frac{1}{2}}(z) = -\frac{i}{\sqrt{2\pi z}}\,(e^{iz}-e^{-iz})$$

$$=\sqrt{\frac{2}{\pi z}}\,\sin z,$$

$$I_{\frac{3}{2}}(z) = \frac{1}{\sqrt{2\pi z}}\left[-(e^{iz}+e^{-iz})-\frac{i}{z}\,(e^{iz}-e^{-iz})\right]$$

$$=\sqrt{\frac{2}{\pi z}}\left(\frac{\sin z}{z}-\cos z\right).$$

17. Ähnliche Darstellung von $I_{-(n+\frac{1}{2})}(z)$. Um einen ähnlichen Ausdruck für $I_{-(n+\frac{1}{2})}(z)$ zu erhalten, verwenden wir die zweite der Rekursionsformeln (9, 2). Für $\nu = \frac{1}{2}$ und $k = n$ ergibt sich

$$\left(\frac{d}{z\,dz}\right)^n\left[z^{-\frac{1}{2}}I_{\frac{1}{2}}(z)\right] = (-1)^n z^{-(n+\frac{1}{2})}\,I_{n+\frac{1}{2}}(z),$$

also

$$I_{n+\frac{1}{2}}(z) = (-1)^n z^{n+\frac{1}{2}}\left(\frac{d}{z\,dz}\right)^n\left[z^{-\frac{1}{2}}I_{\frac{1}{2}}(z)\right],$$

somit nach (16,1) und (16, 2)

$$e^{iz}\sum_{r=0}^{n}\frac{i^{r-n}\,(n+r)!}{r!\,(n-r)!\,(2z)^r}-e^{-iz}\sum_{r=0}^{n}\frac{(-i)^{r-n}\,(n+r)!}{r!\,(n-r)!\,(2z)^r}$$

$$=(-1)^n z^{n+1}\left(\frac{d}{z\,dz}\right)^n\left(\frac{e^{iz}-e^{-iz}}{z}\right).$$

Es muß also für reelle z

$$(1) \qquad e^{\pm iz} \sum_{r=0}^{n} \frac{(\pm i)^{r-n}\,(n+r)!}{r!\,(n-r)!\,(2z)^r} = (-1)^n z^{n+1} \left(\frac{d}{z\,dz}\right)^n \left(\frac{e^{\pm iz}}{z}\right)$$

sein. Da aber beide Seiten analytische Funktionen von z sind, gilt (1) auch allgemein für komplexe z.

Wir berücksichtigen jetzt noch die Tatsache, daß nach (7, 5), (VI, 3, 1) und (VI, 3, 5)

$$I_{-\frac{1}{2}}(z) = \sqrt{\frac{2}{\pi z}} \sum_{m=0}^{\infty} \frac{(-1)^m z^{2m}}{2^{2m}\, m!\, \frac{1}{2}\cdot\frac{3}{2}\cdots(m-\frac{1}{2})} = \sqrt{\frac{2}{\pi z}} \cos z$$

ist, und erhalten darnach aus (1)

$$\begin{aligned} e^{iz} \sum_{r=0}^{n} \frac{i^{r-n}\,(n+r)!}{r!\,(n-r)!\,(2z)^r} &+ e^{-iz} \sum_{r=0}^{n} \frac{(-i)^{r-n}\,(n+r)!}{r!\,(n-r)!\,(2z)^r} \\ &= (-1)^n z^{n+1} \left(\frac{d}{z\,dz}\right)^n \left(\frac{e^{iz}+e^{-iz}}{z}\right) \\ &= (-1)^n z^{n+1} \sqrt{2\pi} \left(\frac{d}{z\,dz}\right)^n \left[z^{-\frac{1}{2}} I_{-\frac{1}{2}}(z)\right] \\ &= (-1)^n \sqrt{2\pi z}\, I_{-n-\frac{1}{2}}(z). \end{aligned}$$

(Dabei wurde noch am Ende der Rechnung die erste der Formeln (9, 2) benützt.) Das Schlußergebnis lautet somit:

$$I_{-n-\frac{1}{2}}(z) = \frac{1}{\sqrt{2\pi z}} \left[e^{iz} \sum_{r=0}^{n} \frac{i^{r+n}\,(n+r)!}{r!\,(n-r)!\,(2z)^r} + e^{-iz} \sum_{r=0}^{n} \frac{(-i)^{r+n}\,(n+r)!}{r!\,(n-r)!\,(2z)^r} \right].$$

Insbesondere ist

$$I_{-\frac{1}{2}}(z) = \sqrt{\frac{2}{\pi z}} \cos z,$$

$$I_{-\frac{3}{2}}(z) = \sqrt{\frac{2}{\pi z}} \left(-\frac{\cos z}{z} - \sin z\right).$$

18. Zweite Hankelsche Integraldarstellung. Nachdem wir die erste Hankelsche Integraldarstellung der Besselfunktionen verwendet haben, um $I_{\pm(n+\frac{1}{2})}(z)$ rational durch e^{iz} und $\sqrt{z}$ auszudrücken, gehen wir nun daran, die zweite Bedingung aus Ziffer 13 in anderer Weise zu erfüllen, um eine zweite Integraldarstellung der Besselfunktionen zu erhalten. Es handelt sich darum, den Integrationsweg so zu wählen, daß

$$[e^{izt}(t^2-1)^{\nu+\frac{1}{2}}]_a^b = 0$$

wird. Wir wollen jetzt diese Bedingung dadurch erfüllen, daß die Funktion an beiden Grenzen verschwindet. Wir setzen den reellen Teil von z positiv voraus, also $\Re(z) > 0$. Der Integrationsweg C_2 soll aus dem Unendlichen in der Richtung der positiven imaginären Achse kommen, die beiden Punkte

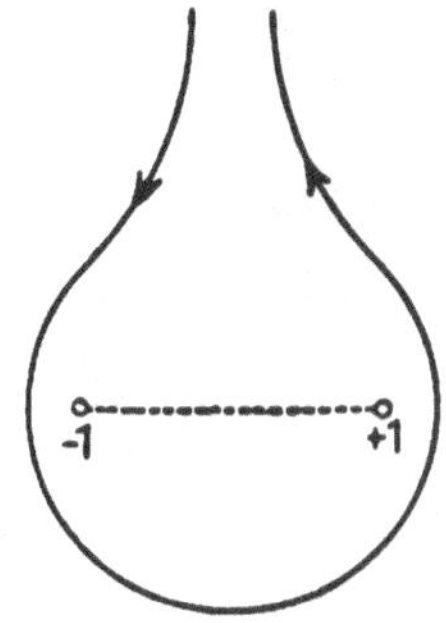

Abb. 2.

— 1 und + 1 im positiven Sinne umkreisen und längs der positiven imaginären Achse wieder in das Unendliche zurückkehren (siehe Abb. 2). Genau wie früher in Ziffer 14 sollen die Winkel von $t-1$ und $t+1$ auf der reellen Achse rechts vom Punkt $+1$ gleich Null gewählt werden. Damit ist der Zweig der vieldeutigen Funktion $(t^2-1)^{\nu+\frac{1}{2}}$ bestimmt. Selbstverständlich müssen wir aus denselben Gründen wie in Ziffer 14 wieder voraussetzen, daß $\nu \neq \frac{1}{2}, \frac{3}{2}, \frac{5}{2}, \ldots$ ist. Wir nehmen noch an, daß C_2 vollständig außerhalb des Einheitskreises liegt. Dann erhalten wir nach (VI, 3, 1) die gleichmäßig konvergente Entwicklung

$$\begin{aligned}(t^2-1)^{\nu-\frac{1}{2}} &= t^{2\nu-1}(1-t^{-2})^{\nu-\frac{1}{2}} \\ &= t^{2\nu-1}\sum_{m=0}^{\infty}(-1)^m\binom{\nu-\frac{1}{2}}{m}t^{-2m} \\ &= \sum_{m=0}^{\infty}\frac{(-1)^m}{m!}(\nu-\tfrac{1}{2})(\nu-\tfrac{3}{2})\cdots\left(\nu-\frac{2m-1}{2}\right)t^{2\nu-1-2m} \\ &= \sum_{m=0}^{\infty}\frac{\Gamma(\frac{1}{2}-\nu+m)}{m!\,\Gamma(\frac{1}{2}-\nu)}t^{2\nu-1-2m}.\end{aligned}$$

Wir können nun gliedweise integrieren. Denn wenn ε eine beliebige positive Zahl ist, so gilt

$$\left|(t^2-1)^{\nu-\frac{1}{2}}-\sum_{m=0}^{n-1}\frac{\Gamma(\frac{1}{2}-\nu+m)}{m!\,\Gamma(\frac{1}{2}-\nu)}t^{2\nu-1-2m}\right|<\varepsilon,$$

wenn $n > n_0$ ist, wo n_0 bloß von ε und nicht von t abhängt (die Reihe konvergiert ja gleichmäßig). Ferner konvergiert $\int\limits_{C_2} e^{izt}dt$ absolut und gleichmäßig für $\Re(z) \geqq \delta > 0$, weil C_2 längs der positiven imaginären Achse ins Unendliche läuft, also das Integral für den längs der imaginären Achse ins Unendliche reichenden Teil von C_2 dem absoluten Betrage nach unterhalb

$$\int_0^{\infty} e^{-u\Re(z)}du = \frac{1}{\Re(z)} \leqq \frac{1}{\delta}$$

bleibt. Es ist somit, weil auch der übrige Teil des Integrals als analytische Funktion von z beschränkt ist,

$$\begin{aligned}&\left|\int_{C_2} e^{izt}(t^2-1)^{\nu-\frac{1}{2}}dt-\sum_{m=0}^{n-1}\frac{\Gamma(\frac{1}{2}-\nu+m)}{m!\,\Gamma(\frac{1}{2}-\nu)}\int_{C_2} e^{izt}t^{2\nu-1-2m}dt\right| \\ &\qquad < \varepsilon\int_{C_2}|e^{izt}dt| < \varepsilon K \qquad (K = \text{const.}).\end{aligned}$$

Die linke Seite kann daher durch passende Wahl von ε beliebig klein gemacht werden, d. h. es gilt

$$(1) \quad \int_{C_2} e^{izt}(t^2-1)^{\nu-\frac{1}{2}}dt = \sum_{m=0}^{\infty}\frac{\Gamma(\frac{1}{2}-\nu+m)}{m!\,\Gamma(\frac{1}{2}-\nu)}\int_{C_2} e^{izt}\,t^{2\nu-1-2m}dt.$$

Wir setzen $z = |z|e^{i\alpha}$. Dann ist $|\alpha| < \frac{\pi}{2}$ nach unserer Voraussetzung über den reellen Teil von z. An Stelle von t führen wir die Veränderliche $\tau = e^{\frac{i\pi}{2}}zt$ ein. Für τ ergibt sich ein Integrationsweg C, der die beiden Punkte iz und $-iz$ und daher auch den Nullpunkt im positiven Sinn umschlingt (siehe Abb. 3). Er erstreckt sich aber nicht längs der imaginären Achse ins Unendliche, sondern längs einer Geraden, die unter dem Winkel α gegen die negative reelle Achse geneigt ist. Das sieht man so ein: Nach der über den Winkel von $t-1$ und $t+1$ gemachten Voraussetzung ist der Winkel von t im Beginn des Integrationsweges $-\frac{3\pi}{2}$, am Ende $+\frac{\pi}{2}$, da aber der Winkel von τ um $\frac{\pi}{2}+\alpha$ größer ist als der von t, gelten für τ die entsprechenden Werte $\alpha-\pi$ und $\alpha+\pi$, woraus sofort die Behauptung folgt. Wir erhalten also nach (VI, 4, 4)

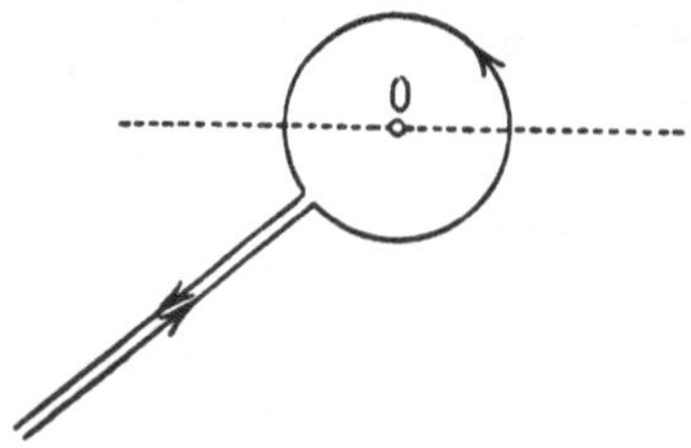

Abb. 3.

$$(2) \quad \int_{C_2} e^{izt}t^{2\nu-1-2m}dt = (-1)^m e^{-\nu\pi i}z^{2m-2\nu}\int_C \tau^{2\nu-1-2m}e^{\tau}d\tau$$

$$= \frac{2\pi i(-1)^m e^{-\nu\pi i}z^{2m-2\nu}}{\Gamma(2m-2\nu+1)},$$

daher nach (1), (2), (7, 5), (VI, 3, 1) und (VI, 3, 9)

$$z^{\nu}\int_{C_2} e^{izt}(t^2-1)^{\nu-\frac{1}{2}}dt = \sum_{m=0}^{\infty}\frac{2\pi i(-1)^m e^{-\nu\pi i}z^{-\nu+2m}\Gamma(\frac{1}{2}-\nu+m)}{m!\,\Gamma(\frac{1}{2}-\nu)\Gamma(2m-2\nu+1)}$$

$$= \frac{2^{\nu+1}\pi i e^{-\nu\pi i}\Gamma(\frac{1}{2})}{\Gamma(\frac{1}{2}-\nu)}I_{-\nu}(z).$$

Es gilt also für $\Re(z) > 0$ und $\nu \neq \frac{1}{2}, \frac{3}{2}, \frac{5}{2}, \ldots$

$$(3) \quad I_{-\nu}(z) = \frac{\Gamma(\frac{1}{2}-\nu)\,e^{\nu\pi i}z^{\nu}}{2^{\nu+1}\pi i\,\Gamma(\frac{1}{2})}\int_{C_2} e^{izt}(t^2-1)^{\nu-\frac{1}{2}}dt.$$

Die nur für die Ableitung dieser Formel gebrauchte Voraussetzung, daß C_2 ganz außerhalb des Einheitskreises verläuft, kann jetzt natürlich fallen gelassen werden, weil das Integral nach dem Cauchyschen Satze seinen Wert behält, auch wenn man C_2 näher um die Punkte $+1$ und -1 zusammenzieht.

19. Hankelsche Funktionen. Wir ändern den Integrationsweg C_1 (siehe Abb. 1) so ab, daß er die in Abb. 4 gezeichnete Gestalt annimmt. Nach dem Cauchyschen Satz ändert sich dabei das Integral in Formel (14, 3) nicht. Bezeichnen wir den Abstand der zur reellen Achse parallelen Stücke dieses Weges von dieser Achse mit η, so ist längs dieses Teiles des Weges

$$t = \xi + i\eta \qquad (-1 \leqq \xi \leqq +1),$$
$$|e^{izt}(t^2-1)^{\nu-\frac{1}{2}}| = e^{-\xi\mathfrak{J}(z)-\eta\mathfrak{R}(z)}\,|(t^2-1)^{\nu-\frac{1}{2}}|,$$

da $z = \mathfrak{R}(z) + i\mathfrak{J}(z)$ ist. Für $\mathfrak{R}(z) > 0$ strebt der Bestandteil des Integrals, der von diesem Teil des Weges herrührt, wegen des Faktors $e^{-\eta\mathfrak{R}(z)}$ gegen Null, sobald η über alle Schranken wächst. Es bleiben also nur diejenigen Teile

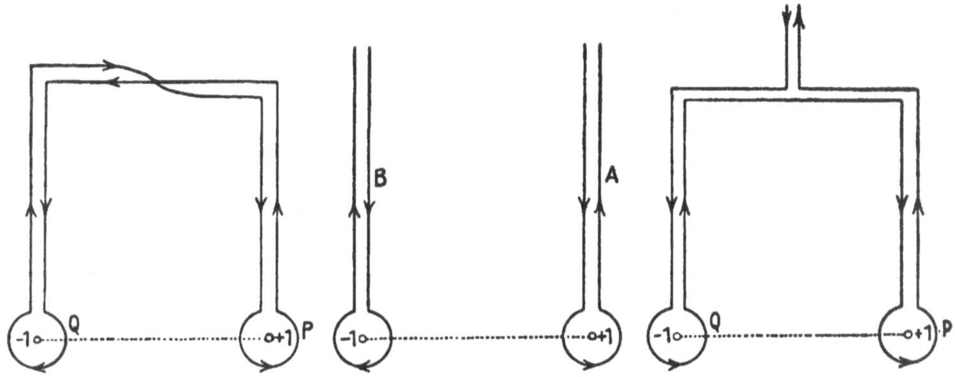

Abb. 4. Abb. 5. Abb. 6.

übrig, die von den Wegen A und B herrühren (siehe Abb. 5), somit ist nach (14, 3) für $\mathfrak{R}(z) > 0$

$$(1) \qquad I_\nu(z) = \frac{\Gamma(\frac{1}{2}-\nu)\,z^\nu}{2^{\nu+1}\pi i\,\Gamma(\frac{1}{2})}\left[\int\limits_A e^{izt}(t^2-1)^{\nu-\frac{1}{2}}\,dt + \int\limits_B e^{izt}(t^2-1)^{\nu-\frac{1}{2}}\,dt\right].$$

Dabei ist der Winkel von $t-1$ nach der in Ziffer 14 getroffenen Übereinkunft im Punkte P (siehe Abb. 4) 0, im Punkte Q daher π, wie man erkennt, wenn man den Weg von P nach Q durchläuft.

Ähnlich behandeln wir Formel (18, 3). Wir geben dem Integrationsweg C_2 die Gestalt der Abb. 6, wodurch das Integral nicht geändert wird. Aus ähnlichen Gründen wie früher streben die Bestandteile des Integrals, die von den zur reellen Achse parallelen Wegstücken und von der imaginären Achse herrühren, gegen Null, wenn η über alle Schranken wächst. Es bleiben auch hier nur die Teile des Weges übrig, die in Abb. 5 gezeichnet sind, doch wird Weg B entgegengesetzt durchlaufen. Wir erhalten sonach

$$I_{-\nu}(z) = \frac{\Gamma(\frac{1}{2}-\nu)\,e^{\nu\pi i}z^\nu}{2^{\nu+1}\pi i\,\Gamma(\frac{1}{2})}\left[\int\limits_A e^{izt}(t^2-1)^{\nu-\frac{1}{2}}\,dt - \int\limits_B e^{izt}(t^2-1)^{\nu-\frac{1}{2}}\,dt\right].$$

Gemäß der Übereinkunft hat hier $t-1$ im Punkte P (siehe Abb. 6) den Winkel 0, somit in Q den Winkel $-\pi$, wie sich leicht ergibt, wenn man den Weg von P nach Q zurückverfolgt. Wenn wir uns entschließen, auch hier im zweiten Integral den Winkel von $t-1$ im Punkte Q gleich π zu wählen, wie im früheren Fall, so müssen wir das zweite Integral noch mit dem Faktor $e^{-2(\nu-\frac{1}{2})\pi i}$ multiplizieren, erhalten daher

$$(2)\quad I_{-\nu}(z) = \frac{\Gamma(\frac{1}{2}-\nu)\,z^{\nu}}{2^{\nu+1}\pi i\,\Gamma(\frac{1}{2})}\Big[e^{\nu\pi i}\int\limits_{A} e^{izt}(t^2-1)^{\nu-\frac{1}{2}}\,dt + e^{-\nu\pi i}\int\limits_{B} e^{izt}(t^2-1)^{\nu-\frac{1}{2}}\,dt\Big].$$

Die Formeln (1) und (2) veranlassen uns, folgende Bezeichnungen einzuführen:

$$H_{\nu}^{(1)}(z) = \frac{\Gamma(\frac{1}{2}-\nu)\,z^{\nu}}{2^{\nu}\pi i\,\Gamma(\frac{1}{2})}\int\limits_{A} e^{izt}(t^2-1)^{\nu-\frac{1}{2}}\,dt,$$

$$H_{\nu}^{(2)}(z) = \frac{\Gamma(\frac{1}{2}-\nu)\,z^{\nu}}{2^{\nu}\pi i\,\Gamma(\frac{1}{2})}\int\limits_{B} e^{izt}(t^2-1)^{\nu-\frac{1}{2}}\,dt.$$

Dabei ist nach dem obigen der Winkel von $t-1$ am Beginn des Weges A $-\frac{3\pi}{2}$, am Ende $\frac{\pi}{2}$, der von $t+1$ am Beginn des Weges B $\frac{\pi}{2}$, am Ende $-\frac{3\pi}{2}$. Man nennt diese beiden Funktionen nach N. Nielsen[1]) die Hankelschen Funktionen oder Besselsche Funktionen dritter Art. Die Formeln (1) und (2) schreiben sich jetzt so:

$$I_{\nu}(z) = \tfrac{1}{2}\,[H_{\nu}^{(1)}(z) + H_{\nu}^{(2)}(z)],$$

$$I_{-\nu}(z) = \tfrac{1}{2}\,[e^{\nu\pi i}H_{\nu}^{(1)}(z) + e^{-\nu\pi i}H_{\nu}^{(2)}(z)].$$

Daraus folgt, solange ν keine ganze Zahl ist,

$$(3)\quad \begin{aligned} H_{\nu}^{(1)}(z) &= \frac{I_{-\nu}(z) - e^{-\nu\pi i}\,I_{\nu}(z)}{i\sin\nu\pi}, \\ H_{\nu}^{(2)}(z) &= \frac{e^{\nu\pi i}\,I_{\nu}(z) - I_{-\nu}(z)}{i\sin\nu\pi}. \end{aligned}$$

Verwenden wir noch die durch (10, 2) eingeführte Besselfunktion zweiter Art $Y_{\nu}(z)$, so erhalten wir aus den letzten Formeln

$$(4)\quad \begin{aligned} H_{\nu}^{(1)}(z) &= I_{\nu}(z) + i\,Y_{\nu}(z), \\ H_{\nu}^{(2)}(z) &= I_{\nu}(z) - i\,Y_{\nu}(z). \end{aligned}$$

Während uns die Hankelsche Integraldarstellung die Hankelschen Funktionen nur unter der Voraussetzung $\Re(z) > 0$ und $\nu \neq \frac{1}{2}, \frac{3}{2}, \frac{5}{2}, \ldots$ definiert, wird durch die Formeln (4) die Definition auf alle Werte von z und ν im Sinn der analytischen Fortsetzung erweitert. Für die Wronskische Determinante der beiden Hankelschen Funktionen ergibt sich (vgl. 10, 3)

$$W[H_{\nu}^{(1)}(z),\ H_{\nu}^{(2)}(z)] = -2i\,W[I_{\nu}(z),\ Y_{\nu}(z)] = -\frac{4i}{\pi z},$$

d. h. auch die Hankelschen Funktionen bilden für alle Werte

[1]) Vgl. Anmerkung 1 auf S. 38.

von ν ein **Hauptsystem von Lösungen der Besselschen Differentialgleichung.** Aus den Formeln (3) folgt

$$(5) \qquad \begin{aligned} H^{(1)}_{-\nu}(z) &= e^{\nu\pi i} H^{(1)}_{\nu}(z), \\ H^{(2)}_{-\nu}(z) &= e^{-\nu\pi i} H^{(2)}_{\nu}(z). \end{aligned}$$

Diese Gleichungen gelten aus Stetigkeitsgründen für alle Werte von ν.

20. Erweiterung der Voraussetzungen. Um die Integraldarstellungen der Hankelschen Funktionen von der Voraussetzung $\Re(z) > 0$ zu befreien, drehen wir den Integrationsweg A im negativen Sinn um den Winkel β_1, den wir auf $-\frac{\pi}{2} < \beta_1 < \frac{3\pi}{2}$ beschränken. Die Beschränkung ist notwendig, damit der singuläre Punkt -1 nicht überstrichen werde. Längs des geradlinigen, ins Unendliche reichenden Stückes des neuen Weges A' ist der reelle Teil von izt

$$(1) \quad \Re(izt) = |zt| \cos(\alpha - \beta_1 + \pi) = -|zt| \cos(\alpha - \beta_1).$$

Der Wert des Integrals ändert sich bei dieser Drehung nicht. Das sieht man so ein: Statt den neuen Weg A' gleich ins Unendliche zu erstrecken, führen wir ihn nur bis zu einem Punkte in der Entfernung R vom Punkt $+1$, gehen dann auf einem Kreisbogen vom Halbmesser R bis zum alten Wege A zurück und von dort ins Unendliche (siehe Abb. 7). Das Integral über diesen Weg ist nach dem Cauchyschen Satz dem Integral über A gleich. Für $R \to +\infty$ erhalten wir aber daraus das Integral über A', weil die von den andern Wegstücken herrührenden Bestandteile beim Grenzübergang verschwinden. Auf ihnen ist nämlich

$$\Re(izt) = |zt| \cos(\alpha - \varphi + \pi),$$

wo φ alle Werte von 0 bis β_1 durchläuft. Der Integrand enthält also den Faktor $e^{-|zt|\cos(\alpha-\varphi)}$, womit die Behauptung bewiesen ist, wenn $|\alpha - \varphi| < \frac{\pi}{2}$ ist. Das tritt sicher ein, wenn $|\alpha| < \frac{\pi}{2}$ und $|\alpha - \beta_1| < \frac{\pi}{2}$ sind. Da aber das Integral über A' infolge seiner gleichmäßigen Konvergenz und wegen (1) eine analytische Funktion von z ist, wenn nur $|\alpha - \beta_1| < \frac{\pi}{2}$ ist, gilt nach den Regeln der analytischen Fortsetzung die Formel

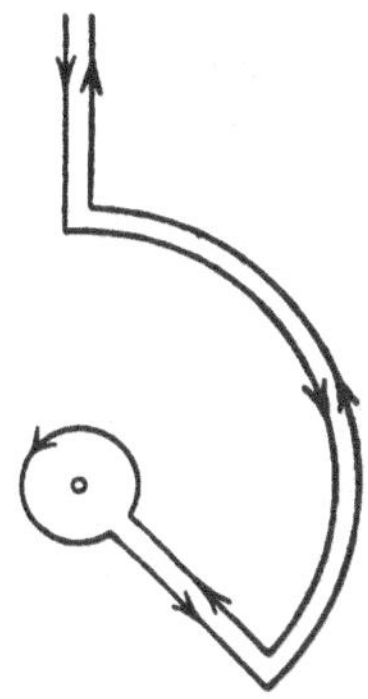

Abb. 7.

$$(2) \qquad H^{(1)}_{\nu}(z) = \frac{\Gamma(\frac{1}{2} - \nu)\, z^{\nu}}{2^{\nu} \pi i\, \Gamma(\frac{1}{2})} \int_{A'} e^{izt} (t^2 - 1)^{\nu - \frac{1}{2}}\, dt$$

solange, als beide Seiten analytische Funktionen von z sind, d. h. unter der Bedingung $|\alpha - \beta_1| < \frac{\pi}{2}$ allein.

In ähnlicher Weise drehen wir den Integrationsweg B im negativen

Sinn um den Winkel β_2, wobei wir jetzt β_2 auf die Werte $-\frac{3\pi}{2} < \beta_2 < \frac{\pi}{2}$ beschränken müssen, um nicht den singulären Punkt $+1$ zu überstreichen. Ebenso wie bei $H_\nu^{(1)}(z)$ ergibt sich hier die Gültigkeit der Formel

$$(3) \qquad H_\nu^{(2)}(z) = \frac{\Gamma(\frac{1}{2}-\nu)\,z^\nu}{2^\nu \pi i\,\Gamma(\frac{1}{2})} \int\limits_{B'} e^{izt}(t^2-1)^{\nu-\frac{1}{2}}\,dt,$$

wenn $|\alpha - \beta_2| < \frac{\pi}{2}$ ist und B' den Integrationsweg B in seiner neuen Lage bedeutet. Wir erhalten daher durch passende Wahl der Winkel β_1 und β_2 Integraldarstellungen der Hankelschen Funktionen, und zwar für $H_\nu^{(1)}(z)$, solange $-\frac{\pi}{2} + \beta_1 < \alpha < \frac{\pi}{2} + \beta_1$, also α zwischen $-\pi$ und $+2\pi$, und für $H_\nu^{(2)}(z)$, solange $-\frac{\pi}{2} + \beta_2 < \alpha < \frac{\pi}{2} + \beta_2$ ist, infolgedessen α zwischen -2π und $+\pi$ gelegen ist. Die Werte $\nu = \frac{1}{2}, \frac{3}{2}, \frac{5}{2}, \ldots$ sind selbstverständlich immer auszulassen.

Wir führen nun im Integral der Formel (2) die neue Veränderliche u durch die Gleichung

$$t - 1 = e^{\frac{\pi i}{2}}\, z^{-1} u$$

ein und setzen $\gamma_1 = \alpha - \beta_1$. Wenn t den Weg A' durchläuft, beschreibt u einen ähnlichen Weg A'', der den Nullpunkt im positiven Sinne umkreist und dessen geradliniges, ins Unendliche reichende Stück mit der positiven reellen Achse den Winkel γ_1 einschließt. Man erhält so mit (VI, 3, 5)

$$H_\nu^{(1)}(z) = \frac{e^{i\nu\pi}\,\Gamma(\frac{1}{2}-\nu)\,e^{i\left(z-\frac{\nu\pi}{2}-\frac{\pi}{4}\right)}}{\pi\sqrt{2\pi z}} \int\limits_{A''} e^{-u} u^{\nu-\frac{1}{2}} \left(1+\frac{iu}{2z}\right)^{\nu-\frac{1}{2}} du$$

für $|\gamma_1| < \frac{\pi}{2}$, $-\frac{\pi}{2} + \gamma_1 < \alpha < \frac{3\pi}{2} + \gamma_1$. Der Winkel von u ist nach Ziff. 19 am Beginn des Weges A'' $\gamma_1 - 2\pi$, am Ende γ_1, der Winkel von $1 + \frac{iu}{2z}$ ist der von $t+1$. Ähnlich führen wir im Integral der Formel (3) die neue Veränderliche u durch die Gleichung

$$t + 1 = e^{\frac{\pi i}{2}}\, z^{-1} u$$

ein und setzen $\gamma_2 = \alpha - \beta_2$. Wenn t den Weg B' durchläuft, beschreibt u in diesem Fall einen ähnlichen Weg B'', der den Nullpunkt im negativen Sinn umkreist und dessen geradliniges, ins Unendliche reichende Stück mit der positiven reellen Achse den Winkel γ_2 einschließt. Man erhält, wenn man $e^{\pi i(\nu-\frac{1}{2})}$ heraushebt,

$$H_\nu^{(2)}(z) = -\frac{e^{i\nu\pi}\Gamma(\frac{1}{2}-\nu)e^{-i\left(z-\frac{\nu\pi}{2}-\frac{\pi}{4}\right)}}{\pi\sqrt{2\pi z}}\int\limits_{B''} e^{-u}u^{\nu-\frac{1}{2}}\left(1-\frac{iu}{2z}\right)^{\nu-\frac{1}{2}}du$$

für $|\gamma_2| < \frac{\pi}{2}$, $-\frac{3\pi}{2}+\gamma_2 < \alpha < \frac{\pi}{2}+\gamma_2$. Der Winkel von u ist nach Ziff. 19 am Beginn des Weges B'' γ_2, am Ende $\gamma_2 - 2\pi$, der Winkel von $1-\frac{iu}{2z}$ ist der von $t-1$ vermindert um π.

Die Integrale über die Kurven A'' und B'' lassen sich noch in folgender Weise umformen, sobald wir $\Re(\nu+\frac{1}{2}) > 0$ voraussetzen. Wenn wir den Teil des Integrationsweges, der von der Umkreisung des Nullpunktes herrührt, um den Nullpunkt beliebig eng zusammenziehen, strebt der davon herrührende Bestandteil der Integrale gegen Null, weil der Integrand wegen $\Re(\nu+\frac{1}{2}) > 0$ integrierbar bleibt. Eine ähnliche Betrachtung wurde schon in Ziffer 14 angestellt. Von den Kurven A'' und B'' bleiben in beiden Fällen nur die Halbstrahlen G_1 und G_2 übrig, die vom Nullpunkt ins Unendliche reichen und mit der positiven reellen Achse die Winkel γ_1 und γ_2 einschließen. Wir erhalten daher nach der obigen Bemerkung über den Winkel von u

$$\int\limits_{A''} = -e^{-2\pi(\nu-\frac{1}{2})i}\int\limits_{G_1} + \int\limits_{G_1} = e^{-2\nu\pi i}\int\limits_{G_1} + \int\limits_{G_1} = 2e^{-\nu\pi i}\cos\nu\pi\int\limits_{G_1},$$

wobei γ_1 der Winkel von u auf G_1 ist und ähnlich

$$\int\limits_{B''} = -\int\limits_{G_2} + e^{-2\pi(\nu-\frac{1}{2})i}\int\limits_{G_2} = -\int\limits_{G_2} - e^{-2\nu\pi i}\int\limits_{G_2} = -2e^{-\nu\pi i}\cos\nu\pi\int\limits_{G_2},$$

wobei γ_2 der Winkel von u auf G_2 ist, daher mit Rücksicht auf (VI, 3, 4)

$$(4)\qquad H_\nu^{(1)}(z) = \left(\frac{2}{\pi z}\right)^{\frac{1}{2}}\frac{e^{i\left(z-\frac{\nu\pi}{2}-\frac{\pi}{4}\right)}}{\Gamma(\nu+\frac{1}{2})}\int\limits_{G_1} e^{-u}u^{\nu-\frac{1}{2}}\left(1+\frac{iu}{2z}\right)^{\nu-\frac{1}{2}}du$$

für $\Re(\nu+\frac{1}{2}) > 0$, $|\gamma_1| < \frac{\pi}{2}$, $-\frac{\pi}{2}+\gamma_1 < \alpha < \frac{3\pi}{2}+\gamma_1$ und ähnlich

$$(5)\qquad H_\nu^{(2)}(z) = \left(\frac{2}{\pi z}\right)^{\frac{1}{2}}\frac{e^{-i\left(z-\frac{\nu\pi}{2}-\frac{\pi}{4}\right)}}{\Gamma(\nu+\frac{1}{2})}\int\limits_{G_2} e^{-u}u^{\nu-\frac{1}{2}}\left(1-\frac{iu}{2z}\right)^{\nu-\frac{1}{2}}du$$

für $\Re(\nu+\frac{1}{2}) > 0$, $|\gamma_2| < \frac{\pi}{2}$, $-\frac{3\pi}{2}+\gamma_2 < \alpha < \frac{\pi}{2}+\gamma_2$. Dabei sind nach dem früheren die Winkel von $1+\frac{iu}{2z}$ und $1-\frac{iu}{2z}$ Null für $u=0$. Da die Hankelschen Funktionen analytische Funktionen von ν sind, gelten die letzten Formeln auch für die bisher ausgeschlossenen Werte $\nu = \frac{1}{2}, \frac{3}{2}, \frac{5}{2}, \ldots$, wie sich leicht durch Grenzübergang ergibt, da in diesen Formeln beide Seiten stetige Funktionen von ν sind.

21. Asymptotische Darstellung der ersten Hankelschen Funktion. Zur vollen Kenntnis der funktionentheoretischen Eigenschaften der Besselfunktion und insbesondere für die Frage der durch sie vermittelten konformen Abbildung ist es wichtig, genauen Aufschluß über ihr Verhalten im Unendlichen zu erlangen, also möglichst einfache Entwicklungen für große Werte von $|z|$ anzugeben. Zu diesem Zweck verwenden wir Formel (20, 4) und entwickeln zuerst $\left(1+\frac{iu}{2z}\right)^{\nu-\frac{1}{2}}$ nach dem Taylorschen Satz. Wir benützen ihn dazu in folgender Gestalt [1]):

$$f(x+h) = f(x) + \sum_{m=1}^{n} \frac{h^m}{m!} f^{(m)}(x) + R_n,$$

$$R_n = \frac{1}{n!} \int_0^h (h-\tau)^n f^{(n+1)}(x+\tau)\, d\tau.$$

Das Restglied R_n formen wir dadurch um, daß wir statt τ die Veränderliche t durch die Beziehung $\tau = ht$ einführen. Es folgt

$$R_n = \frac{h^{n+1}}{n!} \int_0^1 (1-t)^n f^{(n+1)}(x+ht)\, dt.$$

Wir verwenden diese Formel für

$$f(x) = x^{\nu-\frac{1}{2}}, \quad x = 1, \quad h = \frac{iu}{2z}, \quad n = p-1 \qquad (p \geqq 2)$$

und erhalten

$$\left(1+\frac{iu}{2z}\right)^{\nu-\frac{1}{2}} = 1 + \sum_{m=1}^{p-1} \frac{(-1)^m(\nu-\frac{1}{2})(\nu-\frac{3}{2})\ldots(\nu-m+\frac{1}{2})}{m!}\left(\frac{u}{2iz}\right)^m$$
$$+ \frac{(-1)^p(\nu-\frac{1}{2})(\nu-\frac{3}{2})\ldots(\nu-p+\frac{1}{2})}{(p-1)!}\left(\frac{u}{2iz}\right)^p \int_0^1 (1-t)^{p-1}\left(1-\frac{ut}{2iz}\right)^{\nu-p-\frac{1}{2}} dt.$$

Der Gebrauch des Taylorschen Satzes in dieser Form ist dadurch gerechtfertigt, daß sämtliche auftretenden Funktionen für große $|z|$ analytisch sind, solange $ut \neq 2iz$ $(0 \leqq t \leqq 1)$ ist. Diese Ungleichung ist aber erfüllt, weil nach (20, 4) $\gamma_1 < \frac{\pi}{2} + \alpha$ ist. Wenn wir den erhaltenen Ausdruck in (20, 4) einsetzen, ergibt sich

$$(1) \qquad H_\nu^{(1)}(z) = \left(\frac{2}{\pi z}\right)^{\frac{1}{2}} e^{i\left(z-\frac{\nu\pi}{2}-\frac{\pi}{4}\right)}\left[\frac{1}{\Gamma(\nu+\frac{1}{2})}\int_{G_1} e^{-u} u^{\nu-\frac{1}{2}} du\right.$$
$$\left.+ \sum_{m=1}^{p-1} \frac{(\frac{1}{2}-\nu)(\frac{3}{2}-\nu)\ldots(m-\frac{1}{2}-\nu)}{m!\,\Gamma(\nu+\frac{1}{2})(2iz)^m}\int_{G_1} e^{-u} u^{\nu-\frac{1}{2}+m} du + R_p^{(1)}\right]$$

---

[1]) Siehe z. B. R. Courant, Vorlesungen über Differential- und Integralrechnung, I. Bd., 2. Aufl., Berlin 1930, J. Springer, S. 254. In diesem Buch wird zwar die Formel nur im reellen Gebiet bewiesen, der verwendete Gedankengang gilt aber ebenso im Komplexen, solange die auftretenden Funktionen analytisch sind.

mit

$$R_p^{(1)} = \frac{(\frac{1}{2}-\nu)(\frac{3}{2}-\nu)\dots(p-\frac{1}{2}-\nu)}{(p-1)!\,\Gamma(\nu+\frac{1}{2})(2iz)^p} \cdot \int_{G_1} e^{-u} u^{\nu-\frac{1}{2}+p} \left[\int_0^1 (1-t)^{p-1}\left(1-\frac{ut}{2iz}\right)^{\nu-p-\frac{1}{2}} dt\right] du.$$

Wir führen nun die Hankelsche Bezeichnung

$$(\nu, m) = \frac{(-1)^m}{m!}(\tfrac{1}{2}-\nu)(\tfrac{3}{2}-\nu)\dots(m-\tfrac{1}{2}-\nu)(\tfrac{1}{2}+\nu)(\tfrac{3}{2}+\nu)\dots(m-\tfrac{1}{2}+\nu)$$

$$(2) \qquad = \frac{\Gamma(\frac{1}{2}+\nu+m)}{m!\,\Gamma(\frac{1}{2}+\nu-m)} = \frac{[4\nu^2-1^2][4\nu^2-3^2]\dots[4\nu^2-(2m-1)^2]}{2^{2m}m!}$$

ein (vgl. VI, 3, 1). Damit ergibt sich, wenn wir die aus (VI, 4, 3) folgende Formel

$$\int_{G_1} e^{-u}u^{\nu-\frac{1}{2}+m}du = \Gamma(\tfrac{1}{2}+\nu+m)$$

verwenden, aus (1) mit $(\nu, 0) = 1$

$$(3) \qquad H_\nu^{(1)}(z) = \left(\frac{2}{\pi z}\right)^{\frac{1}{2}} e^{i\left(z-\frac{\nu\pi}{2}-\frac{\pi}{4}\right)}\left[\sum_{m=0}^{p-1}\frac{(-1)^m(\nu, m)}{(2iz)^m} + R_p^{(1)}\right].$$

22. Abschätzung des Restgliedes. Nun handelt es sich darum, das Restglied $R_p^{(1)}$ abzuschätzen. Die Formeln (20, 4) und (21, 3) gelten unter den Bedingungen $|\gamma_1| < \frac{\pi}{2}$, $-\frac{\pi}{2} < \alpha - \gamma_1 < \frac{3\pi}{2}$. Dabei bedeutet α den Winkel von z (siehe Ziffer 18). Wir können daher einen positiven Winkel δ so wählen, daß gleichzeitig

$$\delta \leqq \frac{\pi}{2} - |\gamma_1| \quad \text{und} \quad \delta \leqq \pi - \left|\alpha - \gamma_1 - \frac{\pi}{2}\right|$$

ist. Dann folgt

$$-\pi + \delta \leqq \alpha - \gamma_1 - \frac{\pi}{2} \leqq \pi - \delta,$$

$$-\frac{\pi}{2} + \delta \leqq \gamma_1 \leqq \frac{\pi}{2} - \delta,$$

also

$$(1) \qquad -\pi + 2\delta \leqq \alpha \leqq 2\pi - 2\delta.$$

Umgekehrt, wenn wir den positiven spitzen Winkel δ beliebig vorgeben und α der letzten Ungleichung genügt, können wir erreichen, daß α auch der Ungleichung

$$(2) \qquad -\frac{\pi}{2} + \gamma_1 < \alpha < \frac{3\pi}{2} + \gamma_1$$

genügt, indem wir γ_1 passend im Intervall $|\gamma_1| \leqq \frac{\pi}{2} - \delta$ wählen. Wir können also die beiden Bedingungen $|\gamma_1| < \frac{\pi}{2}$ und (2) auch durch die einzige Bedingung (1) ersetzen, wenn wir δ als beliebigen spitzen Winkel wählen.

Wir schätzen jetzt $1 - \frac{ut}{2iz}$ ab. Der Winkel von $-\frac{ut}{2iz}$ ist $\pi + \gamma_1 - \frac{\pi}{2} - \alpha = \frac{\pi}{2} + \gamma_1 - \alpha$, weil sich u im Integral auf der Geraden G_1 bewegt und daher den Winkel γ_1 hat. In Abb. 8 sind die Verhältnisse für

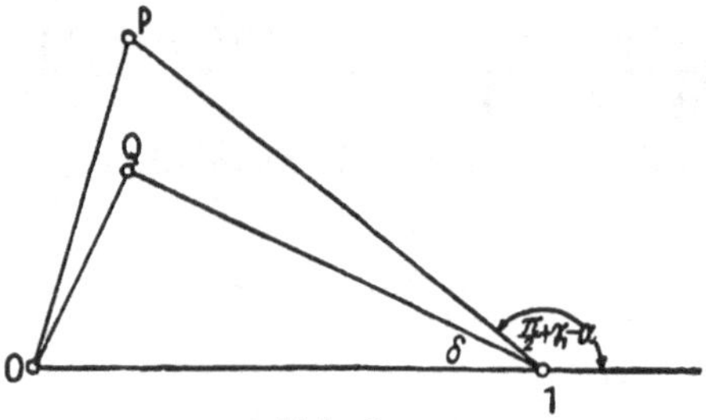

Abb. 8.

positives $\frac{\pi}{2} + \gamma_1 - \alpha$ gezeichnet. P ist das Bild des Punktes $1 - \frac{ut}{2iz}$, bei Q tritt ein rechter Winkel auf. Für negatives $\frac{\pi}{2} + \gamma_1 - \alpha$ wäre die Zeichnung an der reellen Achse zu spiegeln. Es folgt also

$$OP = \left|1 - \frac{ut}{2iz}\right| \geqq \sin\delta,$$

$$|\varphi| = \left|\text{Winkel von}\left(1 - \frac{ut}{2iz}\right)\right| \leqq \left|\frac{\pi}{2} + \gamma_1 - \alpha\right| < \pi,$$

somit, weil für $\left(1 - \frac{ut}{2iz}\right)^{\nu-p-\frac{1}{2}}$ auf G_1 der Hauptwert zu nehmen ist,

$$\left|\left(1 - \frac{ut}{2iz}\right)^{\nu-p-\frac{1}{2}}\right| = e^{\Re\left[\left(\nu-p-\frac{1}{2}\right)\ln\left(1-\frac{ut}{2iz}\right)\right]}$$

$$= e^{\Re\left(\nu-p-\frac{1}{2}\right)\ln\left|1-\frac{ut}{2iz}\right| - \Im\left(\nu-p-\frac{1}{2}\right)\varphi}$$

$$= \left|1 - \frac{ut}{2iz}\right|^{\Re(\nu-p-\frac{1}{2})} e^{-\varphi\Im(\nu-p-\frac{1}{2})}.$$

Wir wählen nun die ganze Zahl $p \geqq 2$ so, daß $\Re(\nu - p - \frac{1}{2}) \leqq 0$ ist, dann wird auf G_1

$$\left|\left(1 - \frac{ut}{2iz}\right)^{\nu-p-\frac{1}{2}}\right| < (\sin\delta)^{\Re(\nu-p-\frac{1}{2})} e^{\pi|\Im(\nu)|} = A_p.$$

Es ist also

$$|R_p^{(1)}| < \frac{A_p}{(p-1)!}\left|\frac{(\frac{1}{2}-\nu)(\frac{3}{2}-\nu)\dots(p-\frac{1}{2}-\nu)}{\Gamma(\nu+\frac{1}{2})(2iz)^p}\int_0^1(1-t)^{p-1}dt\int_{G_1}|e^{-u}u^{\nu+p-\frac{1}{2}}du|\right|.$$

Jetzt schätzen wir noch $\int_{G_1}|e^{-u}u^{\nu+p-\frac{1}{2}}du|$ ab. Wir setzen $u = te^{i\gamma_1}$ und erhalten

$$\int_{G_1}|e^{-u}u^{\nu+p-\frac{1}{2}}du| = \int_0^\infty e^{-t\cos\gamma_1}\,t^{\Re(\nu)+p-\frac{1}{2}}e^{-\gamma_1\Im(\nu)}\,dt$$
$$< e^{\frac{\pi}{2}|\Im(\nu)|}\int_0^\infty e^{-t\sin\delta}\,t^{\Re(\nu)+p-\frac{1}{2}}\,dt.$$

Es wird also $|R_p^{(1)}| < B_p\,|z|^{-p}$, dabei hängt B_p nur von ν, p und δ, aber nicht von z ab.

Wir können uns von den Voraussetzungen $\Re(\nu-p-\frac{1}{2}) \leqq 0$ und $p \geqq 2$ befreien. Sollten sie nämlich nicht erfüllt sein, so wählen wir eine positive ganze Zahl $q \geqq 2$ so, daß $\Re(\nu-q-\frac{1}{2}) \leqq 0$ wird. Dann erhält man für den Klammerausdruck der Formel (21, 3)

$$\sum_{m=0}^{q-1} + R_q^{(1)} = \sum_{m=0}^{p-1} + \sum_{m=p}^{q-1} + R_q^{(1)} = \sum_{m=0}^{p-1} + R_p^{(1)},$$

wobei

$$|R_p^{(1)}| = \left|\sum_{m=p}^{q-1} + R_q^{(1)}\right|$$
$$\leqq \sum_{m=p}^{q-1}\frac{|(\nu,m)|}{|2z|^m} + |R_q^{(1)}|$$
$$< \frac{C_p}{|z|^p}$$

ist; C_p hängt für alle genügend großen $|z|$ nur von ν, p und δ, aber nicht von z ab. Formel (21, 3) gilt also für jedes p.

23. Asymptotische Darstellung der zweiten Hankelschen Funktion.

Für die zweite Hankelsche Funktion läßt sich nach demselben Gedankengang ein ähnlicher asymptotischer Ausdruck ableiten. An Stelle von $\left(1+\frac{iu}{2z}\right)^{\nu-\frac{1}{2}}$ ist hier $\left(1-\frac{iu}{2z}\right)^{\nu-\frac{1}{2}}$ zu entwickeln, der Integrationsweg ist G_2 statt G_1. Der Gebrauch des Taylorschen Satzes in der Form von Ziff. 21 ist gerechtfertigt, weil alle auftretenden Funktionen für große $|z|$ analytisch sind, solange $ut \neq -2iz$ $(0 \leqq t \leqq 1)$ ist. Diese Ungleichung ist aber erfüllt, weil nach (20,5) $\gamma_2 > -\frac{\pi}{2}+\alpha$ ist. Die Gültigkeitsgrenzen der Formel (20, 5) sind $|\gamma_2| < \frac{\pi}{2}$ und $-\frac{3\pi}{2} < \alpha-\gamma_2 < \frac{\pi}{2}$. Wir wählen daher hier den positiven Winkel δ so, daß $\delta \leqq \frac{\pi}{2} - |\gamma_2|$ und $\delta \leqq \pi - |\alpha - \gamma_2 + \frac{\pi}{2}|$ ist. Dann folgt

$$-\pi + \delta \leqq \alpha - \gamma_2 + \frac{\pi}{2} \leqq \pi - \delta,$$

$$-\frac{\pi}{2} + \delta \leqq \gamma_2 \leqq \frac{\pi}{2} - \delta,$$

also

$$-2\pi + 2\delta \leqq \alpha \leqq \pi - 2\delta.$$

Umgekehrt, ist δ ein beliebiger positiver spitzer Winkel und genügt α der letzten Ungleichung, so läßt sich immer erreichen

$$-\frac{3\pi}{2} + \gamma_2 < \alpha < \frac{\pi}{2} + \gamma_2,$$

indem man den spitzen Winkel γ_2 positiv oder negativ passend wählt.

Der Winkel von $\frac{ut}{2iz}$ ist hier $\gamma_2 - \frac{\pi}{2} - \alpha$, daher

$$\left|1 + \frac{ut}{2iz}\right| \geqq \sin \delta$$

und

$$|\psi| = \left|\text{Winkel von } \left(1 + \frac{ut}{2iz}\right)\right| < \pi.$$

Ferner ergibt sich wie früher

$$\int_{G_2} e^{-u} u^{\nu - \frac{1}{2} + m} du = \Gamma(\tfrac{1}{2} + \nu + m),$$

$$\left|\left(1 + \frac{ut}{2iz}\right)^{\nu - p - \frac{1}{2}}\right| < A_p \text{ für } \Re(\nu - p - \tfrac{1}{2}) \leqq 0,$$

somit

$$(1) \qquad H_\nu^{(2)}(z) = \left(\frac{2}{\pi z}\right)^{\frac{1}{2}} e^{-i\left(z - \frac{\nu\pi}{2} - \frac{\pi}{4}\right)} \left[\sum_{m=0}^{p-1} \frac{(\nu, m)}{(2iz)^m} + R_p^{(2)}\right],$$

wo $|R_p^{(2)}| < B_p |z|^{-p}$ ist.

Genau wie bei $H_\nu^{(1)}(z)$ läßt sich die Gültigkeit dieser Formel auch für $\Re(\nu - p - \frac{1}{2}) > 0$ ausdehnen. Der Geltungsbereich der erhaltenen asymptotischen Entwicklungen ist also für die erste der beiden Funktionen $-\pi < \alpha < 2\pi$, für die zweite $-2\pi < \alpha < \pi$ und $\Re(\nu + \frac{1}{2}) > 0$ für beide. Die letzte Voraussetzung, die von der Zusammenziehung der Integrationswege A'' und B'' auf G_1 und G_2 herrührt, ist unnötig. Denn ist $\Re(\nu + \frac{1}{2}) \leqq 0$, so ist $\Re(-\nu + \frac{1}{2}) > 0$, daher ergeben sich wegen $(\nu, m) = (-\nu, m)$ (vgl. (21, 2)) und (19, 5) dieselben Formeln. Werden die Formeln (21, 3) und (23, 1), wie z. B. bei der asymptotischen Entwicklung der Besselfunktionen gleichzeitig angewendet, so ist daher ihr Geltungsbereich durch die Bedingung

$|\alpha| < \pi$ festgelegt. Entwickelt man bis $p = 1$, nimmt also nur jeweils das erste Glied dieser Entwicklung, so folgt aus (19, 4)

$$I_\nu(z) = \sqrt{\frac{2}{\pi z}} \cos\left(z - \frac{\nu\pi}{2} - \frac{\pi}{4}\right) + \cdots, \tag{2}$$

$$Y_\nu(z) = \sqrt{\frac{2}{\pi z}} \sin\left(z - \frac{\nu\pi}{2} - \frac{\pi}{4}\right) + \cdots.$$

d) Nullstellen.

24. Lommelsche Umformung der Besselschen Differentialgleichung. Für die Untersuchung der Nullstellen der Besselfunktion ist eine Umformung der Besselschen Differentialgleichung wichtig, die wir E. Lommel[1]) verdanken und die wir im folgenden kurz behandeln wollen. Sie bezweckt, den ersten Differentialquotienten der unbekannten Funktion aus der Differentialgleichung zu entfernen. Nach Ziffer (12, 2) genügt die allgemeine Zylinderfunktion $C_\nu(z)$ der Differentialgleichung

$$z^2 C_\nu''(z) + z C_\nu'(z) + (z^2 - \nu^2) C_\nu(z) = 0. \tag{1}$$

Wir führen die neue Veränderliche

$$y = \sqrt{z}\, C_\nu(kz) \qquad (k = \text{const.}) \tag{2}$$

ein, daher ist

$$y' = \frac{dy}{dz} = \frac{C_\nu(kz)}{2\sqrt{z}} + k\sqrt{z}\, C_\nu'(kz),$$

$$y'' = \frac{d^2y}{dz^2} = -\frac{C_\nu(kz)}{4z^{3/2}} + \frac{k}{\sqrt{z}} C_\nu'(kz) + k^2\sqrt{z}\, C_\nu''(kz),$$

$$C_\nu(kz) = \frac{y}{\sqrt{z}},$$

$$C_\nu'(kz) = \frac{y'}{k\sqrt{z}} - \frac{y}{2kz^{3/2}},$$

$$C_\nu''(kz) = \frac{y''}{k^2\sqrt{z}} - \frac{y'}{k^2 z^{3/2}} + \frac{3y}{4k^2 z^{5/2}},$$

also wird aus (1), wenn wir z durch kz ersetzen und y einführen,

$$y'' + \left(k^2 + \frac{1 - 4\nu^2}{4z^2}\right) y = 0. \tag{3}$$

Diese Gleichung hat die Gestalt

$$y'' + Py = 0.$$

Wir betrachten daneben noch eine andere Differentialgleichung dieser Art,

$$\eta'' + Q\eta = 0.$$

---

[1]) E. Lommel, Math. Ann. 14 (1879), S. 510—531.

Wir multiplizieren die erste dieser beiden Gleichungen mit η, die zweite mit y und subtrahieren. Dann folgt

$$(P-Q)\,y\eta = y\eta'' - \eta y''$$

oder

$$(4)\qquad \int (P-Q)\,y\eta dz = y\eta' - \eta y'.$$

In dieser Formel setzen wir

$$y = \sqrt{z}\,C_\mu(\alpha z), \qquad \eta = \sqrt{z}\,C_\nu^\times(\beta z).$$

Dabei sollen C_μ und $C_\nu^\times$ zwei beliebige Zylinderfunktionen, α und β Konstante bedeuten. Für P und Q haben wir daher nach (2) und (3)

$$P = \alpha^2 + \frac{1-4\mu^2}{4z^2},$$

$$Q = \beta^2 + \frac{1-4\nu^2}{4z^2}$$

zu setzen. Formel (4) liefert

$$\int \left(\alpha^2 - \beta^2 - \frac{\mu^2-\nu^2}{z^2}\right) zC_\mu(\alpha z)C_\nu^\times(\beta z)dz$$

$$= z\left[C_\mu(\alpha z)\frac{dC_\nu^\times(\beta z)}{dz} - C_\nu^\times(\beta z)\frac{dC_\mu(\alpha z)}{dz}\right].$$

Für $C_\mu = C_\nu^\times = C_\nu$ und $\alpha \neq \beta$ ergibt sich insbesondere

$$(5)\qquad \int zC_\nu(\alpha z)C_\nu(\beta z)dz = \frac{z}{\alpha^2-\beta^2}\left[C_\nu(\alpha z)\frac{dC_\nu(\beta z)}{dz} - C_\nu(\beta z)\frac{dC_\nu(\alpha z)}{dz}\right]$$

$$= \frac{z}{\alpha^2-\beta^2}[\beta C_\nu(\alpha z)C_\nu'(\beta z) - \alpha C_\nu(\beta z)C_\nu'(\alpha z)].$$

Der Grenzübergang $\beta \to \alpha$ liefert, weil $C_\nu(\beta z)$ in β analytisch ist,

$$(6)\ \int zC_\nu(\alpha z)^2dz = \lim_{\beta\to\alpha} \frac{z}{-2\beta}\{C_\nu(\alpha z)[C_\nu'(\beta z) + \beta zC_\nu''(\beta z)] - \alpha zC_\nu'(\alpha z)C_\nu'(\beta z)\}$$

$$= \frac{z^2}{2}\left\{C_\nu'(\alpha z)^2 - \frac{C_\nu(\alpha z)}{\alpha z}[C_\nu'(\alpha z) + \alpha zC_\nu''(\alpha z)]\right\}$$

$$= \frac{z^2}{2}\left[C_\nu'(\alpha z)^2 + \left(1-\frac{\nu^2}{\alpha^2z^2}\right)C_\nu(\alpha z)^2\right].$$

Schließlich führen wir noch die Veränderliche $x = \alpha z$ ein und erhalten aus (6)

$$(7)\qquad \int xC_\nu(x)^2dx = \frac{x^2}{2}\left[C_\nu'(x)^2 + \left(1-\frac{\nu^2}{x^2}\right)C_\nu(x)^2\right].$$

Nach (7) ist für $C_\nu(x) = I_\nu(x)$ und $\nu > -1$

$$(8)\qquad \int_0^x I_\nu(t)^2tdt = \frac{x^2}{2}\left[I_\nu'(x)^2 + \left(1-\frac{\nu^2}{x^2}\right)I_\nu(x)^2\right].$$

Denn wegen $\nu > -1$ verschwinden beide Seiten dieser Gleichung für $x = 0$. Auf der rechten Seite sind nämlich die Glieder niedrigster Ordnung die mit dem Exponenten 2ν. Sie haben aber den Koeffizienten 0, wie sich ergibt, wenn man die Reihenentwicklung für $I_\nu(x)$ einsetzt. Die Glieder nächsthöherer Ordnung haben den Exponenten $2\nu + 2$, verschwinden also, wie alle höheren für $x = 0$ wegen $\nu > -1$. Aus (8) und (1) erhalten wir ferner für $\nu > -1$

$$(9) \qquad \frac{d}{dx}\left[\frac{I_\nu(x)}{x I'_\nu(x)}\right] = \frac{2}{x^3 I'_\nu(x)^2}\int_0^x I_\nu(t)^2\, t\, dt.$$

(8) und (9) werden später gebraucht werden.

25. Nullstellen der Zylinderfunktionen. Aus der Differentialgleichung (24, 1) folgt, daß keine Zylinderfunktion mehrfache Nullstellen haben kann, höchstens $z = 0$ ausgenommen. Da der Nullpunkt immer eine Ausnahmerolle spielt, soll im folgenden bis Ziffer 30, wenn von Nullstellen der Zylinderfunktionen die Rede ist, $z = 0$ immer ausgenommen sein. Für eine mehrfache Nullstelle müßten $C_\nu(z)$ und $C'_\nu(z)$ verschwinden, daher nach (24, 1) auch $C''_\nu(z)$. Differenziert man (24, 1) nach z, so folgt, daß auch $C'''_\nu(z)$ verschwindet, ebenso die höheren Ableitungen, wie man bei weiterer Differentiation erhält. Die Potenzreihenentwicklung von $C_\nu(z)$ würde also in der Umgebung der mehrfachen Nullstelle identisch Null ergeben.

Unter einer reellen Zylinderfunktion versteht man eine Zylinderfunktion $C_\nu(x) = \alpha I_\nu(x) + \beta Y_\nu(x)$, wo α, β, ν reelle Konstanten sind und x auf positive Werte beschränkt wird, damit $C_\nu(z)$ für alle reellen Werte von z reell bleibe. Aus den Rekursionsformeln der Zylinderfunktionen (12, 1), die sich nach Ziffer 9 auch in der Gestalt

$$\frac{d}{dx}\left[x^{-\nu} C_\nu(x)\right] = -x^{-\nu} C_{\nu+1}(x),$$

$$\frac{d}{dx}\left[x^{\nu+1} C_{\nu+1}(x)\right] = x^{\nu+1} C_\nu(x)$$

schreiben lassen, folgt sofort die Tatsache, daß die positiven Nullstellen der reellen Zylinderfunktionen $C_\nu(x)$ und $C_{\nu+1}(x)$ einander trennen. Man braucht nur den bekannten Satz der Differentialrechnung zu benützen, daß zwischen zwei Nullstellen der Funktion mindestens eine Nullstelle der Ableitung liegen muß. Dann folgt aus der ersten der genannten Formeln, daß zwischen zwei aufeinanderfolgenden positiven Nullstellen von $C_\nu(x)$ immer mindestens eine von $C_{\nu+1}(x)$, und aus der zweiten Formel, daß zwischen zwei aufeinanderfolgenden Nullstellen von $C_{\nu+1}(x)$ mindestens eine von $C_\nu(x)$ liegen muß, und daraus der genannte Satz. Der Gedankengang dieses Beweises stammt von L. Gegenbauer[1]).

Nach (8, 1) gilt für zwei reelle linear unabhängige Lösungen w_1 und w_2 der Besselschen Differentialgleichung die Beziehung

---

[1]) L. Gegenbauer, Monatsh. f. Math. 8 (1897), S. 383—384.

$$(1) \qquad w_1 w_2' - w_2 w_1' = \frac{C}{z},$$

wo C eine reelle, von Null verschiedene Konstante ist. Es seien z_1 und z_2 zwei reelle, die Null nicht einschließende Nullstellen von w_1, zwischen denen keine weitere Nullstelle von w_1 liegt. An diesen Stellen ist $w_2 = -\frac{C}{zw_1'}$, hat also verschiedenes Zeichen, weil dasselbe von w_1' gilt. Es liegt somit zwischen z_1 und z_2 eine Nullstelle von w_2 und zwar nur eine. Sonst müßte nämlich zwischen z_1 und z_2 entgegen der Voraussetzung noch eine Nullstelle von w_1 liegen, wie man erkennt, wenn man w_1 und w_2 vertauscht. Der Satz gilt auch für rein imaginäre Nullstellen, weil jetzt w_1, w_2, C reell, w_1', w_2', z rein imaginär sind und daher derselbe Gedankengang zum Ziele führt.

26. Nullstellen der Besselfunktionen erster Art. Im folgenden bezeichnen wir den Übergang zur konjugiert komplexen Zahl immer mit einem Querstrich. Nach (7, 5) stellt sich der absolute Betrag der Besselfunktion und ihrer Ableitung für reelle ν in der Gestalt

$$|I_\nu(z)| = |z|^\nu \, |\mathfrak{P}_\nu^{(0)}(z^2)|$$

bzw.

$$|I_\nu'(z)| = |z|^{\nu-1} \, |\mathfrak{P}_\nu^{(1)}(z^2)|$$

dar, wo $\mathfrak{P}_\nu^{(0)}(z^2)$ und $\mathfrak{P}_\nu^{(1)}(z^2)$ beständig konvergente Potenzreihen in z^2 mit reellen Koeffizienten bedeuten. Daher gelten die Beziehungen

$$\begin{aligned} |I_\nu(\bar{z})| &= |z|^\nu \, |\mathfrak{P}_\nu^{(0)}(\bar{z}^2)| \\ &= |z|^\nu \, |\overline{\mathfrak{P}_\nu^{(0)}(z^2)}| \\ &= |z|^\nu \, |\mathfrak{P}_\nu^{(0)}(z^2)| \\ &= |I_\nu(z)| \end{aligned}$$

und ebenso

$$|I_\nu'(\bar{z})| = |I_\nu'(z)|.$$

Ferner ist

$$I_\nu(-z) = (-1)^\nu \, I_\nu(z),$$

somit

$$I_\nu'(-z) = (-1)^{\nu-1} \, I_\nu'(z),$$

also

$$|I_\nu(-z)| = |I_\nu(z)|$$

und

$$|I_\nu'(-z)| = |I_\nu'(z)|,$$

d. h. die Kurven $|I_\nu(z)| = \text{const.}$ und $|I_\nu'(z)| = \text{const.}$ und daher auch die Nullstellen dieser Funktionen liegen spiegelbildlich zur reellen und imaginären Achse.

Aus Gleichung (24, 8) schließen wir, daß mehrfache positive Nullstellen von $I'_\nu(x)$ für $\nu > -1$ unmöglich sind. Denn für eine solche wäre

$$I'_\nu(x) = I''_\nu(x) = 0\,,$$

daher nach der Besselschen Differentialgleichung

$$\left(1 - \frac{\nu^2}{x^2}\right) I_\nu(x) = 0\,,$$

also die rechte Seite von (24, 8) Null, die linke aber von Null verschieden, weil im Intervall $0 < t \leqq x$ der Integrand $\geqq 0$, stetig und nicht fortwährend Null ist. Wegen der spiegelbildlichen Lage der Nullstellen sind also die reellen Nullstellen von $I'_\nu(x)$ für $\nu > -1$ einfach. $I_\nu(x)$ hat daher an diesen Stellen größte oder kleinste Werte.

Aus (24, 9) schließen wir ferner, daß für $\nu > -1$ und $x > 0$ die Funktion $\frac{I_\nu(x)}{x I'_\nu(x)}$ zwischen zwei Nullstellen des Nenners mit x fortwährend von $-\infty$ nach $+\infty$ wächst. Zwischen zwei positiven Nullstellen von $I'_\nu(x)$ liegt also genau eine Nullstelle von $I_\nu(x)$, wenn $\nu > -1$ ist. Wegen der spiegelbildlichen Lage gilt dasselbe für die negativen Nullstellen. Ebenso erkennt man wegen $\lim\limits_{x\to 0} \frac{I_\nu(x)}{x I'_\nu(x)} = \frac{1}{\nu}$, daß für $-1 < \nu < 0$ zwischen der ersten positiven oder negativen Nullstelle von $I'_\nu(x)$ und dem Nullpunkt genau je eine Nullstelle von $I_\nu(x)$ liegt, für $\nu > 0$ dagegen keine. Wohl aber gilt die Behauptung für $\nu = 0$, weil in diesem Fall nach der Reihenentwicklung für die Besselfunktion

$$\lim_{x\to 0} \frac{I_0(x)}{x I'_0(x)} = -\infty$$

ist.

27. Nullstellen der Ableitung. Für die Funktion $I'_\nu(z)$ gilt folgender wichtige Satz: Wenn $\nu \geqq 0$ ist, ist keine ihrer Nullstellen imaginär; ist $-1 < \nu < 0$, so hat die Funktion zwei konjugiert rein imaginäre, aber sonst keine imaginären Nullstellen. Zum Beweis betrachten wir die aus (7, 5) folgende Reihenentwicklung

$$I'_\nu(z) = z^{\nu-1} \sum_{m=0}^{\infty} \frac{(-1)^m (2m+\nu) z^{2m}}{2^{\nu+2m} m!\, \Gamma(\nu+m+1)}\,.$$

Wir setzen $z = \pm i\alpha$ mit $\alpha > 0$. Es wird

$$I'_\nu(\pm i\alpha) = (\pm i\alpha)^{\nu-1} \sum_{m=0}^{\infty} \frac{(2m+\nu)\alpha^{2m}}{2^{\nu+2m} m!\, \Gamma(\nu+m+1)}\,.$$

Die Summe enthält für $\nu \geqq 0$ nur positive Glieder, daher ist in diesem Falle $I'_\nu(\pm i\alpha) \neq 0$. Ist dagegen $-1 < \nu < 0$, so ist das erste Glied der Summe $\frac{2^{-\nu}\nu}{\Gamma(\nu+1)}$, also wegen (VI, 1, 1) negativ, dann folgen lauter positive Glieder.

Die Summe hat also die Gestalt

$$-\frac{2^{-\nu}|\nu|}{\Gamma(\nu+1)}+S, \quad \text{wo} \quad S=\sum_{m=1}^{\infty}\frac{(2m+\nu)\alpha^{2m}}{2^{\nu+2m}\,m!\,\Gamma(\nu+m+1)}$$

ist. S wächst somit fortwährend von Null über alle Schranken, wenn α von Null ins Unendliche strebt, und wird daher für einen bestimmten positiven Wert von α gleich $\frac{2^{-\nu}|\nu|}{\Gamma(\nu+1)}$. $I'_\nu(\pm i\alpha)$ wird also gerade für ein positives α Null, d. h. $I'_\nu(z)$ hat zwei konjugiert rein imaginäre Nullstellen, wenn $-1<\nu<0$ ist.

Außer diesen Nullstellen kann $I'_\nu(z)$ keine imaginäre Nullstellen haben. Denn nehmen wir an, α sei eine komplexe Nullstelle, deren reeller und imaginärer Teil von Null verschieden ist, dann wäre auch die dazu konjugiert komplexe Zahl $\bar{\alpha}$ eine Nullstelle von $I'_\nu(z)$. Wir greifen nun auf Formel (24, 5) zurück. Sie liefert wegen $\alpha^2 \neq \bar{\alpha}^2$

$$\int x I_\nu(\alpha x)\, I_\nu(\bar{\alpha} x)\, dx = \frac{x}{\alpha^2-\bar{\alpha}^2}\left[\bar{\alpha} I_\nu(\alpha x)\, I'_\nu(\bar{\alpha} x) - \alpha I_\nu(\bar{\alpha} x)\, I'_\nu(\alpha x)\right].$$

Als Grenzen nehmen wir 0 und x, was wegen $\nu>-1$ möglich ist. Es ergibt sich aus denselben Gründen wie bei der Integration von (24, 7)

$$(1) \qquad \int_0^x t I_\nu(\alpha t)\, I_\nu(\bar{\alpha} t)\, dt = \frac{x}{\alpha^2-\bar{\alpha}^2}\left[\bar{\alpha} I_\nu(\alpha x)\, I'_\nu(\bar{\alpha} x) - \alpha I_\nu(\bar{\alpha} x)\, I'_\nu(\alpha x)\right],$$

also

$$(2) \qquad \int_0^1 t I_\nu(\alpha t)\, I(\bar{\alpha} t)\, dt = 0$$

wegen $I'_\nu(\alpha)=I'_\nu(\bar{\alpha})=0$. Das ist aber unmöglich, weil $I_\nu(\alpha t)\, I_\nu(\bar{\alpha} t) = |I_\nu(\alpha t)|^2$ niemals negativ, für $t>0$ stetig und nicht immer Null ist. Damit ist die Behauptung in ihrem vollen Umfang bewiesen.

Sämtliche dieser Nullstellen sind einfach. Daß die reellen Nullstellen für $\nu>-1$ einfach sind, haben wir schon in Ziffer 26 gesehen. Daß auch die imaginären einfach sind, erkennt man aus der Differentialgleichung der Besselfunktionen. Denn für mehrfache Nullstellen von $I'_\nu(z)$ muß auch $I''_\nu(z)$ verschwinden, daher müßte $z=\pm\nu$ sein, was für reelle ν unmöglich ist. Für reelle ν kann also $I'_\nu(z)$ überhaupt keine mehrfachen imaginären Nullstellen haben.

28. Reelle Nullstellen der Besselfunktionen. $I_\nu(z)$ hat für $\nu>-1$ keine imaginären Nullstellen. Setzt man nämlich für z eine rein imaginäre Zahl ein, so ergeben sich in der Entwicklung der Besselschen Funktionen lauter positive Glieder. Hätte dagegen $I_\nu(z)$ eine komplexe Nullstelle α, deren reeller und imaginärer Teil von Null verschieden sind, so wäre auch $\bar{\alpha}$ eine Nullstelle, daher ergibt sich nach Formel (27, 1) der Widerspruch (27, 2).

Die kleinsten positiven Nullstellen von $I_\nu(x)$ und $I'_\nu(x)$ für $\nu > 0$ sind $> \nu$. Denn $I_\nu(x)$ und $I'_\nu(x)$ sind positiv für alle genügend kleinen positiven Werte von x, wie aus den betreffenden Reihenentwicklungen folgt. Ferner folgt aus der Besselschen Differentialgleichung, wenn sie in der Form

$$x\frac{d}{dx}\left[x\frac{dI_\nu(x)}{dx}\right] = (\nu^2 - x^2)\, I_\nu(x)$$

geschrieben wird, daß $xI'_\nu(x)$ wächst und daher positiv ist, solange $x < \nu$ und $I_\nu(x) > 0$ ist. Dann ist aber auch $I'_\nu(x) > 0$ und daher wächst auch $I_\nu(x)$ in diesem Intervall. $I_\nu(x)$ und $I'_\nu(x)$ sind also positiv und wachsen fortwährend, solange $0 < x \leqq \nu$, d. h. ihre kleinste Nullstelle ist $> \nu$. Daraus folgt nach Ziffer 12: Die absoluten Beträge der Extremwerte von $I_\nu(x)$ $(\nu \geqq 0)$ nehmen fortwährend ab, wenn $|x|$ wächst.

Nach der Differentialgleichung und dem eben Erwähnten ist

$$\nu I''_\nu(\nu) = -\, I'_\nu(\nu) < 0\,.$$

Da aber gemäß der Reihenentwicklung für $\nu > 1$ und genügend kleine positive x $I''_\nu(x) > 0$ ist, muß die kleinste positive Nullstelle von $I''_\nu(x)$ für $\nu > 1$ kleiner als ν sein.

Weil in (15, 1) der Integrand für reelle positive $x < \frac{\pi}{2}$ und $\nu > 0$ positiv ist, muß die kleinste positive Nullstelle von $I_\nu(x)$ größer als $\frac{\pi}{2}$ sein, daher kann zwischen 0 und $\frac{\pi}{2}$ höchstens eine reelle Nullstelle von $I_{-\nu}(x)$ liegen, wenn ν keine ganze Zahl ist, sonst müßte nämlich in diesem Intervall nach Ziffer 25 auch eine Nullstelle von $I_\nu(x)$ liegen, weil $I_\nu(x)$ und $I_{-\nu}(x)$ linear unabhängig sind. Wegen der spiegelbildlichen Lage der Nullstellen gilt dasselbe auch für das Intervall $\left(-\frac{\pi}{2}, 0\right)$.

29. Nullstellen mit großem absoluten Betrag. Aus (21, 3), (23, 1) und (23, 2) erkennt man, daß die Nullstellen der analytischen Funktion $I_\nu(z)$ für genügend große $|z|$ in beliebiger Nähe der Nullstellen der analytischen Funktion $\cos\left(z - \frac{\nu\pi}{2} - \frac{\pi}{4}\right)$ liegen, d. h. bei reellem ν liegt in einer beliebig kleinen Umgebung von $k\pi - \frac{\pi}{4} + \frac{\nu\pi}{2}$ (k positive ganze Zahl, $|k|$ genügend groß) gerade eine Nullstelle von $I_\nu(x)$. Sie ist reell. Denn wäre sie imaginär, so müßte wegen der spiegelbildlichen Lage der Nullstellen zu den Koordinatenachsen auch die konjugiert imaginäre in dieser Umgebung liegen entgegen der eben festgestellten Tatsache, daß dort nur eine Nullstelle vorhanden sein kann. Wenn also $I_\nu(z)$ für negative ν imaginäre Nullstellen hat, was tatsächlich der Fall ist, wie wir in der nächsten

Ziffer sehen werden, so liegen diese bei beschränktem $|\nu|$ dem absoluten Betrage nach unterhalb einer festen Zahl.

Aus diesen Erörterungen folgt weiter: $I_\nu(z)$ hat für jedes reelle ν unendlich viele reelle Nullstellen. Da zwischen zwei solchen Nullstellen immer mindestens eine Nullstelle der Ableitung liegen muß, gilt dasselbe für $I'_\nu(z)$. Weil ferner Funktion und Ableitung nach Ziffer 26, vom Faktor z^ν bzw. $z^{\nu-1}$ abgesehen, durch beständig konvergente Potenzreihen dargestellt werden, haben sie außer der Verzweigung im Nullpunkt nur ∞ zur wesentlich singulären Stelle. Die erwähnten Nullstellen können sich also nur im Unendlichen häufen.

30. Imaginäre Nullstellen. Für $\nu < -1$ hat $I_\nu(z)$ auch imaginäre Nullstellen. Die betreffenden Sätze wurden von A. Hurwitz [1]) bewiesen. Wir schließen uns im folgenden dem Gedankengang von E. Hilb [2]) an, der den Beweis von Hurwitz durch Stetigkeitsbetrachtungen bedeutend vereinfachte. ν bedeutet in dieser Ziffer immer eine positive Zahl.

Weil $e^{\pm\frac{\nu\pi i}{2}} I_\nu(z)$ und $e^{\mp\frac{\nu\pi i}{2}} I_{-\nu}(z)$ für rein imaginäre z nach (7, 5) reell sind, kann $I_{-\nu}(z)$, wenn ν keine ganze Zahl ist, höchstens zwei rein imaginäre Nullstellen haben. Denn nach Ziffer 26 müssen die Nullstellen konjugiert sein. Wären nun zwei die Null nicht einschließende rein imaginäre Nullstellen von $I_{-\nu}(z)$, daher auch von $e^{\mp\frac{\nu\pi i}{2}} I_{-\nu}(z)$ vorhanden, so müßte zwischen ihnen nach Ziffer 25 eine rein imaginäre Nullstelle von $e^{\pm\frac{\nu\pi i}{2}} I_\nu(z)$, somit auch von $I_\nu(z)$ liegen, was gemäß Ziffer 28 ausgeschlossen ist.

$z^\nu I_{-\nu}(z)$ hat für $\nu = n$ (n positive ganze Zahl) lauter reelle Nullstellen nach Ziffer 28, wobei der Punkt $z = 0$ nach (7, 5) und (8, 3) eine $2n$-fache Nullstelle ist, während alle übrigen einfach sind. Wenn ν von n aus stetig wächst, kann $z^\nu I_{-\nu}(z)$ imaginäre Nullstellen, weil sie nach Ziffer 28 konjugiert sein müssen, aus Stetigkeitsgründen nur durch Auflösen mehrfacher reeller Nullstellen oder aus dem Unendlichen erhalten. Letzteres ist nach Ziffer 29 unmöglich. Mehrfache Nullstellen können aber nach Ziffer 25 nur im Nullpunkt auftreten und nach (7, 5) und (8, 3) nur dann, wenn ν eine ganze Zahl ist. Es kann sich also nur die $2n$-fache Nullstelle im Punkte $z = 0$ in imaginäre Nullstellen auflösen. Mindestens $2n - 2$ davon müssen imaginär sein, weil in der Umgebung des Nullpunktes $I_{-\nu}(z)$ nach Ziffer 28 höchstens zwei reelle Nullstellen haben kann. Da aber für $\nu = n + 1$ im Nullpunkt $2n + 2$ Nullstellen zusammenfallen, von denen nach Ziffer 28 ebenfalls nur zwei vorher reell sein konnten, muß sich die $2n$-fache Nullstelle genau in $2n$ imaginäre Nullstellen spalten. Diese rücken in den Nullpunkt, wenn ν schließlich $n + 1$ erreicht; da aber $z = 0$ jetzt eine $(2n + 2)$-fache Nullstelle von $z^\nu I_{-\nu}(z)$ ist, müssen gleichzeitig zwei der reellen Nullstellen gegen Null streben. Da von den imaginären Nullstellen höchstens zwei rein imaginär sein können,

---

[1]) A. Hurwitz, Math. Ann. **33** (1889), S. 246—266.

[2]) E. Hilb, M. Z. **15** (1922), S. 274—279.

ist dies wegen der spiegelbildlichen Lage der Nullstellen zu den beiden Koordinatenachsen dann und nur dann der Fall, wenn n ungerade ist. $I_{-\nu}(z)$ hat also für $n < \nu < n+1$ genau $2n$ imaginäre Nullstellen, von denen zwei für ungerade n rein imaginär sind.

e) Reihenentwicklungen.

31. Fourier-Bessel-Entwicklungen. Hauptsächlich werden die Besselfunktionen in der mathematischen Physik verwendet, wenn es sich darum handelt, für eine Funktion eine Entwicklung von der Gestalt

$$f(x) = \sum_{m=1}^{\infty} c_m I_\nu(k_m x)$$

anzugeben. Dabei bedeuten die Zahlen k_m $(m = 1, 2, 3, \ldots)$ die nach ihrer Größe geordneten positiven Nullstellen von $I_\nu(x)$, ν wird > -1 vorausgesetzt. Wenn diese Reihe im Intervall $0 \leqq x \leqq 1$ gleichmäßig konvergiert, erhält man durch Multiplikation mit $x I_\nu(k_n x)$ und Integration zwischen 0 und 1

$$c_m = \frac{2}{I'_\nu(k_m)^2} \int_0^1 x f(x)\, I_\nu(k_m x)\, dx.$$

Denn aus Formel (24, 5) ergibt sich

$$(1) \qquad \int_0^1 x I_\nu(k_m x) I_\nu(k_n x)\, dx = 0 \qquad \text{für } m \neq n$$

und aus Formel (24, 6)

$$(2) \qquad \int_0^1 x I_\nu(k_m x)^2 dx = \tfrac{1}{2} I'_\nu(k_m)^2.$$

Die Voraussetzung $\nu > -1$ bewirkt, daß die Integrale auf der linken Seite vorhanden und endlich sind. Die linken Seiten der Formeln (24, 5) und (24, 6) geben für $x = 0$ tatsächlich Null, weil die Glieder niedrigster Ordnung, die einen von Null verschiedenen Koeffizienten haben, diejenigen sind, deren Ordnung $2\nu + 2$ beträgt. Zufolge Gleichung (1) bilden also die Funktionen $\sqrt{x}\, I_\nu(k_m x)$ $(m = 1, 2, 3, \ldots)$ ein orthogonales Funktionensystem in bezug auf das Intervall (0, 1). Mit Hilfe der Gleichung (2) kann es normiert werden.

Ohne Beweis sei erwähnt, daß die Sätze, die in der Einleitung (Ziff. 2) für die Entwicklung einer Funktion in Fouriersche Reihen angegeben sind, auch für die eben erwähnte Entwicklung nach Besselfunktionen gelten, und zwar in folgender Form: Wenn die angegebenen Bedingungen im Intervall $0 < x < 1$ erfüllt sind und außerdem noch $\sqrt{x}\, f(x)$ für $0 \leqq x \leqq 1$ absolut integrierbar ist, dann gelten die betreffenden Folgerungen im Intervall $0 < x < 1$. Genaueres siehe in dem in Ziff. 10 angegebenen Buch von Watson, Kap. 18.

32. Kepler-Bessel-Entwicklungen. Wir wollen jetzt etwas genauer die astronomische Fragestellung betrachten, bei der Lagrange auf Besselfunktionen gestoßen ist. Es handelt sich um die elliptische Bewegung eines Planeten um die Sonne.

Der Planet P (siehe Abb. 9) möge sich in einer Ellipse um die Sonne S bewegen, die sich in einem Brennpunkt der Ellipse befindet. O sei der Mittelpunkt der Ellipse, A der der Sonne zunächst gelegene Endpunkt der großen Achse (das Perihel). Wir zeichnen um O einen Kreis mit dem Halbmesser OA und fällen das Lot von P auf OA, das den Kreis in Q schneiden möge. Man nennt $OA = a$ die große Halbachse, $SP = r$ den Radiusvektor, $\sphericalangle\, ASP = v$ die wahre Anomalie, $\sphericalangle\, QOA = E$ die exzentrische Anomalie. Ein Punkt P', der gleichzeitig mit P im Perihel A gewesen ist, möge in derselben Zeit, in welcher der Planet seinen Umlauf um die Sonne vollendet, den Kreis mit konstanter Winkelgeschwindigkeit durchlaufen. Den Winkel $P'OA$ bezeichnet man mit M und nennt ihn die mittlere Anomalie. Wird schließlich noch mit ε die numerische Exzentrizität der Ellipse bezeichnet, so gelten die Gleichungen:

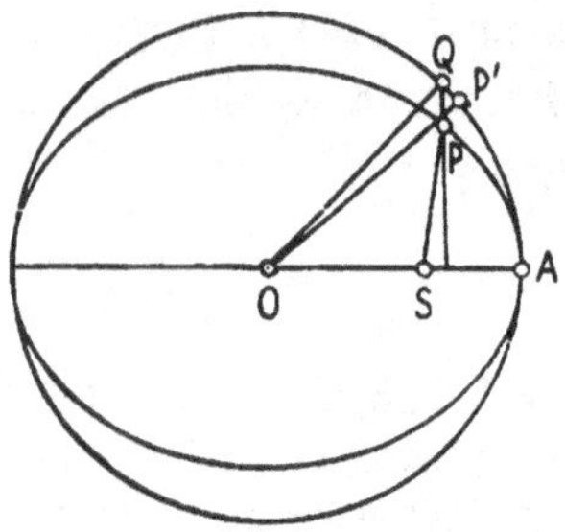

Abb. 9.

$$M = E - \varepsilon \sin E\,,$$
$$r = a(1 - \varepsilon \cos E)\,,$$

von denen die erste unter dem Namen „Keplersche Gleichung“ bekannt ist. Sie dient dazu, den Planetenort zur angegebenen Zeit zu bestimmen. Befindet sich nämlich P zur Zeit $t = 0$ im Perihel A, zur Zeit t in P und bedeutet U seine Umlaufzeit, so ist

$$M = \frac{2\pi}{U}\, t.$$

Man hat also die Keplersche Gleichung nach E aufzulösen, dann ist P als Schnitt des von Q auf OA gefällten Lotes mit der Ellipse gegeben.

Aus der Keplerschen Gleichung ergibt sich

$$\frac{dE}{dM} = \frac{1}{1 - \varepsilon \cos E} > 0\,,$$
$$M(E + 2\pi) = M(E) + 2\pi\,,$$

d. h. E ist eine ungerade, fortwährend wachsende Funktion von M mit stetiger Ableitung, $\varepsilon \sin E$ daher eine ungerade, periodische Funktion von M (Periode 2π) mit stetiger Ableitung, läßt sich also nach den Sätzen der Einleitung (Ziff. 2) in eine gleichmäßig konvergente Fouriersche Reihe entwickeln (zur folgenden Rechnung vergl. auch Ziff. 5):

$$\varepsilon \sin E = \sum_{n=1}^{\infty} A_n \sin n M\,,$$

$$A_n = \frac{1}{\pi}\int_{-\pi}^{+\pi} \varepsilon \sin E \sin n M \, d M$$

$$= \frac{2}{\pi}\int_{0}^{\pi} \varepsilon \sin E \sin n M \, d M$$

$$= \left[-\frac{2\varepsilon \sin E \cos n M}{n\pi}\right]_0^\pi + \frac{2}{n\pi}\int_0^\pi \cos n M \frac{d(\varepsilon \sin E)}{d M} \, d M$$

$$= \frac{2}{n\pi}\int_0^\pi \cos n M \left(\frac{d E}{d M} - 1\right) d M$$

$$= \frac{2}{n\pi}\int_0^\pi \cos n(E - \varepsilon \sin E) \, d E$$

$$= \frac{2}{n} I_n(n\varepsilon) ,$$

daher

$$E = M + \sum_{n=1}^{\infty} \frac{2}{n} I_n(n\varepsilon) \sin n M .$$

Ähnlich ist

$$\frac{r}{a} = 1 - \varepsilon \cos E$$

eine gerade, periodische Funktion von M (Periode 2π) mit stetiger Ableitung, somit

$$\frac{r}{a} = B_0 + \sum_{n=1}^{\infty} B_n \cos n M ,$$

$$B_0 = \frac{1}{2\pi}\int_{-\pi}^{+\pi} (1 - \varepsilon \cos E) \, d M$$

$$= \frac{1}{\pi}\int_0^\pi (1 - \varepsilon \cos E) \, d M$$

$$= \frac{1}{\pi}\int_0^\pi (1 - \varepsilon \cos E)^2 \, d E$$

$$= 1 + \frac{\varepsilon^2}{2} ,$$

$$B_n = \frac{1}{\pi}\int_{-\pi}^{+\pi}(1 - \varepsilon\cos E)\cos nM\,dM$$

$$= \frac{2}{\pi}\int_0^{\pi}(1 - \varepsilon\cos E)\cos nM\,dM$$

$$= \left[\frac{2(1 - \varepsilon\cos E)\sin nM}{n\pi}\right]_0^{\pi} + \frac{2}{n\pi}\int_0^{\pi}\sin nM\,\frac{d(\varepsilon\cos E)}{dM}\,dM$$

$$= -\frac{2\varepsilon}{n\pi}\int_0^{\pi}\sin E\sin n(E - \varepsilon\sin E)\,dE$$

$$= -\frac{2\varepsilon}{n}\,I_n'(n\varepsilon)\,,$$

infolgedessen

$$\frac{r}{a} = 1 + \frac{\varepsilon^2}{2} - \sum_{n=1}^{\infty}\frac{2\varepsilon}{n}\,I_n'(n\varepsilon)\cos nM\,.$$

f) Konforme Abbildung.

33. Allgemeine Eigenschaften. Ein befriedigendes Bild über die Werteverteilung einer Funktion $w = f(z)$ erhalten wir am besten dadurch, daß wir die konforme Abbildung der z-Ebene auf die w-Ebene untersuchen, welche durch die Funktion vermittelt wird. Wir setzen

$$(1)\qquad \begin{aligned} z &= x + iy = |z|\,e^{i\varphi}\,,\\ w &= u + iv = |w|\,e^{i\psi}\,. \end{aligned}$$

Die beste Übersicht erhält man, wenn man feststellt, welche Kurven der z-Ebene den zum Nullpunkt konzentrischen Kreisen der w-Ebene entsprechen. Es sind dies die Kurven $|w| = \text{const.}$ Den durch den Nullpunkt gehenden Geraden der w-Ebene entsprechen natürlich in der z-Ebene die Kurven $\psi = \text{const.}$ Die Kurven der ersten Schar nennen wir kurz die Höhenlinien, die der zweiten Schar die Stromlinien.

Wir erkennen aus den allgemeinen Sätzen über die konforme Abbildung durch eine eindeutige Funktion folgende Eigenschaften der beiden Kurvenscharen: Durch jeden Punkt der z-Ebene, in dem die Abbildung konform ist, geht eine Höhenlinie und eine Stromlinie, die sich dort senkrecht durchsetzen. Ausgenommen sind die Nullstellen und Pole der Funktion, die den Werten 0 und ∞ von w entsprechen. In ihnen laufen sämtliche Stromlinien zusammen. Sie werden von den Höhenlinien in geschlossenen Kurven ohne Doppelpunkt umschlungen und zwar solange, als die betreffende Höhenlinie nicht durch eine Nullstelle der Ableitung, einen sogenannten Kreuzungspunkt, hindurchgeht. Ist die Nullstelle der Funktionen n-fach, so werden sämtliche Stromlinien, die den Werten $0 \leqq \psi < 2\pi$ entsprechen, auf einen Winkelraum von der Größe $\frac{2\pi}{n}$ zusammengedrängt. Den n Winkelräumen dieser Art, die sich in der z-Ebene um die Nullstelle aneinanderlegen, entsprechen die n Blätter der w-Ebene, die in dem betreffenden Verzweigungspunkt zusammenhängen. Hier besteht also eine Stromlinie, die einem bestimmten Wert von ψ entspricht, aus n Zweigen, die miteinander den Winkel $\frac{2\pi}{n}$ einschließen. Dieselben Verhältnisse liegen bei einem n-fachen Pol vor. In beiden Fällen ist die Abbildung nicht mehr konform. Die Winkel der w-Ebene werden in der z-Ebene auf den n-ten Teil herabgedrückt, die Umkehrungsfunktion hat in dem entsprechenden Punkt der w-Ebene einen Verzweigungspunkt $(n-1)$-ter Ordnung, einer durch diesen Punkt in bestimmter Richtung gehenden Kurve der w-Ebene entspricht in der z-Ebene eine Kurve, die an der betreffenden Stelle unter einem Winkel von $\frac{\pi}{n}$ geknickt ist.

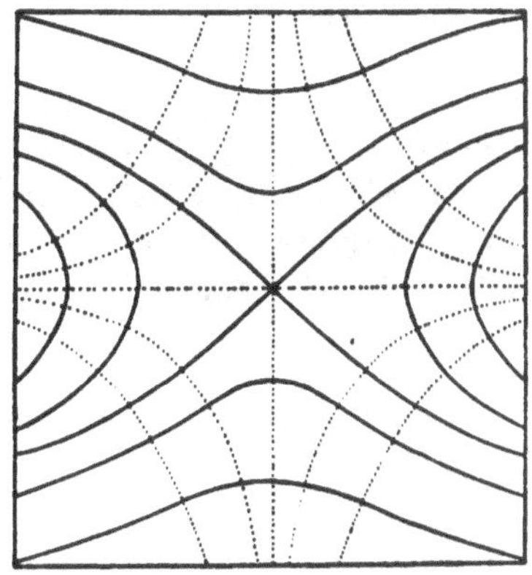

Abb. 10.

Hat an einer regulären Stelle der Funktion, die nicht Nullstelle ist, die Ableitung eine n-fache Nullstelle, so spricht man von einem n-fachen Kreuzungspunkt. In ihm treffen sich $n+1$ Zweige der zugehörigen Höhenlinien, die sich unter einem Winkel von $\frac{\pi}{n+1}$ schneiden. Diese Winkel werden von den Zweigen der zugehörigen Stromlinien halbiert. Sonst liegen dieselben Verhältnisse wie bei einer $(n+1)$-fachen Nullstelle vor. In Abb. 10 ist der Fall $n = 1$ gezeichnet; die Höhenlinien sind durchgezogen, die Stromlinien punktiert.

34. Konvergenzwerte. Zur Untersuchung der konformen Abbildung durch die Besselfunktion[1])

$$(1) \qquad w = I_\nu(z)$$

---

[1]) J. Lense, Sitzungsberichte München, 1932, S. 61—70. In dieser Abhandlung sind einige Versehen stehen geblieben, die hier berichtigt werden mögen.

S. 62: Formel (5) ist durch Formel (2) und (13) dieser Ziffer zu ersetzen.

S. 62: Formel (6) soll heißen

$$\lim_{z\to\infty} I_\nu(z) = \infty, \lim_{z\to\infty} F_\nu(z) = \infty \text{ für } 0 < \varepsilon \leqq |\varphi| \leqq \pi - \varepsilon.$$

S. 63: In Formel (10) soll es heißen

$$\lim_{z\to\infty} F_\nu(z) = \infty \text{ für } \nu < -\tfrac{1}{2} \text{ und alle } y \neq 0.$$

Zeile 4 von oben soll heißen: Bleibt dagegen $|y|$ beschränkt, so ist (6), (8) oder (10) möglich, daher . . . .

ist notwendig zu wissen, wie sie sich in der Umgebung des unendlich fernen Punktes verhält. Aus den Formeln (23, 2) und (33, 1) ergibt sich

$$(2) \qquad |w| = \sqrt{\frac{e^{2y} + e^{-2y} + 2\cos\left(2x - \frac{2\nu+1}{2}\pi\right)}{2\pi|z|}}\,[1 + \eta(x, y)].$$

$$(3) \qquad \psi = \operatorname{arc\,tg}\left[\frac{e^y - e^{-y}}{e^y + e^{-y}}\operatorname{tg}\left(\frac{2\nu+1}{4}\pi - x\right)\right] - \frac{\varphi}{2} + \tau(x, y),$$

wobei $|\eta|$ und $|\tau|$ beliebig klein werden für alle genügend großen $|z|$.

Aus den Formeln (2) und (33, 1) schließen wir

$$(4) \qquad \lim_{z\to\infty} I_\nu(z) = \infty \text{ für } 0 < \varepsilon \leqq |\varphi| \leqq \pi - \varepsilon,$$

daher ist für die Höhenlinien nur

$$(5) \qquad \lim_{z\to\infty} \varphi = 0 \text{ oder } \pi$$

möglich, dagegen

$$(6) \qquad \lim_{z\to\infty} I_\nu(z) = 0,$$

wenn $|y|$ beschränkt bleibt. Zufolge (5) und (6) wachsen auf den Höhenlinien $|x|$ und $|y|$ für $z \to \infty$ über alle Schranken, aber nach (4) $|x|$ stärker als $|y|$, daher verhalten sich die Höhenlinien nach (2) für große absolute Beträge der Koordinaten wie logarithmische Linien.

Da

$$0 < \frac{e^y - e^{-y}}{e^y + e^{-y}} < 1 \qquad \text{für } y > 0$$

und

$$-1 < \frac{e^y - e^{-y}}{e^y + e^{-y}} < 0 \qquad \text{für } y < 0$$

ist, folgt aus (3) für $y \neq 0$

$$(7) \qquad \lim_{|z|\to\infty} \psi = \pm\infty.$$

Dabei gilt das obere Zeichen für den zweiten und vierten, das untere für den ersten und dritten Quadranten. Es bleibt somit $|x|$ auf den Stromlinien beschränkt, also ist auf ihnen in Übereinstimmung mit (5)

$$(8) \qquad \lim_{z\to\infty} \varphi = \pm\frac{\pi}{2}.$$

Aus (4), (5), (6), (7) erkennen wir, daß als Grenzwerte für w, wenn z ins Unendliche strebt, d. h. als sogenannte Konvergenzwerte nur 0 und ∞ auftreten können.

35. Besselfunktionen mit ganzzahligem Zeiger. Wenn wir den Zeiger $\nu = n$ ganzzahlig voraussetzen, können wir uns wegen (2, 3) auf $n \geqq 0$ beschränken. $I_n(z)$ ist eine eindeutige Funktion von z, jedem z entspricht ein w, aber nicht umgekehrt, wie wir aus der Abbildung ersehen, sondern jedem w

entsprechen unendlich viele z. Wenn wir die in den vorigen Ziffern besprochenen Eigenschaften der Besselfunktionen benützen, so ergeben sich die Zeichnungen, die in den Abbildungen 11—16 festgehalten sind entsprechend den Fällen $n = 0, 1, 2, 3, 4, 5$. Die ausgezogenen Kurven bedeuten die Höhenlinien, die daran angebrachten Pfeile den positiven Umlaufssinn der w-Ebene. Nach (34, 5) werden die Höhenlinien von allen Geraden getroffen, die einen wenn auch noch so kleinen Winkel mit der X-Achse einschließen.

Von den Stromlinien sind nur die Bilder der U-Achse und zwar punktiert gezeichnet. Die Pfeile bedeuten den positiven Durchlaufungssinn der U-Achse. Sämtliche Stromlinien müssen die Höhenlinien senkrecht durchsetzen, die Kreuzungspunkte ausgenommen. Die Zeichen + und — in den Abbildungen bedeuten: Der von der betreffenden Stromlinie umschlossene Bereich ist Bild

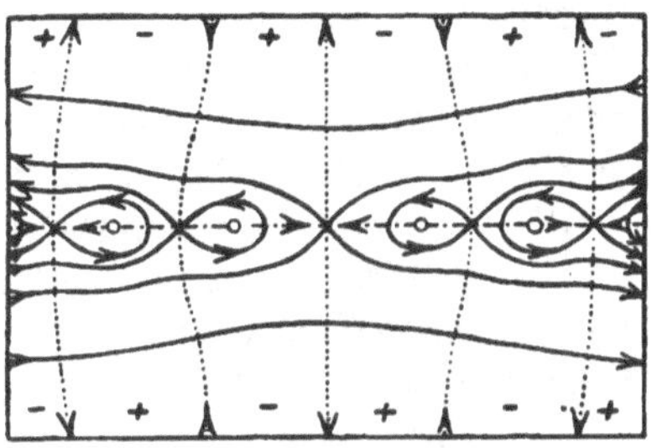

Abb. 11.

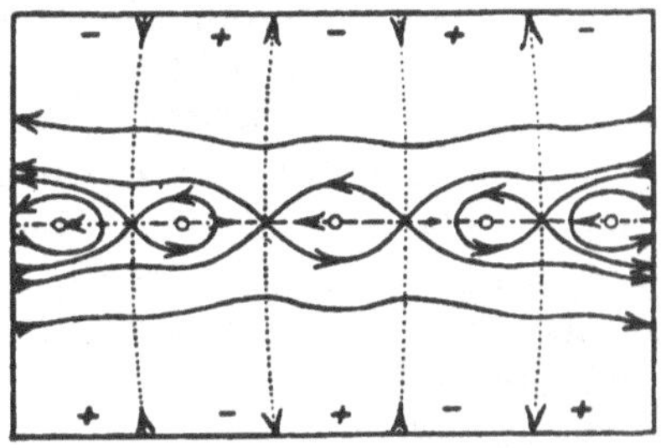

Abb. 12.

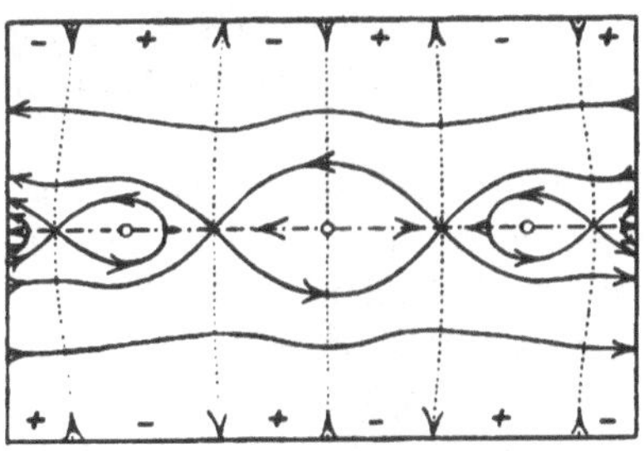

Abb. 13.

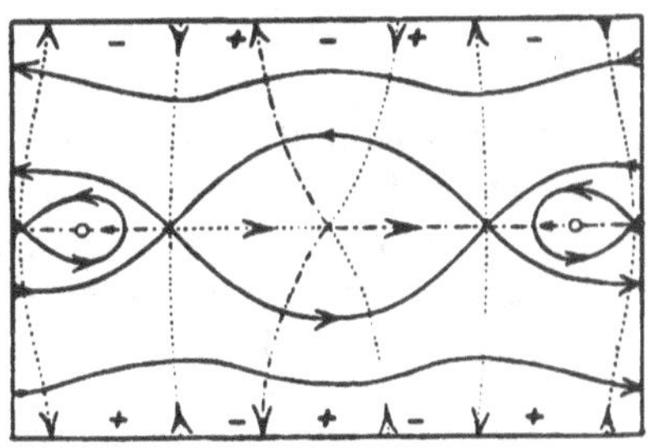

Abb. 14.

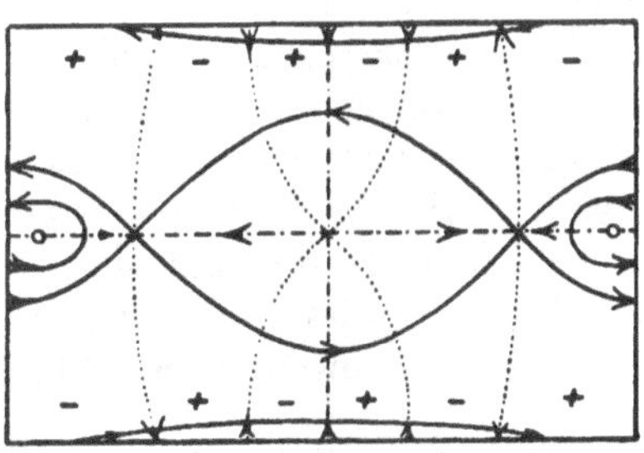

Abb. 15.

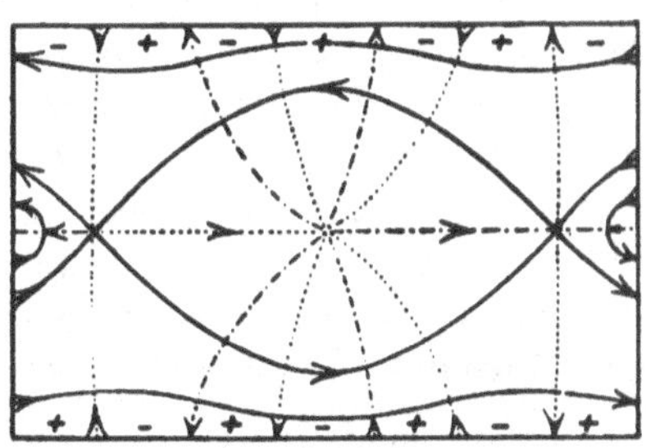

Abb. 16.

der positiven bzw. negativen w-Halbebene. Zwei solche Bereiche schließen sich immer zum Bild der gesamten w-Ebene zusammen. Um das äußerlich zu kennzeichnen, ist der betreffende Teil der Stromlinien, der zwei derartige zusammengehörige Bereiche voneinander scheidet, strichpunktiert gezeichnet. Die Nullstellen sind durch kleine Kreise angedeutet[1]). Dem Faktor z^n gemäß ist $z = 0$ eine n-fache Nullstelle der Funktion $I_n(z)$. Die durch sie hindurchgehenden Bilder der U-Achse schließen daher miteinander den Winkel von $\frac{\pi}{n}$ ein. Aus (34, 8) folgt: Die Stromlinien werden schließlich von jeder Geraden getroffen, die einen wenn auch noch so kleinen Winkel mit der Y-Achse einschließt. Aus den angeführten Beispielen kann der Leser leicht die Art der Abbildung für beliebiges ganzzahliges n entnehmen.

36. Besselfunktionen mit reellem Zeiger. Für nicht ganzzahlige Werte des Zeigers ist $I_\nu(z)$ wegen des Faktors z^ν eine endlich oder unendlich vieldeutige Funktion, je nachdem ν rational oder irrational ist. Zur Darstellung in der z-Ebene muß daher diese Ebene mit einer endlichen oder unendlichen Anzahl von Blättern überdeckt werden. Die den einzelnen Blättern der w-Ebene entsprechenden Bereiche, die sich um den Nullpunkt der z-Ebene herum anordnen, können jetzt nicht mehr wie bei ganzzahligen Zeigern in der schlichten z-Ebene aneinandergereiht werden, sondern füllen eine endliche oder unendliche Anzahl von Blättern der z-Ebene aus, da 2π kein Vielfaches von $\frac{2\pi}{\nu}$ mehr ist. Sonst bleibt das Schaubild der Höhen- und Stromlinien in den einzelnen Blättern der z-Ebene von derselben Art wie im ganzzahligen Fall, wenigstens solange ν positiv ist. Die Bilder der U-Achse liegen nicht mehr spiegelbildlich zur X- und Y-Achse.

Im Intervall $-1 < \nu < 0$ wird der Nullpunkt der z-Ebene das Bild des Punktes ∞ der w-Ebene, auf der Y-Achse treten zwei konjugierte einfache Kreuzungspunkte auf, entsprechend den betreffenden Nullstellen von $I'_\nu(z)$. In Abb. 17 wurde der Fall $\nu = -\frac{1}{2}$ zugrunde gelegt. Die einzelnen Blätter sind hier um den Punkt $z = 0$ so angeordnet, daß wegen des Faktors $z^{-\frac{1}{2}}$ einem ganzen Blatt der z-Ebene nur die halbe w-Ebene entspricht. Wir haben also z. B. die z-Ebene längs der positiven Achse aufzuschneiden.

Solange $I_\nu(z)$ eine analytische Funktion von ν ist, müssen die einzelnen Abbildungen stetig ineinander übergehen. Dabei rücken die Nullstellen und Kreuzungspunkte von $I_\nu(z)$ mit wachsendem positiven ν immer mehr ins Unendliche hinaus (vgl. Ziff. 28). Wenn ν rational wird, verwandelt sich die unendlichblättrige z-Ebene jedesmal in eine endlichblättrige, ja sogar in die schlichte z-Ebene, sobald ν außerdem noch eine ganze Zahl wird. Die beiden, dem Nullpunkt zunächst gelegenen Kreuzungspunkte vereinigen sich bei abnehmendem Zeiger für $\nu = 0$ im Nullpunkt, dieser wird Bild des

[1]) In den Abb. 14—16 ist der Kreis im Nullpunkt der Deutlichkeit halber ausgelassen.

Punktes 1. Sinkt der Zeiger ν unter Null, so spalten sich aus dem Nullpunkt die beiden konjugiert rein imaginären Kreuzungspunkte ab, der Nullpunkt selbst wird Bild des Punktes ∞. Inzwischen rücken die beiden nächsten reellen Nullstellen auf der X-Achse immer näher an den Nullpunkt heran und vereinigen sich dort für $\nu = -1$, es entsteht das Bild von $I_{-1}(z) = -I_1(z)$ (siehe Abb. 12).

Weiterhin soll die konforme Abbildung durch die Besselfunktion nicht untersucht werden mangels genauerer Sätze über die Nullstellen der Ab-

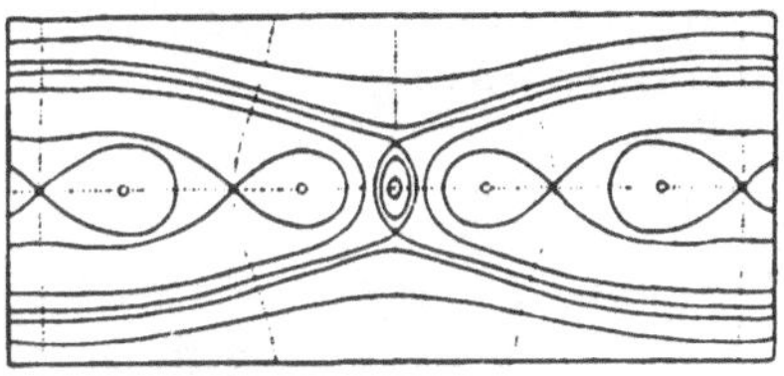

Abb. 17.

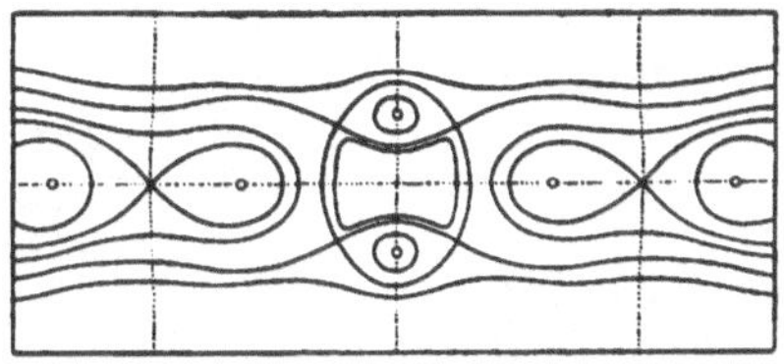

Abb. 18.

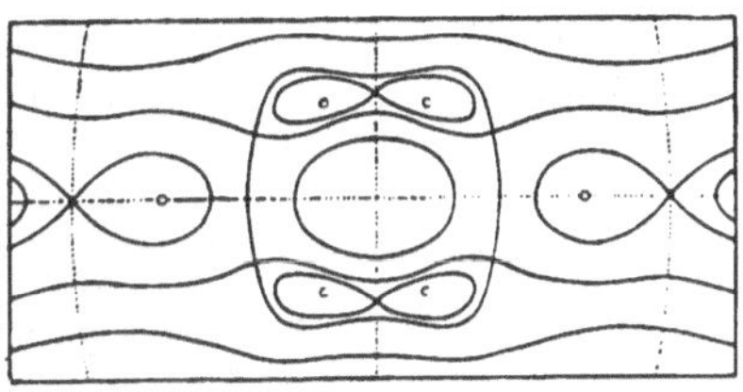

Abb. 19.

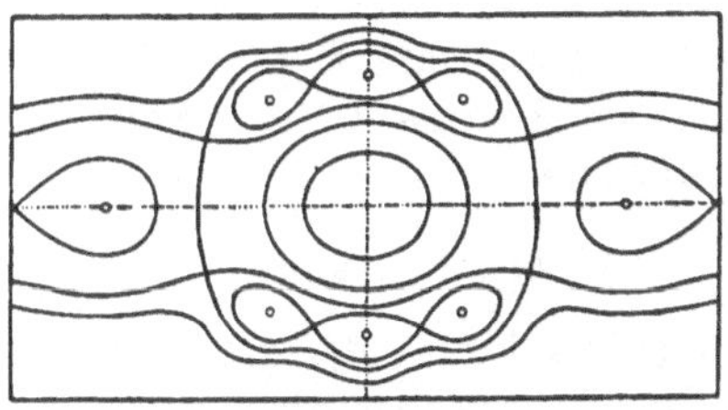

Abb. 20.

leitung für $\nu < -1$ [1]). Es möge nur auf die Gestalt der Höhenlinien für $\nu = -\frac{3}{2}, -\frac{5}{2}, -\frac{7}{2}$ in den Abb. 18, 19, 20 hingewiesen werden. Diese Fälle wurden ebenso wie $\nu = -\frac{1}{2}$ von F. Nikol [2]) untersucht. Man stellt an ihnen leicht die der Ziffer 30 entsprechende Anzahl von imaginären Nullstellen fest.

Es sei noch bemerkt, daß in allen Abbildungen die Kurven nicht zahlenmäßig genau gezeichnet wurden, sondern nur so, daß die für den Aufbau der Riemannschen Fläche über der w-Ebene maßgebenden topologischen Verhältnisse klar zutage treten.

---

[1]) J. Lense, Verh. des intern. Math. Kongr. Zürich 1932, 2, S. 65.

[2]) F. Nikol, Über die konforme Abbildung durch gewisse Besselsche Funktionen mit negativem Zeiger, Diss. München 1933.

III. Abschnitt.

Kugelfunktionen.

a) Räumliche Kugelfunktionen.

1. Potentialfunktionen. Laplacesche Differentialgleichung. Randwertaufgaben. Eine reelle stetige Funktion $V(x, y, z)$ der reellen rechtwinkligen Koordinaten x, y, z, die stetige Ableitungen bis zur zweiten Ordnung hat und in einem bestimmten Gebiet der sogenannten Laplaceschen Differentialgleichung

$$(1) \qquad \Delta V = \frac{\partial^2 V}{\partial x^2} + \frac{\partial^2 V}{\partial y^2} + \frac{\partial^2 V}{\partial z^2} = 0$$

genügt, nennt man wegen ihrer Bedeutung in der Potentialtheorie eine Potentialfunktion. Durch diese Bedingungen ist die Funktion natürlich noch nicht bestimmt. Man kann verlangen, daß sie auf der Begrenzungsfläche des Gebietes gewissen Randbedingungen genügt. Die wichtigsten Arten dieser Bedingungen sind folgende:

a) Man schreibt die Werte von V in jedem Punkt der Begrenzung vor (erste Randwertaufgabe oder Dirichletsches Problem, Hauptaufgabe in der Lehre ruhender elektrischer Ladungen).

b) Man verlangt, daß $\frac{\partial V}{\partial n}$ (n äußere Normale zur Begrenzungsfläche) in jedem Punkt der Berandung gegeben sei (zweite Randwertaufgabe oder Neumannsches Problem, Hauptaufgabe in der Lehre bewegter Flüssigkeiten).

c) $kV + h\frac{\partial V}{\partial n}$ soll einen vorgeschriebenen Wert in jedem Punkt der Begrenzungsfläche haben, wenn h und k bestimmte, in jedem solchen Punkt gegebene Zahlen bedeuten (dritte Randwertaufgabe, umfaßt die beiden ersten als besondere Fälle, Hauptaufgabe der Wärmeleitung).

In diesem Abschnitt werden wir besonders Gebiete mit kugelförmigen Berandungen behandeln.

2. Dreifach orthogonale Flächensysteme. Für die folgenden Untersuchungen ist es zweckmäßig, an Stelle der rechtwinkeligen Koordinaten x, y, z, die Parameter eines allgemeinen dreifach orthogonalen Flächensystems als unabhängige Veränderliche einzuführen. Wir verstehen darunter folgendes:

$$f_m(x, y, z) = h_m \qquad (m = 1, 2, 3)$$

seien die Gleichungen von drei Flächenscharen. Durch jeden Punkt des betrachteten Gebietes möge gerade eine Fläche jeder Schar gehen. Jede Fläche einer Schar soll alle Flächen der beiden anderen Scharen senkrecht schneiden. (Im Fall der rechtwinkeligen Koordinaten sind die drei Flächenscharen die zu den Koordinatenebenen parallelen Ebenen.) Die Zahlen h_m nennt man die Parameter des dreifach orthogonalen Flächensystems, ihre Werte im Punkt (x, y, z) kann man als krummlinige Koordinaten des Punktes auffassen.

Wir setzen zur Abkürzung

$$H_m = \sqrt{\left(\frac{\partial h_m}{\partial x}\right)^2 + \left(\frac{\partial h_m}{\partial y}\right)^2 + \left(\frac{\partial h_m}{\partial z}\right)^2} \quad (m = 1, 2, 3).$$

$$\frac{1}{H_m}\frac{\partial h_m}{\partial x}, \quad \frac{1}{H_m}\frac{\partial h_m}{\partial y}, \quad \frac{1}{H_m}\frac{\partial h_m}{\partial z}$$

sind also die Richtungskosinus der Normalen der Fläche h_m im Punkte (x, y, z). Da sich die Flächen verschiedener Scharen senkrecht schneiden, ist

$$\frac{\partial h_m}{\partial x}\frac{\partial h_n}{\partial x} + \frac{\partial h_m}{\partial y}\frac{\partial h_n}{\partial y} + \frac{\partial h_m}{\partial z}\frac{\partial h_n}{\partial z} = 0 \quad (m, n = 1, 2, 3;\ m \neq n).$$

Ferner ist

$$dh_m = \frac{\partial h_m}{\partial x}dx + \frac{\partial h_m}{\partial y}dy + \frac{\partial h_m}{\partial z}dz \quad (m = 1, 2, 3),$$

daher

$$(1) \qquad dx^2 + dy^2 + dz^2 = \left(\frac{dh_1}{H_1}\right)^2 + \left(\frac{dh_2}{H_2}\right)^2 + \left(\frac{dh_3}{H_3}\right)^2.$$

Wir wollen jetzt nach dem Gedankengang von P. L. Dirichlet und J. J. Thomson[1]) ΔV durch die krummlinigen Koordinaten h_m ausdrücken. Nach einer bekannten Formel der Integralrechnung ist

$$\iiint \Delta V\, dx\, dy\, dz = \iint \frac{\partial V}{\partial n} df.$$

Dabei ist das dreifache Integral der linken Seite über das betrachtete Gebiet, das Flächenintegral der rechten Seite über seine Begrenzung zu erstrecken. Wenn wir in dem dreifachen Integral die neuen Veränderlichen h_m einführen, erhalten wir

$$\iiint \Delta V\, dx\, dy\, dz = \iiint \Delta V \left|\frac{\partial(x, y, z)}{\partial(h_1, h_2, h_3)}\right| dh_1\, dh_2\, dh_3.$$

Die Funktionaldeterminante $\frac{\partial(x, y, z)}{\partial(h_1, h_2, h_3)}$ läßt sich leicht berechnen. Nach dem Multiplikationssatz der Determinanten und der oben gemachten Bemerkung über die Richtungskosinus der Normalen der Fläche h_m ist

$$\left[\frac{\partial(h_1, h_2, h_3)}{\partial(x, y, z)}\right]^2 = H_1^2 H_2^2 H_3^2,$$

[1]) B. Riemann, Vorlesungen über partielle Differentialgleichungen, herausgegeben von Hattendorf, 1869; J. J. Thomson (Lord Kelvin), Camb. Math. Journal 4 (1845), S. 36.

daher

$$(2) \qquad \left|\frac{\partial(x, y, z)}{\partial(h_1, h_2, h_3)}\right| = \frac{1}{H_1 H_2 H_3}.$$

Als Integrationsfeld wählen wir nun das von den Flächen h_1, h_2, h_3, $h_1 + \delta h_1$, $h_2 + \delta h_2$, $h_3 + \delta h_3$ begrenzte Gebiet. Nach dem Mittelwertsatz der Integralrechnung ergibt sich für das dreifache Integral $\frac{\Delta V}{H_1 H_2 H_3} \delta h_1 \delta h_2 \delta h_3$, wobei für $\frac{\Delta V}{H_1 H_2 H_3}$ der Wert an einer bestimmten Stelle des Gebietes zu nehmen ist.

Das Flächenintegral ist über die sechs Begrenzungsflächen des Gebietes zu erstrecken. Auf der Fläche h_1 ändert sich h_1 nicht, das Bogenelement dieser Fläche ist daher $\frac{dh_2^2}{H_2^2} + \frac{dh_3^2}{H_3^2}$, daher das Flächenelement $\frac{dh_2 dh_3}{H_2 H_3}$. Ferner ist dort

$$(3) \qquad \frac{\partial V}{\partial n} = \frac{\partial V}{\partial h_1}\left[\frac{\partial h_1}{\partial x}\cos(nx) + \frac{\partial h_1}{\partial y}\cos(ny) + \frac{\partial h_1}{\partial z}\cos(nz)\right] = \frac{\partial V}{\partial h_1} H_1.$$

Die Fläche h_1 liefert also für das Flächenintegral den Beitrag

$$-\iint \frac{H_1}{H_2 H_3}\frac{\partial V}{\partial h_1} dh_2 dh_3.$$

Das negative Zeichen rührt davon her, daß die Richtung der äußeren Normalen entgegengesetzt ist zur Richtung wachsender h_1. Die gegenüberliegende Fläche $h_1 + \delta h_1$ dagegen liefert nach dem Mittelwertsatz der Differentialrechnung als Beitrag

$$\iint \left[\frac{H_1}{H_2 H_3}\frac{\partial V}{\partial h_1} + \frac{\partial}{\partial h_1}\left(\frac{H_1}{H_2 H_3}\frac{\partial V}{\partial h_1}\right)\delta h_1\right] dh_2 dh_3,$$

wobei in der partiellen Ableitung für h_1 ein bestimmter zwischen h_1 und $h_1 + \delta h_1$ gelegener Mittelwert zu setzen ist. Beide Flächen zusammen geben somit

$$\iint \frac{\partial}{\partial h_1}\left(\frac{H_1}{H_2 H_3}\frac{\partial V}{\partial h_1}\right)\delta h_1 \, dh_2 dh_3 = \frac{\partial}{\partial h_1}\left(\frac{H_1}{H_2 H_3}\frac{\partial V}{\partial h_1}\right)\delta h_1 \, \delta h_2 \, \delta h_3.$$

Die partielle Ableitung ist gemäß dem Mittelwertsatz der Integralrechnung an einer bestimmten Stelle des betrachteten räumlichen Gebietes zu nehmen. Ähnlich erhält man für die vier übrigen Begrenzungsflächen die Beiträge

$$\frac{\partial}{\partial h_2}\left(\frac{H_2}{H_3 H_1}\frac{\partial V}{\partial h_2}\right)\delta h_1 \, \delta h_2 \delta h_3 + \frac{\partial}{\partial h_3}\left(\frac{H_3}{H_1 H_2}\frac{\partial V}{\partial h_3}\right)\delta h_1 \, \delta h_2 \, \delta h_3.$$

Der Grenzübergang δh_1, δh_2, $\delta h_3 \to 0$ ergibt sodann

$$(4) \qquad \Delta V = H_1 H_2 H_3\left[\frac{\partial}{\partial h_1}\left(\frac{H_1}{H_2 H_3}\frac{\partial V}{\partial h_1}\right) + \frac{\partial}{\partial h_2}\left(\frac{H_2}{H_3 H_1}\frac{\partial V}{\partial h_2}\right) + \frac{\partial}{\partial h_3}\left(\frac{H_3}{H_1 H_2}\frac{\partial V}{\partial h_3}\right)\right].$$

3. Räumliche Polarkoordinaten. Legen wir insbesondere durch die Formeln

$$x = r \sin\vartheta \cos\varphi\,,\quad y = r \sin\vartheta \sin\varphi\,,\quad z = r\cos\vartheta \tag{1}$$

räumliche Polarkoordinaten zugrunde, so besteht das dreifach orthogonale Flächensystem aus den Kugeln $r = \text{const.}$, deren Mittelpunkt mit dem Nullpunkt des rechtwinkeligen Koordinatensystems zusammenfällt, aus den Drehkegeln $\vartheta = \text{const.}$, deren Drehachse die z-Achse ist, und den durch diese Achse gehenden Ebenen $\varphi = \text{const.}$ Durch jeden Punkt des Raumes (die z-Achse ausgenommen), geht gerade eine Fläche jeder der drei Scharen hindurch. Wir haben also die Zahlen r, ϑ, φ durch die Ungleichungen $r > 0$, $0 < \vartheta < \pi$, $0 \leqq \varphi < 2\pi$ zu beschränken.

Durch Differentiation der Formeln (1) erhält man für das Bogenelement

$$dx^2 + dy^2 + dz^2 = dr^2 + r^2 d\vartheta^2 + r^2 \sin^2\vartheta\, d\varphi^2\,,$$

also nach (2, 1)

$$H_1 = 1,\quad H_2 = \frac{1}{r},\quad H_3 = \frac{1}{r\sin\vartheta}\,,$$

daher nach (2, 4)

$$\begin{aligned}\Delta V &= \frac{1}{r^2\sin\vartheta}\left[\frac{\partial}{\partial r}\left(r^2\sin\vartheta\frac{\partial V}{\partial r}\right) + \frac{\partial}{\partial\vartheta}\left(\sin\vartheta\frac{\partial V}{\partial\vartheta}\right)\right.\\ &\quad\left.+\frac{\partial}{\partial\varphi}\left(\frac{1}{\sin\vartheta}\frac{\partial V}{\partial\varphi}\right)\right] = \frac{1}{r^2}\left[\frac{\partial}{\partial r}\left(r^2\frac{\partial V}{\partial r}\right) + \frac{1}{\sin\vartheta}\frac{\partial}{\partial\vartheta}\left(\sin\vartheta\frac{\partial V}{\partial\vartheta}\right)\right.\\ &\quad\left.+\frac{1}{\sin^2\vartheta}\frac{\partial^2 V}{\partial\varphi^2}\right].\end{aligned} \tag{2}$$

Führt man an Stelle der rechtwinkeligen Koordinaten x, y, z andere rechtwinkelige Koordinaten x', y', z' ein, so ist $dx^2 + dy^2 + dz^2 = dx'^2 + dy'^2 + dz'^2$, daher $H_1 = H_2 = H_3 = 1$, also

$$\frac{\partial^2 V}{\partial x^2} + \frac{\partial^2 V}{\partial y^2} + \frac{\partial^2 V}{\partial x^2} = \frac{\partial^2 V}{\partial x'^2} + \frac{\partial^2 V}{\partial y'^2} + \frac{\partial V}{\partial z'^2}\,.$$

4. Räumliche Kugelfunktionen. Unter einer räumlichen Kugelfunktion U_ν vom Grade ν (ν beliebige reelle, nicht notwendig ganze Zahl) versteht man eine homogene Potentialfunktion ν-ten Grades [1]). Als solche genügt sie der Eulerschen Gleichung für homogene Funktionen

[1]) Der Name Kugelfunktion geht auf K. F. Gauß (Götting. Gelehrte Anzeigen 1828, Werke 6, S. 648) zurück, die ersten Untersuchungen über Kugelfunktionen mehrerer Veränderlicher finden sich bei P. S. de Laplace, Théorie des attractions des sphéroides et de la figure des planètes, Mém. de l'acad. 1782 (Paris 1785) oder Werke 10, S. 339—419.

$$x\frac{\partial U_\nu}{\partial x} + y\frac{\partial U_\nu}{\partial y} + z\frac{\partial U_\nu}{\partial z} = \nu U_\nu$$

und der Laplaceschen Gleichung (1, 1)

$$\Delta U_\nu = 0 .$$

Führt man Polarkoordinaten ein, so folgt aus (3, 1)

$$(1) \qquad r\frac{\partial U_\nu}{\partial r} = r\left(\frac{\partial U_\nu}{\partial x}\frac{\partial x}{\partial r} + \frac{\partial U_\nu}{\partial y}\frac{\partial y}{\partial r} + \frac{\partial U_\nu}{\partial z}\frac{\partial z}{\partial r}\right)$$
$$= x\frac{\partial U_\nu}{\partial x} + y\frac{\partial U_\nu}{\partial y} + z\frac{\partial U_\nu}{\partial z}$$
$$= \nu U_\nu .$$

Die einfachste Kugelfunktion (-1)-ter Ordnung ist $\frac{1}{r}$ $(r > 0)$. Diese Funktion genügt tatsächlich der Laplaceschen Differentialgleichung, denn es ist

$$\frac{\partial}{\partial x}\left(\frac{1}{r}\right) = -\frac{x}{r^3}, \qquad \frac{\partial^2}{\partial x^2}\left(\frac{1}{r}\right) = \frac{3x^2 - r^2}{r^5},$$

daher

$$\Delta\left(\frac{1}{r}\right) = 0.$$

Da mit $\frac{1}{r}$ auch sämtliche Ableitungen Potentialfunktionen sind (wie durch Differentiation der Laplaceschen Gleichung folgt) und die ersten Ableitungen einer homogenen Funktion ν-ten Grades homogene Funktionen $(\nu - 1)$-ten Grades sind, haben wir in $\frac{1}{r}$ und seinen Ableitungen räumliche Kugelfunktionen von den Graden -1, -2, -3 usw. gewonnen.

Aus

$$\frac{\partial r^\mu}{\partial x} = \mu r^{\mu-1}\frac{\partial r}{\partial x} = \mu r^{\mu-2} x$$

ergibt sich

$$\Delta(r^\mu) = \frac{\partial}{\partial x}(\mu r^{\mu-2} x) + \frac{\partial}{\partial y}(\mu r^{\mu-2} y) + \frac{\partial}{\partial z}(\mu r^{\mu-2} z)$$
$$= 3\mu r^{\mu-2} + \mu(\mu - 2) r^{\mu-4}(x^2 + y^2 + z^2)$$
$$= \mu(\mu + 1) r^{\mu-2}.$$

Ferner ist

$$\Delta(uv) = u\Delta v + v\Delta u + 2\left(\frac{\partial u}{\partial x}\frac{\partial v}{\partial x} + \frac{\partial u}{\partial y}\frac{\partial v}{\partial y} + \frac{\partial u}{\partial z}\frac{\partial v}{\partial z}\right),$$

daher nach (1)

$$\begin{aligned}\varDelta(r^\mu U_\nu) &= U_\nu \varDelta(r^\mu) + 2\mu r^{\mu-2}\left(x\frac{\partial U_\nu}{\partial x} + y\frac{\partial U_\nu}{\partial y} + z\frac{\partial U_\nu}{\partial z}\right)\\ &= \mu(\mu+1)r^{\mu-2}U_\nu + 2\mu\nu r^{\mu-2}U_\nu\\ &= \mu(\mu+2\nu+1)r^{\mu-2}U_\nu,\end{aligned}$$

somit

$$\varDelta(r^{-2\nu-1}U_\nu) = 0;$$

da außerdem $U_{-\nu-1} = r^{-2\nu-1}U_\nu$ homogen vom Grade $-\nu-1$ ist, haben wir damit eine räumliche Kugelfunktion dieses Grades erhalten.

Wie oben erwähnt, ist jede der n-ten partiellen Ableitungen von $\frac{1}{r}$ (n ist natürlich eine ganze positive Zahl) eine räumliche Kugelfunktion vom Grade $-n-1$. Eine solche Ableitung hat aber, wie sich leicht durch Rechnung ergibt, die Gestalt $\frac{g_n(x,y,z)}{r^{2n+1}}$, wo $g_n(x,y,z)$ ein homogenes Polynom n-ten Grades ist. Da sich nun, wie oben gezeigt wurde, aus jeder räumlichen Kugelfunktion n-ten Grades wieder eine räumliche Kugelfunktion herleiten läßt, wenn man sie mit r^{-2n-1} multipliziert, so ist

$$\frac{g_n(x,y,z)}{r^{2n+1}}\, r^{-2[-(n+1)]-1} = g_n(x,y,z)$$

selbst eine räumliche Kugelfunktion n-ten Grades.

5. Ganze rationale räumliche Kugelfunktionen. Eine homogene ganze rationale Funktion n-ten Grades von x, y, z, hat die Gestalt

$$U_n = \sum_{\alpha+\beta+\gamma=n} a_{\alpha\beta\gamma}\, x^\alpha y^\beta z^\gamma.$$

Nach dem Taylorschen Satz kann jeder Koeffizient $a_{\alpha\beta\gamma}$ bis auf einen Zahlenfaktor als n-te Ableitung in der Form

$$\left(\frac{\partial^n U_n}{\partial x^\alpha \partial y^\beta \partial z^\gamma}\right)_{x=0,\,y=0,\,z=0}$$

dargestellt werden. Zufolge der Beziehung

$$\frac{\partial^2 U_n}{\partial x^2} = -\frac{\partial^2 U_n}{\partial y^2} - \frac{\partial^2 U_n}{\partial z^2}$$

lassen sich aber sämtliche dieser Ableitungen, in denen mehr als einmal nach x differenziert wird, linear homogen durch die übrigen darstellen, d. h. sämtliche Koeffizienten von U_n sind homogene lineare Funktionen der $2n+1$ Koeffizienten

$$\begin{matrix} a_{0,n,0}, & a_{0,n-1,1}, \ldots a_{0,0,n}, \\ a_{1,n-1,0}, & a_{1,n-2,1}, \ldots a_{1,0,n-1}, \end{matrix}$$

in denen α die Zahl 1 nicht übersteigt. Diese können willkürlich gewählt werden. Die allgemeinste ganze rationale räumliche Kugelfunktion n-ter Ordnung läßt sich also in der Gestalt

$$U_n = \sum_{\lambda=1}^{2n+1} c_\lambda u_n^{(\lambda)}$$

schreiben, wo die c_λ willkürliche Konstante und die $u_n^{(\lambda)}$ bestimmte ganze rationale räumliche Kugelfunktionen n-ter Ordnung sind. Sie sind voneinander linear unabhängig, weil sich sonst U_n durch weniger als $2n+1$ derartige Funktionen darstellen ließe, also auch weniger willkürliche Konstante enthielte. Es gibt somit genau $2n+1$ linear unabhängige ganze rationale räumliche Kugelfunktionen n-ten Grades, aus denen sich alle übrigen linear homogen zusammensetzen lassen.

Wie wir in Ziffer 4 gesehen haben, sind die mit r^{2n+1} multiplizierten n-ten Ableitungen von $\frac{1}{r}$ ganze rationale räumliche Kugelfunktionen n-ten Grades. Zufolge der Beziehung

$$\frac{\partial^2 \frac{1}{r}}{\partial x^2} = -\frac{\partial^2 \frac{1}{r}}{\partial y^2} - \frac{\partial^2 \frac{1}{r}}{\partial z^2}$$

und der daraus durch Differentiation hervorgehenden Gleichungen, lassen sich aber sämtliche n-ten Ableitungen, in welchen nach x mehr als einmal differenziert wird, durch die anderen linear homogen darstellen. Diese sind

$$(1)\quad \begin{array}{l} \dfrac{\partial^n \frac{1}{r}}{\partial y^n}, \quad \dfrac{\partial^n \frac{1}{r}}{\partial y^{n-1}\partial z}, \quad \dfrac{\partial^n \frac{1}{r}}{\partial y^{n-2}\partial z^2}, \ldots \dfrac{\partial^n \frac{1}{r}}{\partial z^n}, \\[2ex] \dfrac{\partial^n \frac{1}{r}}{\partial x \partial y^{n-1}}, \quad \dfrac{\partial^n \frac{1}{r}}{\partial x \partial y^{n-2}\partial z}, \quad \dfrac{\partial^n \frac{1}{r}}{\partial x \partial y^{n-3}\partial z^2}, \ldots \dfrac{\partial^n \frac{1}{r}}{\partial x \partial z^{n-1}}, \end{array}$$

also $n+1$ in der ersten und n in der zweiten Zeile, d. h. im ganzen $2n+1$. Allgemein ist $(\alpha+\beta+\gamma=n)$

$$\frac{\partial^n \frac{1}{r}}{\partial x^\alpha \partial y^\beta \partial z^\gamma} = \frac{\partial^{\beta+\gamma}}{\partial y^\beta \partial z^\gamma}(-1)^{\frac{\alpha}{2}}\left(\frac{\partial^2}{\partial y^2}+\frac{\partial^2}{\partial z^2}\right)^{\frac{\alpha}{2}} \frac{1}{r} \qquad \text{für gerades } \alpha,$$

$$\frac{\partial^n \frac{1}{r}}{\partial x^\alpha \partial y^\beta \partial z^\gamma} = \frac{\partial^{\beta+\gamma}}{\partial y^\beta \partial z^\gamma}(-1)^{\frac{\alpha-1}{2}}\left(\frac{\partial^2}{\partial y^2}+\frac{\partial^2}{\partial z^2}\right)^{\frac{\alpha-1}{2}} \frac{\partial \frac{1}{r}}{\partial x} \qquad \text{für ungerades } \alpha.$$

Die mit r^{2n+1} multiplizierten Funktionen (1) sind also gerade $2n+1$ ganze rationale räumliche Kugelfunktionen n-ter Ordnung. Es läßt sich zeigen, daß sie voneinander linear unabhängig sind, wir gehen jedoch darauf nicht näher ein [1]).

6. Kugelflächenfunktionen. Nach (3, 2) genügt eine räumliche Kugelfunktion U_ν der Differentialgleichung

[1]) Vgl. z. B. das in Ziff. 16 angegebene Buch von E. W. Hobson, S. 127.

$$\frac{\partial}{\partial r}\left(r^2 \frac{\partial U_\nu}{\partial r}\right) + \frac{1}{\sin\vartheta}\frac{\partial}{\partial\vartheta}\left(\sin\vartheta\,\frac{\partial U_\nu}{\partial\vartheta}\right) + \frac{1}{\sin^2\vartheta}\frac{\partial^2 U_\nu}{\partial\varphi^2} = 0\,.$$

Dabei denken wir uns U_ν gemäß (3, 1) als Funktion von r, ϑ, φ. Da U_ν homogen vom ν-ten Grade ist, gilt

$$\begin{aligned} U_\nu(x, y, z) &= U_\nu(r\sin\vartheta\cos\varphi,\quad r\sin\vartheta\sin\varphi,\quad r\cos\vartheta) \\ &= r^\nu S_\nu(\vartheta, \varphi)\,. \end{aligned}$$

Die nur von ϑ und φ abhängige Funktion $S_\nu(\vartheta, \varphi)$ nennt man die zu U_ν gehörige Kugelflächenfunktion. Nach (4, 1) ist

$$\begin{aligned} \frac{\partial}{\partial r}\left(r^2 \frac{\partial U_\nu}{\partial r}\right) &= \nu\frac{\partial}{\partial r}(r U_\nu) \\ &= \nu(U_\nu + \nu U_\nu) \\ &= \nu(\nu+1)\,U_\nu\,. \end{aligned}$$

S_ν genügt daher der Differentialgleichung

$$(1)\qquad \nu(\nu+1)\,S_\nu + \frac{1}{\sin\vartheta}\frac{\partial}{\partial\vartheta}\left(\sin\vartheta\,\frac{\partial S_\nu}{\partial\vartheta}\right) + \frac{1}{\sin^2\vartheta}\frac{\partial^2 S_\nu}{\partial\varphi^2} = 0\,.$$

Nach Ziffer 4 ist neben U_ν auch $U_{-\nu-1} = U_\nu r^{-2\nu-1}$ räumliche Kugelfunktion. Die zugehörige Kugelflächenfunktion ist

$$S_{-\nu-1} = U_{-\nu-1} r^{\nu+1} = U_\nu r^{-\nu} = S_\nu\,,$$

also wieder S_ν in Übereinstimmung mit der Tatsache, daß die Differentialgleichung für S_ν ν nur in der Verbindung $\nu(\nu+1)$ enthält und $\nu(\nu+1)$ ungeändert bleibt, wenn man ν durch $-\nu-1$ ersetzt. Zu jeder Kugelflächenfunktion S_ν gehören also die beiden räumlichen Kugelfunktionen U_ν und $U_{-\nu-1} = U_\nu r^{-2\nu-1}$.

b) Zonale Kugelfunktionen.

7. Zonale Kugelfunktionen. Wenn die Kugelflächenfunktion $S_\nu(\vartheta, \varphi)$ nur von ϑ abhängt, wollen wir sie mit P_ν bezeichnen und zonale Kugelfunktion nennen. Sie genügt, da $\frac{\partial P_\nu}{\partial\varphi} = 0$ ist, nach (6, 1) der Differentialgleichung

$$\nu(\nu+1)\,P_\nu + \frac{1}{\sin\vartheta}\frac{d}{d\vartheta}\left(\sin\vartheta\,\frac{dP_\nu}{d\vartheta}\right) = 0.$$

Führen wir statt der Veränderlichen ϑ die Veränderliche $\xi = \cos\vartheta$ ein, so ergibt sich wegen $\frac{d\xi}{d\vartheta} = -\sin\vartheta$

$$\nu(\nu+1)\,P_\nu + \frac{d}{d\xi}\left(\sin^2\vartheta\,\frac{dP_\nu}{d\xi}\right) = 0$$

oder wegen $\sin^2\vartheta = 1 - \xi^2$

$$(1)\qquad \nu(\nu+1)P_\nu - 2\xi\,\frac{dP_\nu}{d\xi} + (1-\xi^2)\,\frac{d^2 P_\nu}{d\xi^2} = 0.$$

Aus den Formeln

$$\frac{\partial r}{\partial z} = \frac{z}{r}, \quad \frac{\partial \frac{1}{r}}{\partial z} = -\frac{z}{r^3}, \quad \frac{\partial^2 \frac{1}{r}}{\partial z^2} = \frac{3z^2 - r^2}{r^5}$$

folgern wir, daß

$$\frac{\partial^n \frac{1}{r}}{\partial z^n} = \frac{F(z, r)}{r^{2n+1}}$$

ist, wo $F(z, r)$ ein homogenes Polynom n-ten Grades in x, y, z bedeutet, das jedoch außer z diese Veränderlichen nur in der Verbindung $r^2 = x^2 + y^2 + z^2$ enthält. Es ist somit

$$F(z, r) = r^n F\left(\frac{z}{r}, 1\right) = r^n F(\cos\vartheta, 1),$$

also

$$\frac{\partial^n \frac{1}{r}}{\partial z^n} = \frac{F(\cos\vartheta, 1)}{r^{n+1}}.$$

Der Zähler dieses Bruches ist hiernach eine von ϑ allein abhängende Kugelflächenfunktion. Wir setzen definitionsgemäß

$$\frac{\partial^n \frac{1}{r}}{\partial z^n} = (-1)^n n! \frac{P_n(\cos\vartheta)}{r^{n+1}},$$

also $P_0 = 1$. Die Funktionen $P_n(\cos\vartheta) = P_n(\xi)$ sind, wie schon erwähnt, Polynome n-ten Grades in ξ und heißen die Legendreschen Polynome.

8. Legendresche Polynome. Der Name stammt davon, daß sie zum erstenmal von Legendre[1]) bei der Reihenentwicklung der reziproken Entfernung zweier Punkte verwendet wurden. Es handelt sich um folgende Aufgabe: Der Punkt P habe die rechtwinkeligen Koordinaten x, y, z, der Punkt P' liege auf der positiven Z-Achse im Abstand r' vom Nullpunkt, er habe also die Koordinaten $(0, 0, r')$. Die Entfernung der beiden Punkte ist somit $R = \sqrt{x^2 + y^2 + (z - r')^2}$. Denken wir uns im Punkt P' die Masse 1, so ist $\frac{1}{R}$ das Potential von P' im Aufpunkt P. $\frac{1}{R}$ genügt daher der Laplaceschen Differentialgleichung, was man übrigens auch leicht wie in Ziffer 4 nachrechnet. In Polarkoordinaten ergibt sich $R = \sqrt{r^2 + r'^2 - 2rr'\cos\vartheta}$. Wenn wir noch $\frac{r'}{r} = \alpha$ setzen, ist

---

[1]) A. M. Legendre, Sur l'attraction des sphéroides, Mém. prés. à l'Acad. par divers savants, Bd. 10, Paris 1785.

$$\frac{1}{R} = \frac{1}{r}(1 - 2\alpha\xi + \alpha^2)^{-\frac{1}{2}}$$

$$= \frac{1}{r}\left[1 + \sum_{n=1}^{\infty} \frac{1.3\ldots(2n-1)}{2.4\ldots 2n}(2\xi - \alpha)^n \alpha^n\right].$$

Die Reihe konvergiert, wenn $|\alpha(2\xi - \alpha)| < 1$ ist. Die Reihenfolge der Glieder kann beliebig geändert werden oder man kann nach Potenzen von α ordnen, wenn die Doppelreihe absolut konvergiert, d. h. wenn $\alpha(2|\xi| + \alpha) < 1$ ist [1]). In diesem Fall ergibt sich

$$\frac{1}{R} = \frac{1}{r}\sum_{n=0}^{\infty} \alpha^n G_n(\xi).$$

Verwenden wir dagegen rechtwinkelige Koordinaten, so erhalten wir aus dem Taylorschen Satz für genügend kleine r'

$$\frac{1}{R} = f(x, y, z - r')$$

$$= \sum_{n=0}^{\infty} (-1)^n \frac{r'^n}{n!}\left(\frac{\partial^n f}{\partial z^n}\right)_{r'=0}$$

$$= \sum_{n=0}^{\infty} (-1)^n \frac{r'^n}{n!} \frac{\partial^n \frac{1}{r}}{\partial z^n}$$

$$= \frac{1}{r}\sum_{n=0}^{\infty}\left(\frac{r'}{r}\right)^n P_n(\cos\vartheta)$$

$$= \frac{1}{r}\sum_{n=0}^{\infty} \alpha^n P_n(\xi).$$

Die Reihe konvergiert gleichmäßig, weil $\frac{1}{R}$ für genügend kleine r' eine analytische Funktion von r' ist, solange der Punkt P nicht mit dem Nullpunkt zusammenfällt. Es ist also wegen der Eindeutigkeit der Entwicklung $G_n(\xi) = P_n(\xi)$, d. h. die Legendreschen Polynome sind die Koeffizienten der Potenzen von α, wenn man die reziproke Entfernung als erzeugende Funktion benützt und sie nach Potenzen von α entwickelt. Wir erhalten also die Entwicklung

$$(1) \qquad (1 - 2\alpha\xi + \alpha^2)^{-\frac{1}{2}} = \sum_{n=0}^{\infty} P_n(\xi)\,\alpha^n.$$

Fassen wir α als komplexe Veränderliche auf, so ist die linke Seite eine analytische Funktion von α, deren singuläre Stellen die Lösungen $e^{\pm i\vartheta}$ der Gleichung $1 - 2\alpha\xi + \alpha^2 = 0$ ($\xi = \cos\vartheta$) sind. Die Entwicklung (1) gilt also im Kreis $|\alpha| < 1$. Man erhält somit für $r' < r$

[1]) Siehe z. B. das in (V, 4) erwähnte Buch von K. Knopp, S. 144. Es sind gerade die Voraussetzungen des dort angegebenen Falles erfüllt.

$$\frac{1}{R} = \frac{1}{r} \sum_{n=0}^{\infty} \left(\frac{r'}{r}\right)^n P_n(\cos\vartheta), \tag{2}$$

für $r' > r$ dagegen durch Vertauschung von r und r'

$$\frac{1}{R} = \frac{1}{r'} \sum_{n=0}^{\infty} \left(\frac{r}{r'}\right)^n P_n(\cos\vartheta).$$

9. Rekursionsformel. Aus der Entwicklung (8, 1) erhalten wir leicht eine Rekursionsformel der Legendreschen Polynome für drei aufeinanderfolgende Werte des Zeigers n. Es ist nämlich

$$\ln\frac{r}{R} = -\frac{1}{2}\ln(1 - 2\alpha\xi + \alpha^2),$$

$$\frac{R}{r}\frac{d\frac{r}{R}}{d\alpha} = \frac{\xi - \alpha}{1 - 2\alpha\xi + \alpha^2},$$

$$(1 - 2\alpha\xi + \alpha^2)\frac{d\frac{r}{R}}{d\alpha} + (\alpha - \xi)\frac{r}{R} = 0,$$

$$(1 - 2\alpha\xi + \alpha^2)\sum_{n=0}^{\infty} n\,\alpha^{n-1} P_n(\xi) + (\alpha - \xi)\sum_{n=0}^{\infty} \alpha^n P_n(\xi) = 0;$$

daher, wenn man die Koeffizienten von α^n vergleicht,

$$(n+1)P_{n+1}(\xi) - (2n+1)\xi P_n(\xi) + n P_{n-1}(\xi) = 0. \tag{1}$$

Aus dieser Rekursionsformel lassen sich die Koeffizienten der Potenzen von ξ in den Legendreschen Polynomen berechnen. Es ist nämlich

$$P_0(\xi) = 1,$$

$$\frac{\partial\frac{1}{r}}{\partial z} = -\frac{z}{r^3} = -\frac{\cos\vartheta}{r^2} = -\frac{P_1(\xi)}{r^2},$$

also

$$P_1(\xi) = \xi,$$

daher

$$P_2(\xi) = \frac{1.3}{2!}\left(\xi^2 - \frac{1}{3}\right), \tag{2}$$

$$P_3(\xi) = \frac{1.3.5}{3!}\left(\xi^3 - \frac{3}{5}\xi\right),$$

$$P_4(\xi) = \frac{1.3.5.7}{4!}\left(\xi^4 - \frac{6}{7}\xi^2 + \frac{3}{35}\right),$$

. . . .

Man ersieht daraus, daß allgemein

$$P_n(\xi) = \frac{1.3\ldots(2n-1)}{n!}(\xi^n - c_2\xi^{n-2} + c_4\xi^{n-4} - \ldots)$$

ist. Die Koeffizienten c_{2m} bestimmt man am einfachsten, indem man das Polynom

$$\sum_{m=0}^{\left[\frac{n}{2}\right]} (-1)^m c_{2m} \xi^{n-2m}$$

in die Differentialgleichung (7, 1) einsetzt und die Koeffizienten von ξ^{n-2m} miteinander vergleicht. Man erhält

$$\begin{aligned} n(n+1) \; &\Sigma (-1)^m c_{2m} \xi^{n-2m} \\ - 2\xi \; &\Sigma (-1)^m (n-2m) c_{2m} \xi^{n-2m-1} \\ + (1-\xi^2) \; &\Sigma (-1)^m (n-2m)(n-2m-1) c_{2m} \xi^{n-2m-2} = 0 \end{aligned}$$

oder

$$\begin{aligned} &(-1)^m n(n+1) c_{2m} - (-1)^m 2(n-2m) c_{2m} \\ &+ (-1)^{m-1} (n-2m+2)(n-2m+1) c_{2m-2} \\ &- (-1)^m (n-2m)(n-2m-1) c_{2m} = 0 , \end{aligned}$$

daher

$$c_{2m} = \frac{(n-2m+2)(n-2m+1)}{2m(2n-2m+1)} c_{2m-2} \quad \left(m = 1, 2, \ldots \left[\frac{n}{2}\right]\right),$$

$$c_0 = 1.$$

Es ist somit allgemein

$$\begin{aligned} P_n(\xi) = \frac{1 \,.\, 3 \ldots (2n-1)}{n!} \Big[&\xi^n - \frac{n(n-1)}{2(2n-1)} \xi^{n-2} \\ &+ \frac{n(n-1)(n-2)(n-3)}{2 \,.\, 4(2n-1)(2n-3)} \xi^{n-4} - \ldots \\ + (-1)^m \frac{n(n-1) \ldots (n-2m+1)}{2 \,.\, 4 \ldots 2m(2n-1)(2n-3) \ldots (2n-2m+1)} &\xi^{n-2m} + \cdots \Big]. \end{aligned} \tag{3}$$

Die Reihe bricht, weil $P_n(\xi)$ ein Polynom ist, mit der nullten oder ersten Potenz von ξ ab, je nachdem n gerade oder ungerade ist. $P_n(\xi)$ **ist für gerade** n **eine gerade, für ungerade** n **eine ungerade Funktion von** ξ.

Aus (8, 1) folgt für $\xi = 1$ wegen $(1-\alpha)^{-1} = \sum_{n=0}^{\infty} \alpha^n$

$$P_n(1) = 1, \tag{4}$$

ferner für $\xi = -1$ wegen $(1+\alpha)^{-1} = \sum_{n=0}^{\infty} (-1)^n \alpha^n$

$$P_n(-1) = (-1)^n, \tag{5}$$

schließlich für $\xi = 0$ wegen

$$(1+\alpha^2)^{-\frac{1}{2}} = 1 + \sum_{n=1}^{\infty} \frac{1 \,.\, 3 \ldots (2n-1)}{2 \,.\, 4 \ldots 2n} (-1)^n \alpha^{2n}$$

$$P_n(0) = 0 \qquad \text{für ungerade } n$$

und

$$P_n(0) = (-1)^{\frac{n}{2}} \frac{1 \cdot 3 \dots (n-1)}{2 \cdot 4 \dots n} \qquad \text{für gerade } n.$$

Aus Formel (3) folgt:

$$(6) \qquad P_n(\xi) = \frac{1}{2^n n!} \frac{d^n}{d\xi^n} \Big[\xi^{2n} - n\xi^{2n-2} + \frac{n(n-1)}{2} \xi^{2n-4} - \frac{n(n-1)(n-2)}{3!} \xi^{2n-6} + \cdots\Big]$$
$$= \frac{1}{2^n n!} \frac{d^n (\xi^2 - 1)^n}{d\xi^n}.$$

Diese Beziehung wurde von O. Rodrigues[1]) gefunden.

10. Entwicklung in eine Fouriersche Reihe. Es ist

$$1 - 2\alpha \cos \vartheta + \alpha^2 = (1 - \alpha e^{i\vartheta})(1 - \alpha e^{-i\vartheta}),$$

daher

$$(1 - 2\alpha \cos \vartheta + \alpha^2)^{-\frac{1}{2}} = (1 - \alpha e^{i\vartheta})^{-\frac{1}{2}} (1 - \alpha e^{-i\vartheta})^{-\frac{1}{2}}$$
$$= \Big[1 + \sum_{n=1}^{\infty} \frac{1 \cdot 3 \dots (2n-1)}{2 \cdot 4 \dots 2n} \alpha^n e^{in\vartheta}\Big] \cdot \Big[1 + \sum_{n=1}^{\infty} \frac{1 \cdot 3 \dots (2n-1)}{2 \cdot 4 \dots 2n} \alpha^n e^{-in\vartheta}\Big].$$

Da die beiden Reihen für $|\alpha| < 1$ absolut konvergieren, erhält man für den Koeffizienten von α^n im Produkt

$$(1) \quad P_n(\cos\vartheta) = 2 \frac{1 \cdot 3 \dots (2n-1)}{2 \cdot 4 \dots 2n} \Big[\cos n\vartheta + \frac{1 \cdot n}{1 \cdot (2n-1)} \cos(n-2)\vartheta + \frac{1 \cdot 3 n(n-1)}{1 \cdot 2(2n-1)(2n-3)} \cos(n-4)\vartheta + \cdots\Big].$$

Die Reihe bricht mit einem konstanten Glied oder mit $\cos\vartheta$ ab, je nachdem n gerade oder ungerade ist. Wenn $\vartheta = 0$, also $\xi = 1$ ist, haben sämtliche Glieder der Reihe in (1) ihren größten Wert, es ist also nach (9, 4) $P_n(\xi) \leqq 1$. Eine untere Schranke für die rechte Seite von (1) erhält man, wenn man alle Kosinus durch -1 ersetzt. Sie hat dann den Wert -1, weil sich für $\vartheta = 0$ (alle Kosinus $= +1$) der entgegengesetzt gleiche Wert $+1$ ergibt. Daraus folgt nach (9, 5)

$$-1 \leqq P_n(\xi) \leqq +1$$

oder

$$(2) \qquad |P_n(\xi)| \leqq 1.$$

11. Integraldarstellung. Wir gehen wieder von der Entwicklung

$$(1 - 2\xi z + z^2)^{-\frac{1}{2}} = \sum_{n=0}^{\infty} P_n(\xi) z^n$$

[1]) O. Rodrigues, Corresp. de l'école pol. 3 (1896), S. 361—385.

aus. Wie wir gesehen haben (vgl. Ziffer 8), gilt sie für $|z| < 1$, da die linke Seite nur die singulären Stellen $e^{\pm\vartheta i}$ hat, die beide auf dem Einheitskreis liegen. In Abb. 21 sind sie mit A und B bezeichnet, C ist der Punkt ξ. Nach

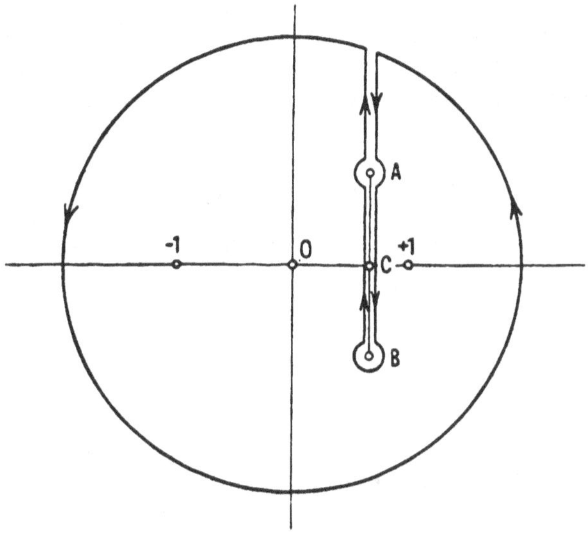

Abb. 21.

einer bekannten Formel der Funktionentheorie ist der Koeffizient von z^n

$$P_n(\xi) = \frac{1}{2\pi i}\int \frac{dz}{z^{n+1}(1 - 2\xi z + z^2)^{\frac{1}{2}}}.$$

Das Integral ist über eine den Nullpunkt einschließende und die Punkte A und B ausschließende, geschlossene, doppelpunktfreie Kurve im positiven Sinn zu erstrecken. Als solche wählen wir den in der Abbildung gezeichneten Weg. Die Pfeile bedeuten den positiven Durchlaufungssinn. Lassen wir den Halbmesser des Kreises über alle Schranken wachsen, so verschwindet der betreffende Teil des Integrales, weil der absolute Betrag des Integranden von $(n + 2)$-ter Ordnung verschwindet. Die Integrale längs der Geraden von diesem Kreis zum Punkte A sind gleich und entgegengesetzt und heben sich daher auf. Die Integrale längs der kleinen Kreise um die Punkte A und B verschwinden ebenfalls, wenn man die Halbmesser dieser Kreise gegen Null streben läßt (vgl. z. B. II, 14). Es bleiben also nur die von der Strecke AB herrührenden Teile übrig.

Für die beiden Faktoren $(z - e^{\pm\vartheta i})^{\frac{1}{2}}$ des Nenners wählen wir auf der reellen Achse, links von der Strecke AB, ihren Hauptwert. Rechts davon hat also der eine von ihnen das entgegengesetzte Zeichen, die Strecke wird aber entgegengesetzt durchlaufen, so daß man erhält

$$P_n(\xi) = \frac{1}{\pi i}\int_B^A \frac{dz}{z^{n+1}(1 - 2\xi z + z^2)^{\frac{1}{2}}}.$$

Führen wir $\frac{1}{z}$ an Stelle der Veränderlichen z ein, so wird aus dem geradlinigen Integrationsweg von B nach A ein von A über $\frac{1}{\xi}$ nach B führender Kreisbogen. Diesen kann man aber nach dem Cauchyschen Integralsatze wieder in die geradlinige Strecke AB verbiegen. Es ergibt sich somit, weil für die Wurzel im Nenner links von AB der Hauptwert zu nehmen ist,

$$P_n(\xi) = \frac{1}{\pi i}\int_B^A \frac{z^n dz}{(1 - 2\xi z + z^2)^{\frac{1}{2}}}.$$

Wir führen jetzt die Veränderliche φ durch die Gleichung

$$z = \xi + i\sqrt{1-\xi^2}\cos\varphi$$

ein. Es ist also

$$(1 - 2\xi z + z^2)^{\frac{1}{2}} = \sqrt{1-\xi^2}\sin\varphi,$$

daher

$$P_n(\xi) = \frac{1}{\pi}\int_0^\pi (\xi + i\sqrt{1-\xi^2}\cos\varphi)^n\, d\varphi.$$

Diese Formel stammt von Laplace[1]).

Durch Differentiation erhalten wir

$$P_n'(\xi) = \frac{n}{\pi}\int_0^\pi (\xi + i\sqrt{1-\xi^2}\cos\varphi)^{n-1}\left(1 - \frac{i\xi\cos\varphi}{\sqrt{1-\xi^2}}\right) d\varphi,$$

daher

$$(1)\quad (\xi^2-1)P_n'(\xi) = \frac{n}{\pi}\int_0^\pi (\xi + i\sqrt{1-\xi^2}\cos\varphi)^{n-1}[\xi(\xi + i\sqrt{1-\xi^2}\cos\varphi) - 1]\, d\varphi$$

$$= \frac{n}{\pi}\int_0^\pi [\xi(\xi + i\sqrt{1-\xi^2}\cos\varphi)^n - (\xi + i\sqrt{1-\xi^2}\cos\varphi)^{n-1}]\, d\varphi$$

$$= n[\xi P_n(\xi) - P_{n-1}(\xi)].$$

12. Nullstellen. Die Polynome $P_0(\xi), P_1(\xi), P_2(\xi), \ldots, P_m(\xi)$ bilden für jedes beliebige m in jedem Teilintervall $a \leqq \xi \leqq b$ des Definitionsintervalles $-1 \leqq \xi \leqq +1$ (also $|a| \leqq 1$, $|b| \leqq 1$) eine Sturmsche Kette, wenn a und b keine Nullstellen von $P_m(\xi)$ sind. Denn es sind die vier Bedingungen für eine Sturmsche Kette[2]) erfüllt, nämlich:

---

[1]) S. de Laplace, Mécanique céleste, Bd. 5, Buch 11, Kap. 2, Paris 1825 oder Werke 5, S. 27—69.

[2]) Vgl. z. B. O. Perron, Algebra, Bd. 2, S. 7, Berlin und Leipzig, 1927, W. de Gruyter.

a) Die Endpunkte a und b des Intervalles sind keine Nullstellen von $P_m(\xi)$ nach Voraussetzung.

b) $P_0(\xi)$ hat im Intervall keine Nullstellen, es ist ja $P_0(\xi) = 1$.

c) Wenn an einer Stelle ξ des Intervalls $P_n(\xi) = 0$ ist ($n = 1, 2, \ldots, m - 1$), dann verschwinden an dieser Stelle die benachbarten Funktionen $P_{n-1}(\xi)$ und $P_{n+1}(\xi)$ nicht und haben verschiedenes Vorzeichen. Das folgt aus der Rekursionsformel (9, 1). Verschwänden nämlich zwei benachbarte Polynome P_k und P_{k-1}, so müßte nach dieser Formel auch P_{k-2} an dieser Stelle Null sein, daher auch P_{k-3}, wenn man noch einmal die Rekursionsformel anwendet. So könnte man weiter schließen und würde schließlich den Widerspruch erhalten, daß auch P_0 an der betreffenden Stelle verschwinden müßte. Daß $P_{n-1}(\xi)$ und $P_{n+1}(\xi)$ entgegengesetzt bezeichnet sind, wenn $P_n(\xi) = 0$ ist, liest man unmittelbar aus der Rekursionsformel ab.

d) Wenn an einer Stelle ξ des Intervalls $P_m(\xi) = 0$ ist, dann verschwinden dort $P_{m-1}(\xi)$ und $P'_m(\xi)$ nicht und haben gleiches Vorzeichen. Daß $P_{m-1}(\xi) \neq 0$ ist, haben wir eben gesehen. Der übrige Teil der Behauptung ergibt sich aus der Formel (11, 1), weil in diesem Fall wegen $P_m(\pm 1) \neq 0$ (siehe 9, 4 und 9, 5) auch ξ von ± 1 verschieden ist.

Die Polynome $P_0(\xi), P_1(\xi), P_2(\xi), \ldots, P_m(\xi)$ bilden also tatsächlich eine Sturmsche Kette. Aus der Eigenschaft d) folgern wir: Sämtliche im betreffenden Intervall gelegenen Nullstellen eines Legendreschen Polynoms sind einfach. Es mögen nun α und β zwei unmittelbar aufeinander folgende Nullstellen von $P_m(\xi)$ im erwähnten Intervall sein. $P'_m(\alpha)$ und $P'_m(\beta)$ haben daher entgegengesetztes Vorzeichen, also nach Eigenschaft d) auch $P_{m-1}(\alpha)$ und $P_{m-1}(\beta)$. Zwischen α und β liegt somit mindestens eine Nullstelle von $P_{m-1}(\xi)$. Nun ist $P_n(-1) = (-1)^n$ nach Formel (9, 5), $P_n(+1) = 1$ nach (9, 4), d. h. die Zahlenreihe $P_n(-1)$ ($n = 0, 1, 2, \ldots, m$) hat m Zeichenwechsel, die Zahlenreihe $P_n(+1)$ gar keinen. Nach dem Sturmschen Satz hat also $P_m(\xi)$ im Intervall $-1 \leqq \xi \leqq +1$ gerade m einfache Nullstellen. Damit sind aber sämtliche Nullstellen von $P_m(\xi)$ gefunden, da es als Polynom m-ten Grades nicht mehr haben kann. Weil aber zwischen zwei aufeinanderfolgenden Nullstellen von $P_m(\xi)$ mindestens eine Nullstelle von $P_{m-1}(\xi)$ liegen muß und $P_{m-1}(\xi)$ gerade $m - 1$ einfache Nullstellen hat, liegt zwischen zwei aufeinanderfolgenden Nullstellen eines Legendreschen Polynoms gerade eine Nullstelle des Legendreschen Polynoms mit dem nächst niedrigeren Zeiger.

13. Zugeordnete Legendresche Funktionen. $P_n(\xi)$ genügt, wie wir gesehen haben, der Differentialgleichung (7, 1)

$$(1 - \xi^2)\frac{d^2 P_n}{d\xi^2} - 2\xi\frac{dP_n}{d\xi} + n(n+1)P_n = 0.$$

Für die erste Ableitung $P'_n(\xi)$ erhalten wir daher, wenn wir diese Gleichung nach ξ differenzieren,

$$(1-\xi^2)\frac{d^2P_n'}{d\xi^2}-4\xi\frac{dP_n'}{d\xi}+[n(n+1)-2]\,P_n'=0.$$

Ähnlich für die zweite Ableitung $P_n''(\xi)$, wenn wir nochmals differenzieren,

$$(1-\xi^2)\frac{d^2P_n''}{d\xi^2}-6\xi\frac{dP_n''}{d\xi}+[n(n+1)-2-4]\,P_n''=0.$$

Differenzieren wir im ganzen m-mal, so ergibt sich für die m-te Ableitung $P_n^{(m)}(\xi)$

$$(1-\xi^2)\frac{d^2P_n^{(m)}}{d\xi^2}-2(m+1)\,\xi\frac{dP_n^{(m)}}{d\xi}+[n(n+1)-2-4-\cdots-2m]\,P_n^{(m)}=0$$

oder

$$(1)\quad (1-\xi^2)\frac{d^2P_n^{(m)}}{d\xi^2}-2(m+1)\xi\frac{dP_n^{(m)}}{d\xi}+[n(n+1)-m(m+1)]\,P_n^{(m)}=0$$

$$(m=0,\,1,\,2,\ldots;\ P_n^{(0)}=P_n).$$

Wir setzen

$$(2)\qquad P_{n,m}=\sin^m\vartheta\,P_n^{(m)}(\cos\vartheta)$$

und nennen $P_{n,m}$ **eine zugeordnete Legendresche Funktion** m**-ter Ordnung.** Es ist also ein Polynom $(n-m)$-ten Grades in ξ, multipliziert mit $(1-\xi^2)^{\frac{m}{2}}$. Da $P_n(\xi)$ n verschiedene zwischen -1 und $+1$ gelegene Nullstellen hat und zwischen zwei solchen Nullstellen immer mindestens eine Nullstelle der Ableitung liegen muß, so hat auch $P_n^{(m)}(\xi)$ und daher auch $P_{n,m}(\xi)$ gerade $n-m$ verschiedene zwischen -1 und $+1$ gelegene Nullstellen. Sie liegen spiegelbildlich zum Nullpunkt, wie aus $P_n^{(m)}(-\xi)=(-1)^{m+n}P_n^{(m)}(\xi)$ folgt. Es ist

$$P_{n,0}(\xi)=P_n(\xi),\ P_{n,m}(\xi)=0 \text{ für } m>n.$$

Um die Differentialgleichung abzuleiten, der $P_{n,m}(\xi)$ genügt, bilden wir

$$(3)\quad P_n^{(m)}=\frac{P_{n,m}}{\sin^m\vartheta},$$

$$\frac{dP_n^{(m)}}{d\xi}=-\frac{1}{\sin^{m+1}\vartheta}\frac{dP_{n,m}}{d\vartheta}+\frac{m\cos\vartheta}{\sin^{m+2}\vartheta}P_{n,m}.$$

$$\frac{d^2P_n^{(m)}}{d\xi^2}=\frac{1}{\sin^{m+2}\vartheta}\frac{d^2P_{n,m}}{d\vartheta^2}-\frac{(2m+1)\cos\vartheta}{\sin^{m+3}\vartheta}\frac{dP_{n,m}}{d\vartheta}+\frac{m[1+(m+1)\cos^2\vartheta]}{\sin^{m+4}\vartheta}P_{n,m},$$

daher ist gemäß (1)

$$\frac{d^2P_{n,m}}{d\vartheta^2}+\frac{\cos\vartheta}{\sin\vartheta}\frac{dP_{n,m}}{d\vartheta}+\left[n(n+1)-\frac{m^2}{\sin^2\vartheta}\right]P_{n,m}=0.$$

Diese Differentialgleichung läßt sich in der Gestalt

$$\frac{1}{\sin\vartheta}\frac{d}{d\vartheta}\left(\sin\vartheta\frac{dP_{n,m}}{d\vartheta}\right)+\left[n(n+1)-\frac{m^2}{\sin^2\vartheta}\right]P_{n,m}=0$$

oder wegen $\frac{d\xi}{d\vartheta} = -\sin\vartheta$ auch in der Form

$$\frac{d}{d\xi}\left[(1-\xi^2)\frac{dP_{n,m}}{d\xi}\right] + \left[n(n+1) - \frac{m^2}{1-\xi^2}\right]P_{n,m} = 0$$

oder

$$(1-\xi^2)\frac{d^2P_{n,m}}{d\xi^2} - 2\xi\frac{dP_{n,m}}{d\xi} + \left[n(n+1) - \frac{m^2}{1-\xi^2}\right]P_{n,m} = 0$$

schreiben.

Wir wollen diese Gleichung etwas näher betrachten. Wie wir gesehen haben, geht sie durch die Formel (3) in die Differentialgleichung (1) über. Wir können also auch diese der Untersuchung zugrunde legen. Wir wollen dabei m und n als beliebige komplexe Konstante ansehen und an Stelle von ξ die Veränderliche z durch die Beziehung $\xi = 1 - 2z$ einführen. $P_n^{(m)}$ ist natürlich dann nicht mehr als m-te Ableitung von P_n aufzufassen, sondern als Funktion der komplexen Veränderlichen z und der komplexen Parameter m und n. Setzen wir schließlich noch $\alpha = m - n$, $\beta = m + n + 1$, $\gamma = m + 1$, so verwandelt sich (1) in die hypergeometrische Differentialgleichung

$$z(1-z)\frac{d^2w}{dz^2} + [\gamma - (\alpha+\beta+1)z]\frac{dw}{dz} - \alpha\beta w = 0.$$

Wollte man also die Definition von $P_{n,m}(\xi)$ auf beliebige komplexe Werte der Zeiger und der Veränderlichen erweitern, so würde man auf hypergeometrische Funktionen stoßen. Da die Kenntnis dieser Funktionen in diesem Buche nicht vorausgesetzt wird, wollen wir darauf nicht eingehen.

c) Kugelflächenfunktionen.

14. Laplacesche Kugelfunktionen. In Ziffer 5 und 6 haben wir gesehen, daß sich die allgemeinste ganze rationale räumliche Kugelfunktion n-ten Grades in der Form $U_n = r^n S_n(\vartheta, \varphi)$ darstellen läßt, wo U_n ein Polynom n-ten Grades in x, y, z ist, das von $2n + 1$ willkürlichen Konstanten linear homogen abhängt. Wir nennen $S_n(\vartheta, \varphi)$ eine Laplacesche Kugelfunktion n-ten Grades. Sie ist eine Kugelflächenfunktion und genügt der Differentialgleichung

$$(1)\qquad n(n+1)S_n + \frac{1}{\sin\vartheta}\frac{\partial}{\partial\vartheta}\left(\sin\vartheta\frac{\partial S_n}{\partial\vartheta}\right) + \frac{1}{\sin^2\vartheta}\frac{\partial^2 S_n}{\partial\varphi^2} = 0\,.$$

Um diese Gleichung zu integrieren, setzen wir $S_n = \Theta\Phi$, wo Θ nur von ϑ, Φ nur von φ abhängen soll. Man erhält

$$n(n+1)\Theta\Phi + \frac{\Phi}{\sin\vartheta}\frac{d}{d\vartheta}\left(\sin\vartheta\frac{d\Theta}{d\vartheta}\right) + \frac{\Theta}{\sin^2\vartheta}\frac{d^2\Phi}{d\varphi^2} = 0$$

oder

$$n(n+1)\sin^2\vartheta + \frac{\sin\vartheta}{\Theta}\frac{d}{d\vartheta}\left(\sin\vartheta\frac{d\Theta}{d\vartheta}\right) = -\frac{1}{\Phi}\frac{d^2\Phi}{d\varphi^2}\,.$$

Differenziert man nach φ, so folgt

$$\frac{d}{d\varphi}\left(\frac{1}{\Phi}\frac{d^2\Phi}{d\varphi^2}\right) = 0 ,$$

daher

$$\frac{1}{\Phi}\frac{d^2\Phi}{d\varphi^2} = -m^2 ,$$

wo m eine Konstante ist, also

$$\Phi = A_m \cos m\varphi + B_m \sin m\varphi .$$

Für Θ ergibt sich die Differentialgleichung

$$\frac{1}{\sin\vartheta}\frac{d}{d\vartheta}\left(\sin\vartheta\frac{d\Theta}{d\vartheta}\right) + \left[n(n+1) - \frac{m^2}{\sin^2\vartheta}\right]\Theta = 0 .$$

Sie wird nach Ziffer 13 für ganzzahlige $m \geqq 0$ durch $\Theta = P_{n,m}$ befriedigt. Wir erhalten also, weil die Differentialgleichung (1) linear homogen ist, in

$$(2) \qquad S_n(\vartheta, \varphi) = \sum_{m=0}^{n} (A_m \cos m\varphi + B_m \sin m\varphi)\, P_{n,m}(\vartheta)$$

eine Lösung von (1); sie enthält die $2n+1$ willkürlichen Konstanten $A_0, A_1, A_2, \ldots, A_n, B_1, B_2, \ldots, B_n$ linear homogen. Sie ist die gesuchte allgemeine Laplacesche Kugelflächenfunktion, weil sie, mit r^n multipliziert, ein homogenes Polynom n-ten Grades in x, y, z ist und die $2n+1$ Glieder, aus denen sie linear homogen zusammengesetzt ist, linear unabhängig sind.

Denn nach der Formel $(\cos\varphi + i\sin\varphi)^m = \cos m\varphi + i\sin m\varphi$ läßt sich $\cos m\varphi$ durch ein Polynom m-ten Grades in $\cos\varphi$ darstellen, das nur gerade oder ungerade Potenzen von $\cos\varphi$ enthält, ebenso $\sin m\varphi$ für ungerade m durch ein Polynom m-ten Grades in $\sin\varphi$, das nur ungerade Potenzen von $\sin\varphi$ enthält, dagegen für gerade m durch ein mit $\cos\varphi$ multipliziertes Polynom $(m-1)$-ten Grades in $\sin\varphi$, das ebenfalls nur ungerade Potenzen von $\sin\varphi$ enthält. Berücksichtigt man noch, daß nach Ziff. 13 $P_{n,m}(\vartheta)$ den Faktor $\sin^m\vartheta$ hat, während der übrige Teil von $P_{n,m}(\vartheta)$ ein Polynom $(n-m)$-ten Grades in $\cos\vartheta$ ist, das nur gerade oder ungerade Potenzen von $\cos\vartheta$ enthält, so folgt daraus der erste Teil der Behauptung. Die Richtigkeit des zweiten Teils erkennt man so: Aus $S_n(\vartheta, \varphi) = 0$ folgt nämlich, wenn wir mit $\cos k\varphi$, bzw. mit $\sin k\varphi$ multiplizieren und zwischen $-\pi$ und $+\pi$ integrieren nach den Formeln (2, 4) der Einleitung $A_k = B_k = 0$ $(k = 0, 1, 2, \ldots m)$.

Die linear unabhängigen Bestandteile $\cos m\varphi\, P_{n,m}(\vartheta)$, bzw. $\sin m\varphi\, P_{n,m}(\vartheta)$, aus denen $S_n(\vartheta, \varphi)$ linear homogen zusammengesetzt ist, nennt man tesserale Kugelfunktionen. Eine solche Kugelfunktion verschwindet auf den m Meridianen $\varphi = \frac{2\pi}{m}$ und auf $n-m$ Parallelkreisen, entsprechend der Tatsache, daß $P_{n,m}$ $n-m$ verschiedene, spiegelbildlich zu $\vartheta = \frac{\pi}{2}$ gelegene Nullstellen hat (vgl. Ziffer 13). In einem von zwei solchen aufeinanderfolgenden Meridianen und Parallelkreisen begrenzten sphärischen Viereck hat $P_{n,m}$ keine Nullstellen, behält somit dort sein Vorzeichen und daher stammt der Name. Für $m = 0$ erhält man die zonalen Kugelfunktionen P_n. Es entfällt dabei der Faktor $\cos m\varphi$, bzw. $\sin m\varphi$, das erwähnte Viereck wird zu einer Kugelzone. P_n behält also sein Vorzeichen längs einer ganzen Kugelzone, woraus sich der Name zonal erklärt. Schließlich bezeichnet man die für $m = n$ auftretenden Funktionen, welche bis auf einen Zahlenfaktor die Gestalt $\cos n\varphi \sin^n\vartheta$ bzw. $\sin n\varphi \sin^n\vartheta$ haben, als sektorielle Kugelfunktionen, weil sich bei ihnen das erwähnte Viereck auf einen Kugelsektor ausdehnt, in dem sie ihr Vorzeichen behalten.

15. Integraleigenschaften. Auf einer Kugel vom Halbmesser a seien die Werte $\overline{V}$ einer Potentialfunktion V gegeben, nämlich $\overline{V} = S_n(\vartheta, \varphi)$, wo $S_n(\vartheta, \varphi)$ die in der vorigen Ziffer betrachtete Laplacesche Kugelfunktion sein möge. Nach einem bekannten Satz der Potentialtheorie sind dann die Werte V_i von V im Innern und V_a im Äußern der Kugel eindeutig bestimmt, wenn man noch verlangt, daß V im Unendlichen mindestens von der Ordnung $\frac{1}{r}$ verschwinden soll (r = Entfernung vom Mittelpunkt). Wir können diese Werte sofort angeben. Es ist nämlich

für $r < a$
$$V_i = \left(\frac{r}{a}\right)^n S_n(\vartheta, \varphi)\,,$$

für $r > a$
$$V_a = \left(\frac{a}{r}\right)^{n+1} S_n(\vartheta, \varphi)\,.$$

Denn diese Funktionen sind nach Ziffer 6 rationale räumliche Kugelfunktionen, welche den genannten Bedingungen genügen; da es nur eine Lösung der Aufgabe geben kann, muß es diese sein.

Die flächenhafte Belegungsdichte σ der Kugel, welche diese Potentialfunktion erzeugt, ist nach einer bekannten Formel der Potentialtheorie durch die Gleichung

$$\begin{aligned} -4\pi\sigma &= \left[\frac{\partial V_a}{\partial r} - \frac{\partial V_i}{\partial r}\right]_{r=a} \\ &= -\left[(n+1)\frac{a^{n+1}}{r^{n+2}} S_n + n\frac{r^{n-1}}{a^n} S_n\right]_{r=a} \\ &= -\frac{2n+1}{a} S_n \end{aligned}$$

gegeben, also

$$\sigma = \frac{2n+1}{4\pi a} S_n.$$

Wir betrachten zwei Punkte P_1 und P_2 auf der Kugel, die beiden Flächenelemente seien df_1 und df_2, ihre Entfernung R. Ferner sei

$$\sigma' = \frac{2m+1}{4\pi a} S_m \qquad (m \neq n)$$

eine zweite Belegung der Kugel, welche natürlich auf ihr das Potential S_m erzeugt. Wir betrachten nun das über die Kugel erstreckte Integral

$$\iiiint \frac{\sigma\sigma' \, df_1 \, df_2}{R} = \iint \sigma \, df_1 \iint \frac{\sigma' \, df_2}{R}$$
$$= \iint \sigma' \, df_2 \iint \frac{\sigma \, df_1}{R} .$$

$\iint \frac{\sigma \, df_1}{R}$ ist das von σ im Punkt P_2 erzeugte Potential, also $S_n(\vartheta_2, \varphi_2)$; $\iint \frac{\sigma' \, df_2}{R}$ das von σ' im Punkt P_1 erzeugte Potential, also $S_m(\vartheta_1, \varphi_1)$; es ist daher

$$\frac{2n+1}{4\pi a} \iint S_n(\vartheta_1, \varphi_1) \, S_m(\vartheta_1, \varphi_1) \, df_1$$
$$= \frac{2m+1}{4\pi a} \iint S_m(\vartheta_2, \varphi_2) \, S_n(\vartheta_2, \varphi_2) \, df_2$$

und wegen $m \neq n$

$$(1) \quad \iint S_m(\vartheta, \varphi) \, S_n(\vartheta, \varphi) \, df = a^2 \int_0^{2\pi} d\varphi \int_0^{\pi} S_m(\vartheta, \varphi) \, S_n(\vartheta, \varphi) \sin \vartheta \, d\vartheta = 0.$$

Die Laplaceschen Kugelfunktionen sind also orthogonale Funktionen auf der Einheitskugel.

Wir denken uns jetzt außerhalb der Kugel einen Punkt P mit den rechtwinkligen Koordinaten x, y, z, den Polarkoordinaten r, ϑ, φ $(r > a)$ und der Masse 1. P' sei ein Punkt mit den rechtwinkligen Koordinaten x', y', z' und den Polarkoordinaten a, ϑ', φ', das entsprechende Flächenelement sei df', seine Entfernung von P sei R, der von a und r eingeschlossene Winkel γ.

Es ist

$$(2) \qquad \cos \gamma = \frac{xx' + yy' + zz'}{ra} = \cos \vartheta \cos \vartheta' + \sin \vartheta \sin \vartheta' \cos (\varphi - \varphi').$$

Nach Formel (8, 2) ist

$$\frac{1}{R} = \frac{1}{r} \sum_{m=0}^{\infty} \left(\frac{a}{r}\right)^m P_m(\cos \gamma) .$$

Die Kugel möge wieder mit der Dichte

$$\sigma(\vartheta', \varphi') = \frac{2n+1}{4\pi a} S_n(\vartheta', \varphi')$$

belegt sein. Sie erzeugt, wie wir eben gesehen haben, in P das Potential $\left(\frac{a}{r}\right)^{n+1} S_n(\vartheta, \varphi)$. Es ist nach der Definition des Potentials auch gleich

$$\iint \frac{\sigma \, df'}{R} = \frac{2n+1}{4\pi a r} a^2 \int_0^{2\pi} d\varphi' \int_0^{\pi} S_n(\vartheta', \varphi') \sin \vartheta' \sum_{m=0}^{\infty} \left(\frac{a}{r}\right)^m P_m(\cos \gamma) \, d\vartheta' ,$$

daher

$$\left(\frac{a}{r}\right)^{n+1} S_n(\vartheta,\varphi) = \frac{(2n+1)a}{4\pi r} \sum_{m=0}^{\infty} \left(\frac{a}{r}\right)^m \int_0^{2\pi} d\varphi' \int_0^{\pi} P_m(\cos\gamma) S_n(\vartheta',\varphi') \sin\vartheta' d\vartheta'.$$

$a^m P_m(\cos\gamma)$ ist ein homogenes Polynom m-ten Grades in x', y', z' und genügt der Laplaceschen Differentialgleichung. Der erste Teil der Behauptung folgt aus (2) und der Tatsache, daß $P_m(\cos\gamma)$ nach Ziff. 7 ein Polynom m-ten Grades in $\cos\gamma$ ist. Der zweite Teil ergibt sich daraus, daß $a^m P_m(\cos\gamma)$ nach Ziff. 7 der Laplaceschen Differentialgleichung genügt, wenn man die Z-Achse durch den Punkt P legt, und daher mit Rücksicht auf die Schlußbemerkung von Ziff. 3 auch bei beliebiger Lage des rechtwinkligen Koordinatensystems. Nach Ziff. 14 ist daher $P_m(\cos\gamma)$, als Funktion von ϑ' und φ' aufgefaßt, eine Laplacesche Kugelfunktion $S_m(\vartheta', \varphi')$. Es verschwinden also nach Formel (1) in der Summe alle Glieder mit $m \neq n$ und es bleibt allein

$$(3) \qquad S_n(\vartheta,\varphi) = \frac{2n+1}{4\pi} \int_0^{2\pi} d\varphi' \int_0^{\pi} P_n(\cos\gamma)\, S_n(\vartheta',\varphi') \sin\vartheta' d\vartheta'.$$

Insbesondere erhalten wir für $S_n(\vartheta,\varphi) = P_n(\cos\vartheta)$ und $\vartheta = 0$ (vgl. (9,4))

$$\cos\vartheta = 1, \quad P_n(1) = 1, \quad \cos\gamma = \cos\vartheta',$$

$$\int_0^{2\pi} d\varphi' \int_0^{\pi} P_n(\cos\vartheta')^2 \sin\vartheta' d\vartheta' = \frac{4\pi}{2n+1}$$

oder

$$(4) \qquad \int_0^{\pi} P_n(\cos\vartheta)^2 \sin\vartheta d\vartheta = \int_{-1}^{+1} P_n(\xi)^2 d\xi = \frac{2}{2n+1},$$

ebenso aus Formel (1)

$$(5) \qquad \int_0^{\pi} P_m(\cos\vartheta) P_n(\cos\vartheta) \sin\vartheta d\vartheta = \int_{-1}^{+1} P_m(\xi) P_n(\xi)\, d\xi = 0 \quad \text{für } m \neq n.$$

Die Polynome $\sqrt{\frac{2n+1}{2}}\, P_n(\xi)$ bilden also ein normiertes Orthogonalsystem im Intervall $-1 \leqq \xi \leqq +1$. Sie entstehen, wenn man das System $1, \xi, \xi^2, \ldots, \xi^n, \ldots$ nach (I, 1) und (I, 2) orthogonalisiert und normiert. Denn nach dem erwähnten Verfahren erhält man ein eindeutiges System von Polynomen $Q_0, Q_1, Q_2, \ldots$ von den Graden $0, 1, 2, \ldots$. Da nun das System der Legendreschen Polynome alle erwähnten Bedingungen erfüllt, muß es das gesuchte sein. Die Legendreschen Polynome entstehen also, wenn man die Folge $1, \xi, \xi^2, \ldots$ im Intervall $-1 \leqq \xi \leqq +1$ orthogonalisiert und normiert.

16. Reihenentwicklungen. $f(\vartheta, \varphi)$ sei eine auf der Einheitskugel definierte reelle Funktion, $f(\vartheta, \varphi \pm 2k\pi) = f(\vartheta, \varphi)$ $(k = 0, 1, 2, \ldots)$,

$f(0, \varphi)$ und $f(\pi, \varphi)$ von φ unabhängig und $f(\vartheta, \varphi)$ nur für $0 \leqq \vartheta \leqq \pi$ definiert. Wir setzen an

$$f(\vartheta, \varphi) = \sum_{m=0}^{\infty} S_m(\vartheta, \varphi) \tag{1}$$

und nehmen an, daß diese Entwicklung gleichmäßig konvergiert. Wir multiplizieren die Gleichung mit $\frac{2n+1}{4\pi} P_n(\cos\gamma)$ und integrieren über die ganze Kugelfläche. Dann ergibt sich nach (15, 1) und (15, 3)

$$\begin{aligned} &\frac{2n+1}{4\pi}\int_0^{2\pi} d\varphi' \int_0^{\pi} f(\vartheta', \varphi')\, P_n(\cos\gamma) \sin\vartheta' d\vartheta' \\ &= \sum_{m=0}^{\infty} \frac{2n+1}{4\pi}\int_0^{2\pi} d\varphi' \int_0^{\pi} S_m(\vartheta', \varphi')\, P_n(\cos\gamma) \sin\vartheta' d\vartheta' \\ &= \frac{2n+1}{4\pi}\int_0^{2\pi} d\varphi' \int_0^{\pi} S_n(\vartheta', \varphi')\, P_n(\cos\gamma) \sin\vartheta' d\vartheta' \\ &= S_n(\vartheta, \varphi). \end{aligned} \tag{2}$$

Damit sind die einzelnen Glieder der Entwicklung (1) bestimmt. Sie ist also eindeutig.

Über die Möglichkeit einer derartigen Reihenentwicklung möge folgendes ohne Beweis bemerkt werden: Die Kugeloberfläche sei durch eine endliche Anzahl von Kurven mit stetiger Tangente in eine endliche Anzahl von Gebieten zerlegt. In jedem solchen Gebiet sei die Funktion samt ihrer ersten Ableitung stetig. Wenn man sich auf irgend einem Weg in einem solchen Gebiet einem Punkt der Begrenzung nähert, soll die Funktion einem bestimmten endlichen Grenzwert zustreben. Für ihre ersten Ableitungen möge dasselbe gelten. Unter diesen Bedingungen konvergiert die Reihe in jedem abgeschlossenen Stetigkeitsbereich der Funktion und stellt dort die Funktion dar. Für jeden Punkt der erwähnten Begrenzungskurven konvergiert die Reihe ebenfalls, falls durch ihn nur diese Kurve hindurchgeht, und stellt das arithmetische Mittel der beiden Grenzwerte dar, denen die Funktion zustrebt, wenn man sich dem Punkt auf der einen, bzw. der anderen Seite der genannten Begrenzungskurve nähert. Die ersten Ableitungen können auf den Begrenzungskurven auch unendlich werden, falls sie nur absolut integrierbar bleiben. Die genannten Bedingungen sind hinreichende, aber keineswegs notwendige Bedingungen[1]).

---

[1]) Näheres hierzu vgl. E. W. Hobson, The Theory of Spherical and Ellipsoidal Harmonics, Kap. 7, Cambridge 1931.

Hängt die Funktion von φ nicht ab, so erhält man wegen $\xi = \cos\vartheta$ eine Entwicklung von der Gestalt

$$f(\xi) = \sum_{m=0}^{\infty} c_m P_m(\xi).$$

Um c_n zu bestimmen, multiplizieren wir mit $P_n(\xi)$ und integrieren zwischen -1 und $+1$; nach (15, 4) und (15, 5) ergibt sich

$$\int_{-1}^{+1} f(\xi)\, P_n(\xi)\, d\xi = \sum_{m=0}^{\infty} c_m \int_{-1}^{+1} P_m(\xi) P_n(\xi)\, d\xi = \frac{2c_n}{2n+1},$$

also

$$c_n = (n + \tfrac{1}{2}) \int_{-1}^{+1} f(\xi) P_n(\xi)\, d\xi. \tag{3}$$

Ohne Beweis sei erwähnt, daß die Sätze, die in der Einleitung für die Entwicklung einer Funktion in Fouriersche Reihen angegeben sind, auch für die eben beschriebene Entwicklung nach Legendreschen Polynomen gelten und zwar in folgender Form: Wenn die angegebenen Bedingungen im Intervall $-1 < x < +1$ erfüllt sind und außerdem noch $\dfrac{f(x)}{\sqrt[4]{1-x^2}}$ für $-1 \leqq x \leqq +1$ absolut integrierbar ist, dann gelten die betreffenden Folgerungen im Intervall $-1 < x < +1$. Genaueres siehe in dem Buch von Hobson, Kap. 7.

17. Entwicklung von ξ^n nach Legendreschen Polynomen. Wenn wir die Gleichungen (9, 2) nach den einzelnen Potenzen von ξ auflösen, erhalten wir

$$\begin{aligned}
1 &= P_0(\xi), \\
\xi &= P_1(\xi), \\
\xi^2 &= \tfrac{2}{3} P_2(\xi) + \tfrac{1}{3} P_0(\xi), \\
\xi^3 &= \tfrac{2}{5} P_3(\xi) + \tfrac{3}{5} P_1(\xi), \\
\xi^4 &= \tfrac{8}{35} P_4(\xi) + \tfrac{4}{7} P_2(\xi) + \tfrac{1}{5} P_0(\xi),
\end{aligned}$$

usw. Allgemein wird

$$\xi^n = a_n P_n(\xi) + a_{n-2} P_{n-2}(\xi) + \cdots. \tag{1}$$

Aus der letzten Gleichung folgt gemäß (15, 5)

$$\int_{-1}^{+1} \xi^m P_n(\xi)\, d\xi = 0 \qquad \text{für } m = 0, 1, 2, \ldots, n-1. \tag{2}$$

Diese Behauptung läßt sich in folgender Form umkehren: Das einzige Polynom $f(\xi)$ vom n-ten Grad in ξ, welches der Bedingung

$$\int_{-1}^{+1} \xi^m f(\xi)\,d\xi = 0 \qquad \text{für } m = 0, 1, 2, \ldots, n-1$$

genügt, ist $CP_n(\xi)$, wo C eine beliebige Konstante bedeutet.

Zum Beweise setzen wir

$$(3) \qquad f_1(\xi) = \int_{-1}^{\xi} f(t)\,dt, \quad f_k(\xi) = \int_{-1}^{\xi} f_{k-1}(t)\,dt \qquad (k = 2, 3, \ldots, n)$$

und erhalten durch teilweise Integration

$$\int_{-1}^{+1} \xi^m f(\xi)\,d\xi = f_1(1) - m f_2(1) + m(m-1) f_3(1) - \cdots$$
$$+ (-1)^m m!\, f_{m+1}(1).$$

Da dieser Ausdruck für $m = 0, 1, 2, \ldots, n-1$ verschwinden soll, muß

$$f_1(1) = f_2(1) = \cdots = f_n(1) = 0$$

sein. Nach (3) ist $f_n(\xi)$ ein Polynom $2n$-ten Grades in ξ. Es verschwindet samt seinen $n-1$ ersten Ableitungen $f_{n-1}(\xi), f_{n-2}(\xi), \ldots, f_1(\xi)$ für $\xi = \pm 1$, hat also ± 1 zu n-fachen Nullstellen, daher die Gestalt $C(\xi^2 - 1)^n$. Es ist somit

$$f(\xi) = C \frac{d^n (\xi^2 - 1)^n}{d\xi^n},$$

woraus nach (9, 6) die Behauptung folgt.

Da

$$P_n(\xi) = \alpha \xi^n + \beta \xi^{n-2} + \gamma \xi^{n-4} + \cdots$$

ist, ergibt sich für $m \geqq n$

$$\int_0^1 \xi^m P_n(\xi)\,d\xi = \frac{\alpha}{m+n+1} + \frac{\beta}{m+n-1} + \frac{\gamma}{m+n-3} + \cdots$$
$$= \frac{g(m)}{(m+n+1)(m+n-1)(m+n-3)\ldots},$$

wo $g(m)$ ein Polynom $\left[\frac{n}{2}\right]$-ten Grades in m ist. Es verschwindet nach dem eben bewiesenen Satz für $m = n-2, n-4, n-6, \ldots$ Der Koeffizient der höchsten Potenz von m ist $\alpha + \beta + \gamma + \cdots = 1$, weil

$$\alpha + \beta + \gamma + \cdots = P_n(1) = 1$$

ist (vgl. (9, 4)).

Es ergibt sich also

$$\int_0^1 \xi^m P_n(\xi)\,d\xi = \frac{m(m-2)\ldots(m-n+2)}{(m+n+1)(m+n-1)\ldots(m+1)}$$

für gerade n,

$$= \frac{(m-1)(m-3)\ldots(m-n+2)}{(m+n+1)(m+n-1)\ldots(m+2)}$$

für ungerade n, daher

$$(4)\qquad \int_0^1 \xi^m P_n(\xi)\,d\xi = \frac{m(m-1)(m-2)\ldots(m-n+2)}{(m+n+1)(m+n-1)\ldots.(m-n+3)}$$

für jedes positive ganzzahlige $n \geqq 2$ und $m \geqq n$.

Jetzt lassen sich die Koeffizienten der Entwicklung (1) leicht bestimmen. Nach (16, 3) ist

$$a_r = (r+\tfrac{1}{2})\int_{-1}^{+1} \xi^n P_r(\xi)\,d\xi\,,$$

also $a_r = 0$, wenn $r > n$ oder wenn $n - r$ ungerade ist (weil in diesem Fall der Integrand eine ungerade Funktion von ξ ist). Dagegen ist für gerade $n - r$ nach (4) (der Integrand ist jetzt eine gerade Funktion von ξ)

$$a_r = (2r+1)\int_0^1 \xi^n P_r(\xi)\,d\xi$$

$$= \frac{(2r+1)\,n(n-1)(n-2)\ldots(n-r+2)}{(n+r+1)(n+r-1)\ldots(n-r+3)}\,,$$

also

$$\xi^n = \frac{n!}{3.5\ldots(2n+1)}\Big[(2n+1)P_n(\xi) + (2n-3)\frac{2n+1}{2}P_{n-2}(\xi) + (2n-7)\frac{(2n+1)(2n-1)}{2.4}P_{n-4}(\xi) + \cdots\Big].$$

Diese Formel stammt von Legendre.

18. Additionstheorem. Wie wir in Ziff. 16 gesehen haben, tritt bei den Reihenentwicklungen nach Laplaceschen Kugelfunktionen immer die Funktion $P_n(\cos\gamma)$ auf. Sie ist eine Laplacesche Kugelflächenfunktion, die wegen (15, 2) von den Richtungen (ϑ, φ) und (ϑ', φ') symmetrisch abhängt. Sie heißt darum auch zweiachsige Kugelfunktion, während man die nur von ϑ abhängige zonale Kugelfunktion manchmal auch als einachsige Kugelfunktion bezeichnet. Als Polynom n-ten Grades in $\cos\gamma$ ist $P_n(\cos\gamma)$ auch ein Polynom n-ten Grades in $\cos(\varphi - \varphi')$. Denkt man sich die Potenzen von $\cos(\varphi - \varphi')$ durch die Kosinus der Vielfachen dieses Winkels nach der Formel $\cos\alpha = \frac{e^{i\alpha} + e^{-i\alpha}}{2}$ ausgedrückt und berücksichtigt man, daß $P_n(\cos\gamma)$ φ und φ' außer in der Verbindung $\cos(\varphi - \varphi')$ nicht mehr enthält, so kann man setzen

$$P_n(\cos\gamma) = \sum_{m=0}^{n} u_m(\vartheta, \vartheta')\cos m(\varphi - \varphi')\,,$$

$u_m(\vartheta, \vartheta')$ muß ϑ und ϑ' symmetrisch enthalten und nach (14, 2) sowohl von der Gestalt $c'_m(\vartheta')\,P_{n,m}(\vartheta)$ als auch von der Gestalt $c_m(\vartheta)\,P_{n,m}(\vartheta')$ sein. Es ist daher $u_m(\vartheta, \vartheta') = a_m\,P_{n,m}(\vartheta)\,P_{n,m}(\vartheta')$, also

$$(1)\qquad P_n(\cos\gamma) = \sum_{m=0}^{n} a_m P_{n,m}(\vartheta)\, P_{n,m}(\vartheta') \cos m(\varphi - \varphi').$$

Wir führen jetzt $\xi = \cos\vartheta$, $\xi' = \cos\vartheta'$ ein. Dann wird

$$\cos\gamma = \xi\xi' + \sqrt{1-\xi^2}\sqrt{1-\xi'^2}\cos(\varphi - \varphi').$$

Beide Seiten der Formel (1) sind Polynome in ξ, ξ', $\sqrt{1-\xi^2}\sqrt{1-\xi'^2}$. Um a_m zu bestimmen, dividieren wir Formel (1) durch $\xi^n\xi'^n$ und gehen zur Grenze $\xi, \xi' \to +\infty$ über. Da $P_n(\cos\gamma)$ ein Polynom n-ten Grades in $\cos\gamma$ ist, fallen bei diesem Grenzübergang sämtliche Glieder mit Ausnahme von $\cos^n\gamma$ weg. Wegen

$$\lim_{\xi,\xi'\to+\infty} \frac{\cos\gamma}{\xi\xi'} = 1 - \cos(\varphi - \varphi')$$

wird (vgl. (9, 3))

$$\lim_{\xi,\xi'\to+\infty} \frac{P_n(\cos\gamma)}{(\xi\xi')^n} = \frac{1.3\ldots(2n-1)}{n!}\left(2\sin^2\frac{\varphi-\varphi'}{2}\right)^n.$$

$P_{n,m}(\vartheta)$ ist bis auf den Faktor $(\sqrt{1-\xi^2})^m$ ein Polynom $(n-m)$-ten Grades in ξ, daher bleiben auch hier beim Grenzübergang nur die ersten Glieder übrig und man erhält (vgl. (13, 2))

$$\lim_{\xi\to+\infty} \frac{P_{n,m}(\vartheta)}{\xi^{n-m}} = \lim_{\xi'\to+\infty} \frac{P_{n,m}(\vartheta')}{\xi'^{n-m}} = i^m \frac{1.3\ldots(2n-1)}{(n-m)!}.$$

Es folgt somit die Beziehung

$$(2)\qquad \frac{2^n}{n!}\sin^{2n}\frac{\varphi-\varphi'}{2} = 1.3\ldots(2n-1)\sum_{m=0}^{n}\frac{(-1)^m a_m}{[(n-m)!]^2}\cos m(\varphi-\varphi').$$

Wir entwickeln nun $\sin^{2n}\frac{\varphi-\varphi'}{2}$ nach der Formel $\sin\beta = \frac{e^{i\beta}-e^{-i\beta}}{2i}$. Es ergibt sich, wenn man, um die Schreibweise abzukürzen, $\varphi - \varphi' = \beta$ setzt,

$$\begin{aligned}
\sin^{2n}\frac{\beta}{2} &= \left(\frac{e^{\frac{i\beta}{2}} - e^{-\frac{i\beta}{2}}}{2i}\right)^{2n} \\
&= \frac{(-1)^n}{2^{2n}}\sum_{k=0}^{2n}(-1)^k\binom{2n}{k}e^{(n-k)i\beta} \\
&= \frac{(-1)^n}{2^{2n}}\left[(-1)^n\binom{2n}{n} + 2\sum_{k=0}^{n-1}(-1)^k\binom{2n}{k}\cos(n-k)\beta\right] \\
&= \frac{1}{2^{2n}}\left[\binom{2n}{n} + 2\sum_{m=1}^{n}(-1)^m\binom{2n}{n-m}\cos m\beta\right].
\end{aligned}$$

Setzt man diesen Ausdruck in (2) ein, so erhält man

$$a_0 = 1,\quad a_m = \frac{2(n-m)!}{(n+m)!} \qquad (m = 1, 2, \ldots, n),$$

also schließlich

$$(3)\qquad P_n(\cos\gamma) = P_n(\cos\vartheta)\,P_n(\cos\vartheta') + 2\sum_{m=1}^{n}\frac{(n-m)!}{(n+m)!}\,P_{n,m}(\vartheta)\,P_{n,m}(\vartheta')\cos m\,(\varphi-\varphi').$$

Diese Formel stammt von Legendre und wird als Additionstheorem von $P_n(\cos\gamma)$ bezeichnet.

Mit ihrer Hilfe lassen sich jetzt auch die Konstanten der in Ziffer 16 auftretenden Laplaceschen Kugelfunktionen $S_n(\vartheta, \varphi)$ berechnen. Es ist ja nach (14, 2)

$$S_n(\vartheta,\varphi) = \sum_{m=0}^{n}(A_m\cos m\,\varphi + B_m\sin m\varphi)\,P_{n,m}(\vartheta),$$

daher nach (16, 2) und (3)

$$A_0 = \frac{2n+1}{4\pi}\int_0^{2\pi}d\varphi'\int_0^{\pi}f(\vartheta',\varphi')\,P_n(\cos\vartheta')\sin\vartheta'\,d\vartheta',$$

$$A_m = \frac{2n+1}{2\pi}\,\frac{(n-m)!}{(n+m)!}\int_0^{2\pi}\cos m\,\varphi'\,d\varphi'\int_0^{\pi}f(\vartheta',\varphi')\,P_{n,m}(\vartheta')\sin\vartheta'\,d\vartheta',$$

$$B_m = \frac{2n+1}{2\pi}\,\frac{(n-m)!}{(n+m)!}\int_0^{2\pi}\sin m\,\varphi'\,d\varphi'\int_0^{\pi}f(\vartheta',\varphi')\,P_{n,m}(\vartheta')\sin\vartheta'\,d\vartheta'$$

$$(m = 1, 2, \ldots, n).$$

d) Anwendungen.

19. Erste Randwertaufgabe für die Kugel. Als Beispiel für die in Ziffer 16 beschriebene Entwicklung nach Kugelfunktionen wollen wir die Randwertaufgaben der Potentialtheorie für die Kugel lösen. Die Kugel habe den Halbmesser a, ihr Mittelpunkt falle mit dem Nullpunkt des Koordinatensystems zusammen. Bei der ersten Randwertaufgabe sind die Werte $\bar{V}$ der gesuchten Potentialfunktion V auf der Kugel gegeben, also

$$\bar{V} = f(\vartheta, \varphi).$$

Wir denken uns $f(\vartheta, \varphi)$ nach Laplaceschen Kugelfunktionen entwickelt, d. h.

$$f(\vartheta,\varphi) = \sum_{n=0}^{\infty}S_n(\vartheta,\varphi).$$

Dann ist für die Werte V_i der gesuchten Potentialfunktion im Innern der Kugel $(r < a)$

$$V_i = \sum_{n=0}^{\infty}\left(\frac{r}{a}\right)^n S_n(\vartheta,\varphi),$$

für die Werte V_a im Äußern der Kugel $(r > a)$

$$V_a = \sum_{n=0}^{\infty} \left(\frac{a}{r}\right)^{n+1} S_n(\vartheta, \varphi),$$

vorausgesetzt, daß alle auftretenden Reihen gleichmäßig konvergieren. Denn nach Ziff. 6 sind $r^n S_n(\vartheta, \varphi)$ und $r^{-n-1} S_n(\vartheta, \varphi)$ räumliche Kugelfunktionen, genügen somit der Laplaceschen Gleichung und für $r = a$ ist

$$V_i = V_a = \overline{V}.$$

Ferner verschwindet V im Unendlichen mindestens von der Ordnung $\frac{1}{r}$, wie verlangt wurde. Da unter diesen Bedingungen die erste Randwertaufgabe eindeutig lösbar ist, kann keine andere Lösung vorhanden sein.

Für die Belegungsdichte der Kugeloberfläche, welche dieses Potential hervorruft, ergibt sich in bekannter Weise:

$$\begin{aligned} -4\pi\sigma &= \left(\frac{\partial V_a}{\partial r} - \frac{\partial V_i}{\partial r}\right)_{r=a} \\ &= -\left\{\sum_{n=0}^{\infty}\left[\frac{n+1}{r}\left(\frac{a}{r}\right)^{n+1} + \frac{n}{r}\left(\frac{r}{a}\right)^{n}\right] S_n(\vartheta, \varphi)\right\}_{r=a}, \end{aligned}$$

daher

$$\sigma = \frac{1}{4\pi a} \sum_{n=0}^{\infty} (2n+1)\, S_n(\vartheta, \varphi), \tag{1}$$

falls diese Reihen gleichmäßig konvergieren. Die gesamte Belegung ist daher

$$\begin{aligned} M &= a^2 \int_0^{2\pi} d\varphi \int_0^{\pi} \sigma \sin\vartheta\, d\vartheta \\ &= \frac{a}{4\pi} \sum_{n=0}^{\infty} (2n+1) \int_0^{2\pi} d\varphi \int_0^{\pi} S_n(\vartheta, \varphi) \sin\vartheta\, d\vartheta \\ &= a S_0, \end{aligned}$$

weil 1 als Konstante eine Laplacesche Kugelfunktion nullten Grades und daher nach (15, 1)

$$\int_0^{2\pi} d\varphi \int_0^{\pi} S_n(\vartheta, \varphi) \sin\vartheta\, d\vartheta = 0 \qquad (n = 1, 2, 3, \ldots)$$

ist. Ist umgekehrt die Dichte durch eine Entwicklung nach Laplaceschen Kugelfunktionen gegeben,

$$\sigma = \sum_{n=0}^{\infty} T_n(\vartheta, \varphi),$$

so muß nach (1) wegen der Eindeutigkeit der Entwicklung

$$S_n(\vartheta, \varphi) = \frac{4\pi a}{2n+1} T_n(\vartheta, \varphi)$$

sein und daraus ergibt sich das durch σ erzeugte Potential V.

20. Zweite Randwertaufgabe für die Kugel. Hier verlangt man, daß die Werte von $\frac{\partial V}{\partial r}$ auf der Kugelfläche gegeben sind, also

$$\left(\frac{\partial V}{\partial r}\right)_{r=a} = g(\vartheta, \varphi)\,.$$

Wir denken uns wieder $g(\vartheta, \varphi)$ in eine Reihe nach Laplaceschen Kugelfunktionen entwickelt, also

$$g(\vartheta, \varphi) = \sum_{n=0}^{\infty} T_n(\vartheta, \varphi).$$

Wir wollen die Aufgabe zuerst für das Äußere lösen, setzen hiermit

$$V_a = \sum_{n=0}^{\infty} \frac{S_n(\vartheta, \varphi)}{r^{n+1}}\,. \tag{1}$$

Es ist

$$\frac{\partial V_a}{\partial r} = -\sum_{n=0}^{\infty} \frac{n+1}{r^{n+2}} S_n(\vartheta, \varphi)\,,$$

daher

$$\left(\frac{\partial V_a}{\partial r}\right)_{r=a} = -\sum_{n=0}^{\infty} \frac{n+1}{a^{n+2}} S_n(\vartheta, \varphi)$$

$$= \sum_{n=0}^{\infty} T_n(\vartheta, \varphi)\,,$$

$$S_n(\vartheta, \varphi) = -\frac{a^{n+2}}{n+1} T_n(\vartheta, \varphi)\,,$$

daher

$$V_a = -\sum_{n=0}^{\infty} \frac{a^{n+2}}{r^{n+1}} \frac{T_n(\vartheta, \varphi)}{n+1}\,.$$

Da $r^{-n-1} T_n(\vartheta, \varphi)$ eine räumliche Kugelfunktion ist, genügt (1) der Laplaceschen Differentialgleichung. Es ist die gesuchte Lösung, weil sie im Unendlichen mindestens wie $\frac{1}{r}$ verschwindet. Wegen der Eindeutigkeit der Aufgabe gibt es keine andere Lösung.

Für das Innere setzen wir

$$V_i = \sum_{n=0}^{\infty} r^n S_n(\vartheta, \varphi)\,,$$

daher

$$\frac{\partial V_i}{\partial r} = \sum_{n=0}^{\infty} n r^{n-1} S_n(\vartheta, \varphi)\,,$$

also

$$\left(\frac{\partial V_i}{\partial r}\right)_{r=a} = \sum_{n=0}^{\infty} n a^{n-1} S_n(\vartheta, \varphi) = \sum_{n=0}^{\infty} T_n(\vartheta, \varphi),$$

$$(2) \qquad S_n(\vartheta, \varphi) = \frac{T_n(\vartheta, \varphi)}{n a^{n-1}}.$$

Wegen des Nenners n müssen wir hier den Wert $n = 0$ ausschließen, d. h. die Aufgabe ist nur lösbar, wenn $T_0 = 0$ oder, was dasselbe ist (vgl. Ziffer 16 und 19),

$$\int_0^{2\pi} d\varphi \int_0^{\pi} g(\vartheta, \varphi) \sin \vartheta \, d\vartheta = 0$$

ist. Das ist ein bekanntes Ergebnis der Potentialtheorie. Wie man weiß, ist diese Lösung bis auf eine additive Konstante eindeutig, in Übereinstimmung mit Formel (2), in der S_0 willkürlich bleibt. Selbstverständlich wird wieder vorausgesetzt, daß sämtliche auftretenden Reihen gleichmäßig konvergieren.

21. Dritte Randwertaufgabe für die Kugel. Auf der Kugelfläche, d. h. für $r = a$, sind die Werte von $hV + k\frac{\partial V}{\partial r}$ durch ihre Entwicklung nach Laplaceschen Kugelfunktionen $\sum_{n=0}^{\infty} T_n(\vartheta, \varphi)$ gegeben. Für das Innere setzen wir

$$V_i = \sum_{n=0}^{\infty} r^n S_n(\vartheta, \varphi).$$

Jedes Glied dieser Reihe ist eine räumliche Kugelfunktion und genügt daher der Laplaceschen Differentialgleichung. Um die Randbedingungen zu erfüllen, müssen wir

$$\sum_{n=0}^{\infty} [h r^n S_n(\vartheta, \varphi) + n k r^{n-1} S_n(\vartheta, \varphi)]_{r=a} = \sum_{n=0}^{\infty} T_n(\vartheta, \varphi),$$

daher

$$S_n(\vartheta, \varphi) = \frac{T_n(\vartheta, \varphi)}{h a^n + n k a^{n-1}}$$

wählen. Der Nenner verschwindet nicht, wenn h und k dasselbe Zeichen haben. Wie man aus der Potentialtheorie weiß, ist gerade unter dieser Bedingung die dritte Randwertaufgabe für den Innenraum eindeutig lösbar, daher ist die gefundene Lösung die einzig mögliche.

Für das Äußere der Kugel setzen wir

$$V_a = \sum_{n=0}^{\infty} \frac{S_n(\vartheta, \varphi)}{r^{n+1}}.$$

Jedes Glied ist wieder eine räumliche Kugelfunktion und genügt als solche der Laplaceschen Differentialgleichung. Ferner verschwindet V_a im Unendlichen mindestens von der Ordnung $\frac{1}{r}$. Um die Randbedingung zu erfüllen, nehmen wir

$$\sum_{n=0}^{\infty}\left[\frac{h S_n(\vartheta, \varphi)}{r^{n+1}} - \frac{(n+1) k S_n(\vartheta, \varphi)}{r^{n+2}}\right]_{r=a} = \sum_{n=0}^{\infty} T_n(\vartheta, \varphi),$$

daher

$$S_n(\vartheta, \varphi) = \frac{a^{n+2} T_n(\vartheta, \varphi)}{ah - (n+1)k}.$$

Der Nenner verschwindet nicht, wenn h und k verschiedenes Zeichen haben. Unter dieser Bedingung ist, wie aus der Potentialtheorie bekannt ist, die dritte Randwertaufgabe für den Außenraum eindeutig lösbar. Daher ist abermals die gefundene Lösung die einzig mögliche. Selbstverständlich wird immer gleichmäßige Konvergenz der verwendeten Reihen vorausgesetzt.

22. Näherungsweise Berechnung bestimmter Integrale. $f(x)$ sei stetig im Intervall $-1 \leqq x \leqq +1$. Wir suchen einen Näherungswert für $\int_{-1}^{+1} f(x)dx$ dadurch zu erhalten, daß wir $f(x)$ durch eine Funktion $\Phi(x)$ ersetzen, derart daß sich $\int_{-1}^{+1} \Phi(x)\,dx$ einfach berechnen läßt und ein Näherungswert von $\int_{-1}^{+1} f(x)\,dx$ ist. Wir wählen zu diesem Zweck n Zahlen $a_1, a_2, \ldots, a_n$ im Intervall $(-1, +1)$ so, daß $-1 < a_1 < a_2 < \cdots < a_n < +1$ ist und setzen

$$F(x) = \prod_{m=1}^{n} (x - a_m). \tag{1}$$

Wählen wir

$$\Phi(x) = F(x) \sum_{m=1}^{n} \frac{f(a_m)}{(x - a_m) F'(a_m)}, \tag{2}$$

so ist $\Phi(x)$ ein Polynom $(n-1)$-ten Grades in x, das an den Stellen $a_1, a_2, \ldots, a_n$ gerade die Werte $f(a_1), f(a_2), \ldots, f(a_n)$ annimmt. Schreiben wir

$$A_m = \frac{1}{F'(a_m)} \int_{-1}^{+1} \frac{F(x)\,dx}{x - a_m} \qquad (m = 1, 2, \ldots, n), \tag{3}$$

so ist

$$\int_{-1}^{+1} \Phi(x)\,dx = \sum_{m=1}^{n} A_m f(a_m). \tag{4}$$

Die Zahlen A_m hängen von $f(x)$ nicht ab, sondern nur von den a_m und können daher ein für allemal berechnet werden. Newton[1]) und Cotes[2]) wählten die

[1]) I. Newton, Methodus differentialis (1711), abgedruckt Werke 1 (Ausgabe von Horsley 1778) S. 521—53.

[2]) R. Cotes, Harmonia mensurarum, Anhang: De methodo differentiali Newtonia, Cambridge 1722.

Stellen a_m so, daß das gegebene Intervall in gleiche Teile geteilt wird, und erhielten in (4) einen Näherungswert für das vorliegende Integral. Gauß[1]) bemerkte, daß man eine bessere Näherung erzielen kann, wenn man für die a_m die Nullstellen der Kugelfunktion $P_n(x)$ wählt.

Der Fehler, den man erhält, wenn man das Integral durch (4) ersetzt, ist

$$D(f) = \int_{-1}^{+1} f(x)\,dx - \sum_{m=1}^{n} A_m f(a_m). \tag{5}$$

Ist $f(x)$ ein Polynom, dessen Grad $n-1$ nicht übersteigt, so ist $D(f) = 0$ bei beliebigen a_m. Denn in diesem Fall ist $f(x) = \Phi(x)$, weil die Funktion $f(x) - \Phi(x)$ an n verschiedenen Stellen und daher als Polynom $(n-1)$-ten Grades identisch verschwindet. Wählt man aber mit Gauß für die a_m die Nullstellen von $P_n(x)$, so ist $D(f) = 0$, wenn $f(x)$ ein Polynom ist, dessen Grad $2n-1$ nicht übersteigt. Wir können das in folgender Weise einsehen: $f(x) - \Phi(x)$ verschwindet an den Stellen a_m, ist also durch $F(x)$ teilbar, somit ist $\frac{f(x) - \Phi(x)}{F(x)}$ ein Polynom höchstens $(n-1)$-ten Grades, daher

$$f(x) = \Phi(x) + F(x)\,(b_0 + b_1 x + \cdots + b_{n-1} x^{n-1}).$$

Soll $\int_{-1}^{+1} f(x)\,dx - \int_{-1}^{+1} \Phi(x)\,dx$ für alle Polynome $f(x)$, deren Grad $2n-1$ nicht übersteigt, sonach für beliebige Werte der b_m verschwinden, so muß gelten

$$\int_{-1}^{+1} x^m F(x)\,dx = 0 \qquad (m = 0, 1, 2, \ldots n-1).$$

Dazu ist aber nach Ziffer 17 notwendig und hinreichend, daß $F(x)$ bis auf einen konstanten Faktor mit $P_n(x)$ übereinstimmt. Dieser Faktor ist so zu wählen, daß x^n in $F(x)$ den Koeffizienten 1 erhält, also

$$F(x) = \frac{n!}{1 \,.\, 3 \ldots (2n-1)} P_n(x) \tag{6}$$

nach (9, 3). Die a_m sind daher die Nullstellen von $P_n(x)$.

Sie liegen nach Ziffer 13 spiegelbildlich zum Nullpunkt, also ist

$$a_m = -a_{n-m+1}. \tag{7}$$

Ferner ist nach (6) und Ziff. 9

$$F(-x) = (-1)^n F(x),$$

daher nach (7)

$$F'(-x) = (-1)^{n-1} F'(x),$$
$$F'(a_{n-m+1}) = (-1)^{n-1} F'(a_m),$$

---

[1]) K. F. Gauß, Methodus nova integralium valores per approximationem inveniendi, Gott. Comm. 3 (1814) oder Werke 3, S. 163. Die drei erwähnten Abhandlungen von Newton, Cotes und Gauß sind übersetzt und herausgegeben von A. Kowalewski in seinem Buch: Newton, Cotes, Gauß, Jacobi, Leipzig 1917.

hiermit wegen (1), (3), (6) und (7)

$$(8)\qquad A_{n-m+1} = \frac{(-1)^{n-1}}{F'(a_m)} \int_{-1}^{+1} \frac{F(x)\,dx}{x+a_m} = \frac{1}{F'(a_m)} \int_{-1}^{+1} \frac{F(x)\,dx}{x-a_m} = A_m\,,$$

indem wir im Integral $-x$ statt x als Veränderliche einführen. Da die A_m von $f(x)$ nicht abhängen, können wir ihre Summe bestimmen, indem wir in (5) $f(x) = 1$ setzen. Es folgt $\sum\limits_{m=1}^{n} A_m = 2$ wegen $D(f) = 0$.

23. Fehlerabschätzung. Wir setzen $f(x) = x^k$ (k positive ganze Zahl). Ist k ungerade, so erhalten wir $D(x^k) = 0$, weil $\int\limits_{-1}^{+1} x^k dx = 0$ und $\sum\limits_{m=1}^{n} A_m a_m^k = 0$ ist wegen $A_{n-m+1} = A_m$ und $a_{n-m+1} = -a_m^k$ nach (22, 7) und (22, 8). Um $D(x^k)$ für gerades k zu erhalten, betrachten wir die Funktion

$$(1)\qquad \varphi(t) = \ln\frac{t+1}{t-1} - t\sum_{m=1}^{n} \frac{A_m}{t^2 - a_m^2}\,.$$

Für $|t| > 1$ ergibt sich wegen $|a_m| < 1$ (vgl. Ziff. 12)

$$\varphi(t) = \ln\left(1+\frac{1}{t}\right) - \ln\left(1-\frac{1}{t}\right) - \frac{1}{t}\sum_{m=1}^{n} \frac{A_m}{1-\frac{a_m^2}{t^2}}$$

$$= \sum_{k=1}^{\infty} \frac{(-1)^{k-1}}{kt^k} + \sum_{k=1}^{\infty} \frac{1}{kt^k} - \frac{1}{t}\sum_{m=1}^{n} A_m \sum_{k=0}^{\infty} \frac{a_m^{2k}}{t^{2k}}$$

$$= \sum_{k=0}^{\infty} \frac{2}{(2k+1)\,t^{2k+1}} - \sum_{k=0}^{\infty} \frac{\sum\limits_{m=1}^{n} A_m a_m^{2k}}{t^{2k+1}}$$

$$= \sum_{k=0}^{\infty} \left(\frac{2}{2k+1} - \sum_{m=1}^{n} A_m a_m^{2k}\right) \frac{1}{t^{2k+1}}$$

$$= \sum_{k=0}^{\infty} \frac{D(x^{2k})}{t^{2k+1}}\,.$$

Ferner ist wegen (1), (22, 3), (22, 6), (22, 7) und (22, 8)

$$(2)\qquad \varphi(t) = \ln\frac{t+1}{t-1} - \tfrac{1}{2}\sum_{m=1}^{n} \frac{A_m}{t-a_m} - \tfrac{1}{2}\sum_{m=1}^{n} \frac{A_m}{t+a_m}$$

$$= \ln\frac{t+1}{t-1} - \sum_{m=1}^{n} \frac{A_m}{t-a_m}$$

$$= \ln\frac{t+1}{t-1} - \sum_{m=1}^{n} \frac{1}{P_n'(a_m)(t-a_m)} \int_{-1}^{+1} \frac{P_n(x)}{x-a_m}\,dx.$$

Wir betrachten jetzt die Funktion

$$\psi(t) = \int_{-1}^{+1} \frac{P_n(x) - P_n(t)}{x - t}\, dx. \tag{3}$$

Da der Zähler des Integranden ein Polynom n-ten Grades in t und durch $x - t$ teilbar ist, ergibt sich $\psi(t)$ als Polynom $(n-1)$-ten Grades in t. Es nimmt für $t = a_m$ die Werte $\psi(a_m)$ an und läßt sich daher nach (22, 1) und (22, 2) in der Gestalt

$$\psi(t) = P_n(t) \sum_{m=1}^{n} \frac{\psi(a_m)}{P_n'(a_m)(t - a_m)} \tag{4}$$

schreiben. Es gibt nämlich nur ein Polynom, dessen Grad $n - 1$ nicht übersteigt und das an n verschiedenen Stellen vorgeschriebene Werte annimmt. Denn die Differenz zweier solcher Polynome würde an n verschiedenen Stellen verschwinden und müßte daher als Polynom $(n-1)$-ten Grades identisch verschwinden. $\psi(t)$ muß also die angegebene Gestalt haben. Es ist somit, weil wegen $P_n(a_m) = 0$

$$\psi(a_m) = \int_{-1}^{+1} \frac{P_n(x)\, dx}{x - a_m}$$

ist, gemäß (3) und (4)

$$\psi(t) = \int_{-1}^{+1} \frac{P_n(x)\, dx}{x - t} + P_n(t) \ln \frac{t+1}{t-1}$$

$$= P_n(t) \sum_{m=1}^{n} \frac{1}{P_n'(a_m)(t - a_m)} \int_{-1}^{+1} \frac{P_n(x)\, dx}{x - a_m},$$

also infolge (2)

$$\varphi(t) = \frac{1}{P_n(t)} \int_{-1}^{+1} \frac{P_n(x)\, dx}{t - x}.$$

Wir haben hiermit diese Funktion nach fallenden Potenzen von t zu entwickeln und erhalten dann in den Koeffizienten die gesuchten Fehler $D(x^{2k})$. Setzen wir zur Abkürzung

$$P_n(x) = \sum_{m=0}^{n} C_m x^{n-m},$$

also nach (9, 3)

$$C_0 = \frac{1 \cdot 3 \ldots (2n-1)}{n!},$$

so wird gemäß (17, 2) und (17, 4)

$$\varphi(t) = \frac{1}{C_0 t^{n+1}} \left(1 + \frac{C_1}{C_0 t} + \cdots\right)^{-1} \int_{-1}^{+1} P_n(x) \left(1 + \frac{x}{t} + \frac{x^2}{t^2} + \cdots\right) dx$$

$$= \frac{1}{C_0 t^{2n+1}} \int_{-1}^{+1} P_n(x)\, x^n dx + \cdots$$

$$= \frac{2}{2n+1} \left[\frac{n!}{1 \cdot 3 \ldots (2n-1)}\right]^2 \frac{1}{t^{2n+1}} + \cdots$$

In Übereinstimmung mit Ziffer 22 beginnt die Entwicklung mit t^{-2n-1}, d. h. $D(x^k) = 0$ für $k \leqq 2n - 1$. Für $D(x^{2n})$ ergibt sich

$$D(x^{2n}) = \frac{2}{2n+1} \left[\frac{n!}{1 \cdot 3 \ldots (2n-1)}\right]^2.$$

Läßt sich $f(x)$ allgemein durch eine im Intervall $(-1, +1)$ gleichmäßig konvergente Potenzreihe $f(x) = \sum_{k=0}^{\infty} c_k x^k$ darstellen, so erhalten wir nach den bisherigen Ergebnissen

$$D(f) = \sum_{k=0}^{\infty} c_k \left(\int_{-1}^{+1} x^k dx - \sum_{m=1}^{n} A_m a_m^k\right)$$

$$= \sum_{k=n}^{\infty} c_{2k} D(x^{2k}).$$

Gauß hat folgende Zahlenwerte für diesen Zweck berechnet (wir geben sie auf 5 Stellen genau):

$n = 1$: $a_1 = 0$, $A_1 = 2$, $D(x^2) = \frac{2}{3}$,

$n = 2$: $-a_1 = a_2 = 0{,}57735$, $A_1 = A_2 = 1$, $D(x^4) = \frac{8}{45}$,

$n = 3$: $-a_1 = a_3 = 0{,}77460$, $a_2 = 0$, $A_1 = A_3 = \frac{5}{9}$, $A_2 = \frac{8}{9}$,

$$D(x^6) = \frac{8}{175},$$

$n = 4$: $-a_1 = a_4 = 0{,}86114$, $-a_2 = a_3 = 0{,}33998$,
$A_1 = A_4 = 0{,}34785$, $A_2 = A_3 = 0{,}65215$,

$$D(x^8) = \frac{128}{11025},$$

$n = 5$: $-a_1 = a_5 = 0{,}90618$, $-a_2 = a_4 = 0{,}53847$, $a_3 = 0$,
$A_1 = A_5 = 0{,}23693$, $A_2 = A_4 = 0{,}47863$, $A_3 = \frac{128}{225}$,

$$D(x^{10}) = \frac{128}{43659},$$

$$n = 6: \; -a_1 = a_6 = 0{,}93247, \; -a_2 = a_5 = 0{,}66121,$$
$$-a_3 = a_4 = 0{,}23862, \; A_1 = A_6 = 0{,}17132,$$
$$A_2 = A_5 = 0{,}36076, \; A_3 = A_4 = 0{,}46791, \; D(x^{12}) = \frac{512}{693693},$$
$$n = 7: \; -a_1 = a_7 = 0{,}94911, \; -a_2 = a_6 = 0{,}74153,$$
$$-a_3 = a_5 = 0{,}40585, \; a_4 = 0, \; A_1 = A_7 = 0{,}12948,$$
$$A_2 = A_6 = 0{,}27971, \; A_3 = A_5 = 0{,}38183, \; A_4 = \frac{512}{12259},$$
$$D(x^{14}) = \frac{512}{2760615}.$$

24. Konvergenzbeweis. Wir setzen voraus, $f(z)$ sei analytisch für $|z| \leqq 1 + \eta$, wo $\eta > 0$ ist. In diesem Fall strebt der Fehler $D(f)$ gegen 0, wenn n über alle Schranken wächst. Wir betrachten zum Beweis die Funktion

$$\psi(x) = \frac{P_n(x)}{2\pi i} \int \frac{f(z)dz}{(z - x)P_n(z)},$$

wobei das Integral längs eines Kreises vom Halbmesser $1 + \eta$ erstreckt sei, dessen Mittelpunkt mit dem Punkt $z = 0$ zusammenfällt. Der Punkt x und die Nullstellen a_m von $P_n(x)$ liegen also gemäß Ziffer 22 sämtlich innerhalb dieses Kreises. x sei von allen a_m verschieden. Da der Integrand gerade die Punkte $x, a_1, a_2, \ldots, a_m$ zu singulären Stellen und zwar zu einfachen Polen hat, ist das Integral nach dem Cauchyschen Satz der Funktionentheorie gleich den $n + 1$ Integralen, erstreckt über beliebig kleine Kreise, deren Mittelpunkte mit diesen Stellen zusammenfallen und die sich gegenseitig ausschließen, also den mit $2\pi i$ multiplizierten Residuen des Integranden. Um diese aufzufinden, hat man bekanntlich den Integranden nach Potenzen von $z - x$, bzw. $z - a_m$ zu entwickeln und die Koeffizienten der (-1)-ten Potenz zu bestimmen. In der Umgebung von x ergibt sich für das Residuum $\frac{f(x)}{P_n(x)}$, in der Umgebung von a_m dagegen $-\frac{f(a_m)}{(x - a_m)\,P_n'(a_m)}$. Daher ist

$$\psi(x) = f(x) - P_n(x) \sum_{m=1}^{n} \frac{f(a_m)}{(x - a_m)\,P_n'(a_m)},$$

d. h. gerade der Fehler, den man bekommt, wenn man $f(x)$ durch $\Phi(x)$ ersetzt. Diese Formel gilt auch für $x = a_m$, denn sie liefert in Übereinstimmung mit der Integraldarstellung $\psi(a_m) = 0$.

Nun ist auf dem Kreis mit dem Halbmesser $1 + \eta$ $|f(z)| < M$, wo M eine bestimmte positive Zahl ist, $|z - x| \geqq \eta$, weil $-1 \leqq x \leqq +1$ ist, ferner $|P_n(x)| \leqq 1$ nach (10, 2), somit wegen $z = (1 + \eta)\,e^{i\varphi}$

$$|\psi(x)| < \frac{M(1 + \eta)}{2\pi\eta} \int_0^{2\pi} \frac{d\varphi}{|P_n(z)|}.$$

Weiter ist

$$\begin{aligned} | z^2 - a_m^2 | &= | (1+\eta)^2 e^{2i\varphi} - a_m^2 | \\ &\geqq (1+\eta)^2 - a_m^2, \end{aligned}$$

sonach wegen (22, 7)

$$\begin{aligned} | P_n(z) | &= \frac{1 \,.\, 3 \ldots (2n-1)}{n\,!} \prod_{m=1}^{\left[\frac{n}{2}\right]} | z^2 - a_m^2 | \{ | z | \} \\ &\geqq P_n(1+\eta) \end{aligned}$$

(die Klammer { } bedeutet: Der Faktor z tritt nur auf, wenn n ungerade ist, weil dann eine der Nullstellen = 0 ist),
daher

$$| \psi(x) | < \frac{M(1+\eta)}{\eta P_n(1+\eta)}.$$

Nun ist

$$\begin{aligned} \frac{P_n(1)}{P_n(1+\eta)} &= \prod_{m=1}^{\left[\frac{n}{2}\right]} \frac{1 - a_m^2}{(1+\eta)^2 - a_m^2} \left\{ \frac{1}{1+\eta} \right\} \\ &= \frac{1}{(1+\eta)^n} \prod_{m=1}^{\left[\frac{n}{2}\right]} \frac{1 - a_m^2}{1 - \left(\dfrac{a_m}{1+\eta}\right)^2} \\ &< \frac{1}{(1+\eta)^n}, \end{aligned}$$

also wegen (9, 4)

$$| \psi(x) | < \frac{M}{\eta(1+\eta)^{n-1}},$$

daher $\lim\limits_{n \to +\infty} \psi(x) = 0$ und ebenso

$$| D(f) | = \left| \int_{-1}^{+1} \psi(x)\, dx \right| < \frac{2M}{\eta(1+\eta)^{n-1}},$$

daher auch $\lim\limits_{n \to +\infty} D(f) = 0$.

Ist $f(x)$ im Intervall $a \leqq x \leqq b$ gegeben, so setze man

$$x = \tfrac{1}{2} \, [b + a + (b - a)\,\xi].$$

ξ verläuft im Intervall $-1 \leqq \xi \leqq +1$. Jetzt führt man die Entwicklung in der Veränderlichen ξ durch und kehrt schließlich mit Hilfe der Beziehung

$$\xi = \frac{2x - (b+a)}{b - a}$$

zur Veränderlichen x zurück.

IV. Abschnitt.

Lamésche Funktionen.

1. Elliptische Koordinaten. Die Kugelfunktionen, die wir im vorigen Kapitel einführten, erwiesen sich als taugliches Werkzeug, die Randwertaufgaben der Potentialtheorie für kugelförmige Begrenzungsflächen zu lösen. Ziel dieses Kapitels ist es, Funktionen aufzustellen, die sich besonders dafür eignen, solche Aufgaben zu behandeln, bei denen die Begrenzung aus Ellipsoiden besteht. Wir denken uns das Koordinatensystem so gelegt, daß die X-Achse mit der längsten, die Z-Achse mit der kürzesten Achse des Ellipsoids zusammenfällt. Bedeuten X, Y, Z die laufenden Koordinaten, a, b, c die Halbachsen des Ellipsoids $(a > b > c)$, so lautet die Gleichung des Ellipsoids

$$\frac{X^2}{a^2} + \frac{Y^2}{b^2} + \frac{Z^2}{c^2} = 1. \tag{1}$$

Während wir im Fall der Kugel Polarkoordinaten eingeführt haben, d. h. jenes dreifach orthogonale Flächensystem betrachtet haben, das aus den Kugeln mit gleichem Mittelpunkt und den senkrecht schneidenden Drehkegeln und Ebenen besteht, werden wir hier das dreifach orthogonale Flächensystem zugrunde legen, das die zum Ellipsoid (1) konfokalen Mittelpunktsflächen zweiter Ordnung bilden. Darunter versteht man alle Flächen, welche durch die Gleichung

$$\frac{X^2}{a^2+\varrho} + \frac{Y^2}{b^2+\varrho} + \frac{Z^2}{c^2+\varrho} = 1 \tag{2}$$

gegeben sind. ϱ bedeutet einen Parameter, der sämtliche reellen Zahlen durchläuft.

D u r c h j e d e n P u n k t $P(x, y, z)$ d e s R a u m e s g e h e n d r e i s o l c h e F l ä c h e n. Setzen wir nämlich, um die Schreibweise abzukürzen

$$1 - \frac{x^2}{a^2+\varrho} - \frac{y^2}{b^2+\varrho} - \frac{z^2}{c^2+\varrho} = \frac{f(\varrho)}{(a^2+\varrho)(b^2+\varrho)(c^2+\varrho)}, \tag{3}$$

so ist $f(\varrho)$ ein Polynom dritten Grades in ϱ. Man erhält aber gerade eine Fläche des Systems (2), die durch den Punkt (x, y, z) geht, wenn $f(\varrho) = 0$ ist, d. h. für jene Werte des Parameters ϱ, die Lösungen dieser Gleichung dritten Grades sind.

Um die Art dieser Flächen kennen zu lernen, untersuchen wir $f(\varrho)$ genauer. Aus (3) folgt

$$\lim_{\varrho \to -\infty} f(\varrho) = -\infty,$$

$$f(-a^2) = -x^2(a^2-b^2)(a^2-c^2),$$

$$f(-b^2) = y^2(a^2-b^2)(b^2-c^2),$$

$$f(-c^2) = -z^2(a^2-c^2)(b^2-c^2),$$

$$\lim_{\varrho \to +\infty} f(\varrho) = +\infty.$$

Daraus schließen wir: Die Gleichung $f(\varrho) = 0$ hat drei reelle Lösungen λ, μ, ν, für die $\lambda \geqq -c^2 \geqq \mu \geqq -b^2 \geqq \nu \geqq -a^2$ gilt. Die Gleichheitszeichen treten nur ein, wenn der Punkt (x, y, z) auf einer der Koordinatenebenen liegt. Schließen wir diesen Fall aus, so liefert λ ein Ellipsoid, μ ein einschaliges und ν ein zweischaliges Hyperboloid. Jedem Punkt (x, y, z) entspricht ein Wertsystem (λ, μ, ν).

(3) läßt sich jetzt in folgender Form schreiben (ϱ^3 hat ja den Koeffizienten 1):

$$(4) \quad 1 - \frac{x^2}{a^2+\varrho} - \frac{y^2}{b^2+\varrho} - \frac{z^2}{c^2+\varrho} = \frac{(\varrho-\lambda)(\varrho-\mu)(\varrho-\nu)}{(a^2+\varrho)(b^2+\varrho)(c^2+\varrho)}.$$

Wenn wir diese Gleichung der Reihe nach mit $a^2+\varrho$, $b^2+\varrho$, $c^2+\varrho$ multiplizieren und jedesmal nachher ϱ durch $-a^2$, $-b^2$, $-c^2$ ersetzen, erhalten wir

$$(5) \quad \begin{aligned} x^2 &= \frac{(a^2+\lambda)(a^2+\mu)(a^2+\nu)}{(a^2-b^2)(a^2-c^2)}, \\ y^2 &= -\frac{(b^2+\lambda)(b^2+\mu)(b^2+\nu)}{(a^2-b^2)(b^2-c^2)}, \\ z^2 &= \frac{(c^2+\lambda)(c^2+\mu)(c^2+\nu)}{(a^2-c^2)(b^2-c^2)}. \end{aligned}$$

Jedem Wertesystem λ, μ, ν entspricht daher ein Wertesystem x^2, y^2, z^2, im allgemeinen also 8 Punkte, entsprechend den 8 Oktanten, in die der Raum durch das rechtwinkelige Koordinatensystem zerlegt wird. Man nennt λ, μ, ν die elliptischen Koordinaten des Punktes (x, y, z) in bezug auf das Ellipsoid (1).

2. Konfokale Mittelpunktsflächen zweiter Ordnung. Daß sich die Flächen $\lambda = \text{const.}$, $\mu = \text{const.}$, $\nu = \text{const.}$ (wir wollen sie kurz die Flächen λ, μ, ν nennen) rechtwinkelig schneiden, ist leicht zu sehen. Die Richtungskosinus der drei Flächennormalen sind ja nach (1, 2) proportional $\frac{x}{a^2+\varrho}$, $\frac{y}{b^2+\varrho}$, $\frac{z}{c^2+\varrho}$ mit $\varrho = \lambda, \mu, \nu$ und nach (1, 5) ist

$$(1) \quad \begin{aligned} &\frac{x^2}{(a^2+\lambda)(a^2+\mu)} + \frac{y^2}{(b^2+\lambda)(b^2+\mu)} + \frac{z^2}{(c^2+\lambda)(c^2+\mu)} \\ &= \frac{a^2+\nu}{(a^2-b^2)(a^2-c^2)} - \frac{b^2+\nu}{(a^2-b^2)(b^2-c^2)} + \frac{c^2+\nu}{(a^2-c^2)(b^2-c^2)} \\ &= \frac{(b^2-c^2)(a^2+\nu)-(a^2-c^2)(b^2+\nu)+(a^2-b^2)(c^2+\nu)}{(a^2-b^2)(a^2-c^2)(b^2-c^2)} = 0, \end{aligned}$$

d. h. aber die Flächen λ und μ schneiden sich rechtwinkelig. Ebenso folgt, daß auch die Fläche ν die beiden anderen Flächen senkrecht durchsetzt.

Wenn man (1, 5) logarithmisch differenziert, erhält man

$$\frac{2dx}{x} = \frac{d\lambda}{a^2+\lambda} + \frac{d\mu}{a^2+\mu} + \frac{d\nu}{a^2+\nu},$$
$$\frac{2dy}{y} = \frac{d\lambda}{b^2+\lambda} + \frac{d\mu}{b^2+\mu} + \frac{d\nu}{b^2+\nu},$$
$$\frac{2dz}{z} = \frac{d\lambda}{c^2+\lambda} + \frac{d\mu}{c^2+\mu} + \frac{d\nu}{c^2+\nu},$$

daher für das Quadrat des Bogenelementes nach (1) und (1, 4)

$$(2) \qquad ds^2 = dx^2 + dy^2 + dz^2 = \left(\frac{d\lambda}{H_1}\right)^2 + \left(\frac{d\mu}{H_2}\right)^2 + \left(\frac{d\nu}{H_3}\right)^2,$$

$$\frac{1}{H_1^2} = \frac{1}{4}\left[\frac{x^2}{(a^2+\lambda)^2} + \frac{y^2}{(b^2+\lambda)^2} + \frac{z^2}{(c^2+\lambda)^2}\right]$$
$$= \frac{1}{4}\left[\frac{d}{d\varrho}\frac{(\varrho-\lambda)(\varrho-\mu)(\varrho-\nu)}{(a^2+\varrho)(b^2+\varrho)(c^2+\varrho)}\right]_{\varrho=\lambda} = \frac{(\lambda-\mu)(\lambda-\nu)}{4(a^2+\lambda)(b^2+\lambda)(c^2+\lambda)},$$

und ähnlich
$$\frac{1}{H_2^2} = \frac{(\mu-\nu)(\mu-\lambda)}{4(a^2+\mu)(b^2+\mu)(c^2+\mu)},$$
$$\frac{1}{H_3^2} = \frac{(\nu-\lambda)(\nu-\mu)}{4(a^2+\nu)(b^2+\nu)(c^2+\nu)}.$$

Daraus läßt sich nach (III, 2) leicht die Laplacesche Differentialgleichung in elliptischen Koordinaten angeben. Zur Abkürzung setzen wir

$$(3) \qquad \Delta_\varrho = \sqrt{(a^2+\varrho)(b^2+\varrho)(c^2+\varrho)}.$$

Dann ist

$$\frac{H_1}{H_2H_3} = \frac{i\Delta_\lambda}{2\Delta_\mu\Delta_\nu}(\mu-\nu),$$
$$\frac{H_2}{H_3H_1} = \frac{i\Delta_\mu}{2\Delta_\nu\Delta_\lambda}(\nu-\lambda),$$
$$\frac{H_3}{H_1H_2} = \frac{i\Delta_\nu}{2\Delta_\lambda\Delta_\mu}(\lambda-\mu).$$

Daher lautet die Laplacesche Differentialgleichung nach (III, 2, 4)

$$(4) \qquad (\mu-\nu)\Delta_\lambda\frac{\partial}{\partial\lambda}\left(\Delta_\lambda\frac{\partial V}{\partial\lambda}\right) + (\nu-\lambda)\Delta_\mu\frac{\partial}{\partial\mu}\left(\Delta_\mu\frac{\partial V}{\partial\mu}\right) + (\lambda-\mu)\Delta_\nu\frac{\partial}{\partial\nu}\left(\Delta_\nu\frac{\partial V}{\partial\nu}\right) = 0.$$

3. Lamésche Funktionen. Wir versuchen jetzt die Gleichung (2, 4) durch den Ansatz $V = L(\lambda)\,M(\mu)\,N(\nu)$ zu befriedigen. Wir erhalten, wenn wir

$$\Lambda(\lambda) = \frac{\Delta_\lambda}{L}\frac{d}{d\lambda}\left(\Delta_\lambda\frac{dL}{d\lambda}\right),$$
$$\mathrm{M}(\mu) = \frac{\Delta_\mu}{M}\frac{d}{d\mu}\left(\Delta_\mu\frac{dM}{d\mu}\right),$$
$$\mathrm{N}(\nu) = \frac{\Delta_\nu}{N}\frac{d}{d\nu}\left(\Delta_\nu\frac{dN}{d\nu}\right)$$

setzen,

$$(\mu - \nu)\,\Lambda + (\nu - \lambda)\,\mathsf{M} + (\lambda - \mu)\,\mathsf{N} = 0\,.$$

Ferner ist

$$\begin{aligned}(\mu - \nu)\,\lambda + (\nu - \lambda)\,\mu + (\lambda - \mu)\,\nu &= 0\,,\\ (\mu - \nu) \quad + (\nu - \lambda) \quad + (\lambda - \mu) \quad &= 0\,,\end{aligned}$$

also, weil $\lambda \neq \nu$ ist,

$$\begin{vmatrix} \Lambda & \mathsf{M} & \mathsf{N} \\ \lambda & \mu & \nu \\ 1 & 1 & 1 \end{vmatrix} = 0\,,$$

somit

$$\begin{aligned}\Lambda &= q\lambda + p\,,\\ \mathsf{M} &= q\mu + p\,,\\ \mathsf{N} &= q\nu + p\,,\end{aligned}$$

wo p und q Konstante sind. L genügt daher der Gleichung

$$(1) \qquad \Delta_\lambda \frac{d}{d\lambda}\left(\Delta_\lambda \frac{dL}{d\lambda}\right) = (q\lambda + p)L\,,$$

M und N derselben Gleichung, nur treten μ und ν an Stelle von λ.

Wir untersuchen Lösungen der Gleichung (1), bei denen $L(\lambda)$ ein Polynom in λ mit verschiedenen Nullstellen ist, gegebenenfalls noch mit einer oder mehreren der Quadratwurzeln $\sqrt{a^2 + \lambda}$, $\sqrt{b^2 + \lambda}$, $\sqrt{c^2 + \lambda}$ multipliziert. Jede Quadratwurzel für sich soll aber nur einmal auftreten, d. h. höhere Potenzen einer solchen Wurzel als die erste sollen nicht vorkommen. Solche Funktionen nennen wir Lamésche Funktionen, weil sie von Lamé[1]) zum erstenmal verwendet wurden, als er die stationäre Temperaturverteilung in einem von einem Ellipsoid begrenzten Leiter untersuchte, wobei die Temperatur auf der Oberfläche des Leiters vorgeschrieben war.

Betrachten wir zuerst den Fall, daß $L(\lambda)$ ein Polynom $Q(\lambda)$ ist, also $L(\lambda) = \prod_{\sigma=1}^{g} (\lambda - \varrho_\sigma)$. Da die Gleichung (1) homogen ist, bleibt bei L ein konstanter Faktor willkürlich, wir können also unser Polynom dadurch normieren, daß wir den Koeffizienten der höchsten Potenz von λ gleich 1 setzen. Für $M(\mu)$ und $N(\nu)$ wählen wir dieselben Funktionen, nur μ bzw. ν an Stelle von λ. Dann ist nach (1, 4)

$$\begin{aligned}L(\lambda)\,M(\mu)\,N(\nu) &= \prod_{\sigma=1}^{g} (\lambda - \varrho_\sigma)\,(\mu - \varrho_\sigma)\,(\nu - \varrho_\sigma)\\ &= C \prod_{\sigma=1}^{g} \left(\frac{x^2}{a^2 + \varrho_\sigma} + \frac{y^2}{b^2 + \varrho_\sigma} + \frac{z^2}{c^2 + \varrho_\sigma} - 1\right),\end{aligned}$$

---

[1]) G. Lamé, Journ. de Math. **2** (1837), S. 147; **4** (1839), S. 126; **8** (1843); Leçons sur les fonctions inverses des transcendentes et les surfaces isothermes, Paris, 1857; Leçons sur les coordonées curvilignes, Paris 1859.

wo x, y, z in der Konstanten C nicht auftreten. Enthält L noch $\sqrt{a^2+\lambda}$ als Faktor, so tritt $\sqrt{(a^2+\lambda)(a^2+\mu)(a^2+\nu)}$ bei LMN als Faktor hinzu, d. h. nach (1, 5) x bis auf einen konstanten Faktor. Ähnliches gilt für $\sqrt{b^2+\lambda}$ und $\sqrt{c^2+\lambda}$, wo dann y und z in LMN hinzutreten, so daß wir allgemein sagen können: LMN ist als Funktion von x, y, z bis auf einen konstanten Faktor ein Produkt von Faktoren der Gestalt

$$x, y, z, \frac{x^2}{a^2+\varrho_\sigma} + \frac{y^2}{b^2+\varrho_\sigma} + \frac{z^2}{c^2+\varrho_\sigma} - 1,$$

wobei sämtliche Faktoren nur in der nullten und ersten Potenz auftreten dürfen. LMN als Polynom in x, y, z betrachtet, nennen wir ein Lamésches Polynom. Seinen Grad nennt man auch den Grad der Laméschen Funktionen L, M, N. Je nachdem ob keiner, einer, zwei oder drei der Faktoren x, y, z, also in L keine, eine, zwei oder drei der Wurzeln $\sqrt{a^2+\lambda}$, $\sqrt{b^2+\lambda}$, $\sqrt{c^2+\lambda}$ vorkommen, spricht man von Funktionen erster, zweiter, dritter oder vierter Art.

Wir haben nun zu untersuchen, ob sich tatsächlich derartige Funktionen bilden lassen, die der Gleichung (1) genügen. Zu diesem Zweck schreiben wir Gleichung (1) in der Form

$$\Delta_\lambda^2 L'' + \Delta_\lambda \Delta_\lambda' L' = (q\lambda + p)L$$

oder

$$PL'' + \tfrac{1}{2} P'L' = (q\lambda + p)L. \tag{2}$$

Dabei ist nach (2, 3)

$$P = \lambda^3 + (a^2+b^2+c^2)\lambda^2 + (b^2c^2 + c^2a^2 + a^2b^2)\lambda + a^2b^2c^2.$$

4. Lamésche Funktionen erster Art. Wir setzen $Q = \sum_{\sigma=0}^{g} a_\sigma \lambda^{g-\sigma}$,

also

$$Q' = \sum_{\sigma=0}^{g-1} (g-\sigma) a_\sigma \lambda^{g-\sigma-1},$$

$$Q'' = \sum_{\sigma=0}^{g-2} (g-\sigma)(g-\sigma-1) a_\sigma \lambda^{g-\sigma-2}$$

und

$$(q\lambda + p)Q = q a_0 \lambda^{g+1} + \sum_{\sigma=0}^{g-1} (q a_{\sigma+1} + p a_\sigma)\lambda^{g-\sigma} + p a_g. \tag{1}$$

Die linke Seite von (3, 2) wird also für $L = Q$ ein Polynom $(g+1)$-ten Grades in λ, dessen Koeffizienten A_σ homogene lineare Funktionen der a_σ sind. Sie müssen gleich sein den Koeffizienten der entsprechenden Potenzen von λ der rechten Seite, die durch (1) gegeben ist. Gleichsetzen der Koeffizienten von λ^{g+1} auf beiden Seiten liefert $q = g(g+\tfrac{1}{2})$. Bei den Koeffizienten der übrigen $g + 1$ Potenzen von λ erhält man $g + 1$ homogene lineare Gleichungen für die $g + 1$ Unbekannten a_σ, nämlich

$$(2) \qquad \begin{aligned} &A_\sigma - g(g + \tfrac{1}{2})a_{\sigma+1} - p a_\sigma = 0 \quad (\sigma = 0, 1, \ldots, g - 1), \\ &A_g - p a_g = 0. \end{aligned}$$

Es muß also die Determinante der Koeffizienten dieser Gleichungen verschwinden. Damit erhält man eine Gleichung $(g + 1)$-ten Grades für p, der Koeffizient von p^{g+1} ist $(-1)^{g+1}$. Wir werden später zeigen, daß alle ihre Lösungen reell und verschieden sind.

Wird für p eine Lösung dieser Gleichung gewählt, so kann man jetzt die Koeffizienten a_σ so bestimmen, daß sie nicht gleichzeitig verschwinden und bis auf einen gemeinsamen Faktor eindeutig sind. Betrachten wir nämlich die Koeffizienten A_σ genauer. A_σ enthält, wie sich aus (1) ergibt, $a_{\sigma+1}$ mit dem Koeffizienten $(g - \sigma - 1)(g - \sigma - \frac{1}{2})$ und von den übrigen Koeffizienten noch a_σ, $a_{\sigma-1}$, $a_{\sigma-2}$ (die a mit negativem Zeiger sind dabei immer Null zu setzen). Man kann daher aus den Gleichungen (2) $a_1, a_2, \ldots$ der Reihe nach eindeutig berechnen, willkürlich bleibt nur a_0, es ist gemeinsamer Faktor aller übrigen a_σ und wird nach der in Ziffer 3 vereinbarten Normierung gleich 1 gesetzt. Nach Ziffer 3 ist der Grad einer so gewonnenen Funktion $L(\lambda)$ $n = 2g$, also $q = \frac{1}{4}n(n + 1)$. Ferner wird es sich herausstellen, daß die Nullstellen von $L(\lambda)$ sämtlich reell und verschieden sind, wie wir es in Ziffer 3 verlangt haben. Es gibt also gerade $\frac{n}{2} + 1$ normierte Lamésche Funktionen n-ten Grades erster Art. Sie sind voneinander linear unabhängig, wie wir sehen werden. n muß hier gerade sein.

Als Beispiel setzen wir $g = 1$, also, da es auf einen konstanten Faktor nicht ankommt,

$$L = \lambda - h, \; L' = 1, \; L'' = 0,$$

daher

$$\tfrac{1}{2}[3\lambda^2 + 2(a^2 + b^2 + c^2)\lambda + b^2c^2 + c^2a^2 + a^2b^2] = (\tfrac{3}{2}\lambda + p)(\lambda - h),$$

$$a^2 + b^2 + c^2 = p - \tfrac{3}{2}h,$$

$$\tfrac{1}{2}(b^2c^2 + c^2a^2 + a^2b^2) = -hp,$$

$$3h^2 + 2(a^2 + b^2 + c^2)h + b^2c^2 + c^2a^2 + a^2b^2 = 0$$

oder

$$\frac{1}{h + a^2} + \frac{1}{h + b^2} + \frac{1}{h + c^2} = 0,$$

$$h = \frac{1}{3}\left[-(a^2 + b^2 + c^2) \pm \sqrt{a^4 + b^4 + c^4 - (b^2c^2 + c^2a^2 + a^2b^2)}\right],$$

$$p = \frac{1}{2}\left[a^2 + b^2 + c^2 \pm \sqrt{a^4 + b^4 + c^4 - (b^2c^2 + c^2a^2 + a^2b^2)}\right].$$

5. Lamésche Funktionen zweiter Art. Wir setzen $L = Q\sqrt{\lambda + a^2}$, daher

$$\Delta_\lambda L' = [(\lambda + a^2) Q' + \tfrac{1}{2} Q] \sqrt{(\lambda + b^2)(\lambda + c^2)},$$

$$PQ'' + \left[(\lambda + a^2)\left(\lambda + \frac{b^2 + c^2}{2}\right) + \frac{3}{2}(\lambda + b^2)(\lambda + c^2)\right] Q'$$
$$+ \frac{1}{2}\left(\lambda + \frac{b^2 + c^2}{2}\right) Q = (q\lambda + p) Q.$$

Der Koeffizient von λ^{g+1} liefert hier $q = (g + \frac{1}{2})(g + 1)$. Vergleicht man die Koeffizienten der übrigen Potenzen von λ, so erhält man $g + 1$ lineare homogene Gleichungen für die $g + 1$ Unbekannten a_σ, die gleich Null gesetzte Determinante ihrer Koeffizienten ist daher wie früher eine Gleichung $(g + 1)$-ten Grades für p, der Koeffizient von p^{g+1} ist ebenfalls $(-1)^{g+1}$. A_σ enthält $a_{\sigma+1}$ mit dem Koeffizienten $(g - \sigma - \frac{1}{2})(g - \sigma)$. Man erhält ihn, indem man in dem eben gerechneten Koeffizienten von λ^{g+1} einfach $g - \sigma - 1$ an die Stelle von g setzt. Die a_σ lassen sich also wieder der Reihe nach berechnen $(a_0 = 1)$. Der Grad ist $n = 2g + 1$, daher $q = \frac{1}{4}n(n + 1)$. Den $g + 1$ reellen Lösungen der Gleichung für p entsprechend, werden wir hier $\frac{n+1}{2}$ linear unabhängige Lamésche Funktionen nachweisen können, natürlich ebenso viele mit dem Faktor $\sqrt{\lambda + b^2}$, bzw. $\sqrt{\lambda + c^2}$, daher $3\,\frac{n+1}{2}$ im ganzen, n muß somit ungerade sein. Die Funktionen zweiter Art zerfallen somit gemäß diesen Faktoren in drei Unterarten.

Als erstes Beispiel wählen wir $g = 0$, also

$$L = \sqrt{\lambda + a^2},$$

$$L' = \frac{1}{2\sqrt{\lambda + a^2}},$$

$$\Delta_\lambda L' = \frac{1}{2}\sqrt{(\lambda + b^2)(\lambda + c^2)},$$

$$\Delta_\lambda \frac{d(\Delta_\lambda L')}{d\lambda} = \frac{1}{4}(2\lambda + b^2 + c^2)\sqrt{\lambda + a^2},$$

daher $\frac{1}{4}(2\lambda + b^2 + c^2) = \frac{3}{2}\lambda + p$, also $p = \frac{1}{4}(b^2 + c^2)$. Natürlich erhält man $p = \frac{1}{4}(c^2 + a^2)$ für $L = \sqrt{\lambda + b^2}$ und $p = \frac{1}{4}(a^2 + b^2)$ für $L = \sqrt{\lambda + c^2}$.

Als zweites Beispiel wählen wir $g = 1$, also

$$L = (\lambda - h)\sqrt{\lambda + a^2},$$

$$L' = \frac{3\lambda + 2a^2 - h}{2\sqrt{\lambda + a^2}},$$

$$\Delta_\lambda L' = (\tfrac{3}{2}\lambda + a^2 - \tfrac{1}{2}h)\sqrt{(\lambda + b^2)(\lambda + c^2)},$$

$$\Delta_\lambda \frac{d(\Delta_\lambda L')}{d\lambda} = \{3\lambda^2 + [\tfrac{9}{4}(b^2 + c^2) + a^2 - \tfrac{1}{2}h]\lambda + \tfrac{3}{2}b^2c^2 + \tfrac{1}{2}(a^2 - \tfrac{1}{2}h)(b^2 + c^2)\}$$
$$\cdot\sqrt{\lambda + a^2},$$

$$3\lambda^2 + [\tfrac{9}{4}(b^2+c^2) + a^2 - \tfrac{1}{2}h]\,\lambda + \tfrac{3}{2}b^2c^2 + \tfrac{1}{2}(a^2 - \tfrac{1}{2}h)(b^2+c^2)$$
$$= (3\lambda + p)(\lambda - h),$$
$$\tfrac{9}{4}(b^2+c^2) + a^2 - \tfrac{1}{2}h = p - 3h,$$
$$\tfrac{3}{2}b^2c^2 + \tfrac{1}{2}(a^2 - \tfrac{1}{2}h)(b^2+c^2) = -hp,$$
$$5h^2 + 2(a^2 + 2b^2 + 2c^2)h + 3b^2c^2 + c^2a^2 + a^2b^2 = 0$$

oder

$$\frac{3}{h+a^2} + \frac{1}{h+b^2} + \frac{1}{h+c^2} = 0,$$

$$h = \tfrac{1}{5}\left[-(a^2 + 2b^2 + 2c^2) \pm \sqrt{a^4 + 4b^4 + 4c^4 - (7b^2c^2 + c^2a^2 + a^2b^2)}\right],$$
$$p = \tfrac{1}{2}\left[a^2 + \tfrac{5}{2}(b^2+c^2) \pm \sqrt{a^4 + 4b^4 + 4c^4 - (7b^2c^2 + c^2a^2 + a^2b^2)}\right].$$

Wenn wir a, b, c zyklisch vertauschen, bekommen wir die vier anderen Funktionen dieser Art.

6. Lamésche Funktionen dritter Art. Wir setzen

$$L = Q\sqrt{(\lambda + b^2)(\lambda + c^2)},$$

daher

$$\Delta_\lambda L' = \left[(\lambda + b^2)(\lambda + c^2)Q' + \left(\lambda + \frac{b^2+c^2}{2}\right)Q\right]\sqrt{\lambda + a^2},$$

$$PQ'' + \left[3(\lambda + a^2)\left(\lambda + \frac{b^2+c^2}{2}\right) + \frac{1}{2}(\lambda + b^2)(\lambda + c^2)\right]Q'$$
$$+ \left(\frac{3}{2}\lambda + a^2 + \frac{b^2+c^2}{4}\right)Q = (q\lambda + p)Q.$$

Der Koeffizient λ^{g+1} liefert $q = (g+1)(g+\tfrac{3}{2})$. Auch hier ergibt sich wie früher eine Gleichung $(g+1)$-ten Grades für p, der Koeffizient von p^{g+1} ist wieder $(-1)^{g+1}$. Ferner ist der Grad $n = 2g+2$, also $q = \tfrac{1}{4}n(n+1)$. Entsprechend den $g+1$ reellen Lösungen der Gleichung für p werden wir hier $\frac{n}{2}$ linear unabhängige Lamésche Funktionen erhalten, daher $\frac{3n}{2}$ im ganzen gemäß den beiden anderen Wurzelfaktoren $\sqrt{(\lambda + c^2)(\lambda + a^2)}$ und $\sqrt{(\lambda + a^2)(\lambda + b^2)}$. n muß gerade sein. Auch die Funktionen dritter Art zerfallen daher diesen Faktoren entsprechend in drei Unterarten. A_σ enthält $a_{\sigma+1}$ mit dem Koeffizienten $(g-\sigma)(g-\sigma+\tfrac{1}{2})$, also lassen sich die a_σ wieder eindeutig berechnen ($a_0 = 1$).

Als Beispiel wählen wir $g = 0$,

$$L = \sqrt{(\lambda + b^2)(\lambda + c^2)},$$

$$L' = \frac{2\lambda + b^2 + c^2}{2\sqrt{(\lambda + b^2)(\lambda + c^2)}},$$

$$\Delta_\lambda L' = \left(\lambda + \frac{b^2+c^2}{2}\right)\sqrt{\lambda + a^2},$$

$$\Delta_\lambda \frac{d(\Delta_\lambda L')}{d\lambda} = \left(\frac{3}{2}\lambda + a^2 + \frac{b^2+c^2}{4}\right)\sqrt{(\lambda + b^2)(\lambda + c^2)},$$

daher

$$\frac{3}{2}\lambda + a^2 + \frac{b^2 + c^2}{4} = \frac{3}{2}\lambda + p,$$

$$p = a^2 + \tfrac{1}{4}(b^2 + c^2),$$

ebenso $\quad p = b^2 + \tfrac{1}{4}(c^2 + a^2)$ für $L = \sqrt{(\lambda + c^2)(\lambda + a^2)}$

und $\quad p = c^2 + \tfrac{1}{4}(a^2 + b^2)$ für $L = \sqrt{(\lambda + a^2)(\lambda + b^2)}$.

7. Lamésche Funktionen vierter Art. Wir setzen $L = Q\sqrt{P}$,

$$\Delta_\lambda L' = PQ' + \tfrac{1}{2}P'Q,$$

$$PQ'' + \tfrac{3}{2}P'Q' + \tfrac{1}{2}P''Q = (q\lambda + p)Q.$$

Der Koeffizient von λ^{g+1} liefert also $q = (g + \frac{3}{2})(g + 2)$. Die Gleichung für p ist vom $(g + 1)$-ten Grad, der Koeffizient von p^{g+1} ist $(-1)^{g+1}$, A_σ enthält $a_{\sigma+1}$ mit dem Koeffizienten $(g - \sigma + \frac{1}{2})(g - \sigma + 1)$, die a_σ lassen sich daher wieder eindeutig berechnen $(a_0 = 1)$. Der Grad ist $n = 2g + 3$, daher $q = \frac{1}{4}n(n + 1)$. Hier werden sich $\frac{n-1}{2}$ linear unabhängige Funktionen ergeben, n muß ungerade sein. Bei geradem n kann es also nur Funktionen erster und dritter Art geben, nämlich $\frac{n}{2} + 1 + \frac{3n}{2} = 2n + 1$ normierte im ganzen, bei ungeradem n nur solche zweiter und vierter Art, also wieder $\frac{3}{2}(n + 1) + \frac{1}{2}(n - 1) = 2n + 1$ normierte im ganzen.

Als Beispiel wählen wir $g = 0$, $L = \Delta_\lambda$,

$$\Delta_\lambda L' = \tfrac{1}{2}[3\lambda^2 + 2\lambda(a^2 + b^2 + c^2) + b^2c^2 + c^2a^2 + a^2b^2],$$

$$\frac{d(\Delta_\lambda L')}{d\lambda} = 3\lambda + a^2 + b^2 + c^2,$$

$$3\lambda + a^2 + b^2 + c^2 = 3\lambda + p,$$

$$p = a^2 + b^2 + c^2.$$

In den Beispielen der Ziffern 4—7 haben wir sämtliche normierten Laméschen Funktionen für $n = 1, 2, 3$ aufgestellt. Die entsprechenden Laméschen Polynome LMN sind bis auf konstante Faktoren für $n = 0$ eine Konstante, also eine Funktion, für $n = 1 : x, y, z$ (erstes Beispiel aus Ziffer 5), also drei Funktionen, für $n = 2 : yz, zx, xy$ (Ziffer 6), $\frac{x^2}{a^2 + h} + \frac{y^2}{b^2 + h} + \frac{z^2}{c^2 + h} - 1$ (mit den beiden Werten von h des Beispiels in Ziffer 4), also fünf Funktionen, für $n = 3 : xyz$ (Ziffer 7),

$$x\left(\frac{x^2}{a^2 + h} + \frac{y^2}{b^2 + h} + \frac{z^2}{c^2 + h} - 1\right), \quad y\left(\frac{x^2}{a^2 + h} + \frac{y^2}{b^2 + h} + \frac{z^2}{c^2 + h} - 1\right),$$

$z\left(\frac{x^2}{a^2 + h} + \frac{y^2}{b^2 + h} + \frac{z^2}{c^2 + h} - 1\right)$ (mit den beiden Werten von h des zweiten Beispiels der Ziffer 5), also sieben Funktionen.

8. Lamésche Differentialgleichung. Die Funktionen $L(\lambda)$ genügen der Gleichung (3, 1) mit $q = \frac{1}{4} n(n+1)$, wie sich in den vorigen Ziffern herausgestellt hat, also

$$\Delta_\lambda \frac{d}{d\lambda}\left(\Delta_\lambda \frac{dL}{d\lambda}\right) = \left[\frac{1}{4}\, n(n+1)\,\lambda + p\right] L.$$

Wir wollen diese Gleichung kurz die Lamésche Differentialgleichung nennen. Für viele Zwecke ist es gut, statt λ eine andere Veränderliche u einzuführen, nämlich $\frac{d\lambda}{du} = \Delta_\lambda$, wir erhalten dann

$$(1) \qquad \frac{d^2 L}{du^2} = \left[\frac{1}{4}\, n(n+1)\,\lambda + p\right] L \quad \text{mit} \quad \frac{d\lambda}{du} = \Delta_\lambda$$

und ähnlich für die Funktionen $M(\mu)$ und $N(\nu)$ die Gleichungen

$$(2) \qquad \frac{d^2 M}{dv^2} = \left[\frac{1}{4}\, n(n+1)\mu + p\right] M \quad \text{mit} \quad \frac{d\mu}{dv} = \Delta_\mu,$$

$$\frac{d^2 N}{dw^2} = \left[\frac{1}{4}\, n(n+1)\nu + p\right] N \quad \text{mit} \quad \frac{d\nu}{dw} = \Delta_\nu.$$

N_1 und N_2 seien zwei Lamésche Funktionen derselben Art, Unterart und von demselben Grad, die zu verschiedenen Werten p_1 und p_2 von p gehören. Dann ist nach (2)

$$N_2 \frac{d^2 N_1}{dw^2} - N_1 \frac{d^2 N_2}{dw^2} = (p_1 - p_2) N_1 N_2,$$

$$(p_1 - p_2) \int N_1 N_2\, dw = N_2 \frac{dN_1}{dw} - N_1 \frac{dN_2}{dw},$$

$$\int \frac{N_1 N_2}{\Delta_\nu}\, d\nu = \frac{\Delta_\nu}{p_1 - p_2}\left(N_2 \frac{dN_1}{d\nu} - N_1 \frac{dN_2}{d\nu}\right),$$

daher

$$(3) \qquad \int_{-a^2}^{-b^2} \frac{N_1 N_2}{\Delta_\nu}\, d\nu = 0.$$

Die rechte Seite liefert bei der Integration zwischen den Grenzen $-a^2$ und $-b^2$ immer 0, auch wenn N_1 und N_2 eine oder mehrere der Wurzeln $\sqrt{\nu + a^2}$, $\sqrt{\nu + b^2}$, $\sqrt{\nu + c^2}$ enthalten. Denn diese Wurzeln treten zwar bei $\frac{dN_1}{d\nu}$ und $\frac{dN_2}{d\nu}$ im Nenner auf, heben sich aber dann gegen die entsprechenden in N_1 und N_2 im Zähler weg und der Faktor Δ_ν bewirkt, daß der Ausdruck an beiden Grenzen verschwindet.

Aus (3) können wir jetzt leicht schließen, daß p nur reell sein kann. Denn hätte die Gleichung für p eine imaginäre Lösung p, so wäre die dazu konjugierte imaginäre Zahl $\bar{p}$ ebenfalls Lösung, weil die Gleichung lauter reelle Koeffizienten hat. Die den beiden Lösungen $p_1 = p$ und $p_2 = \bar{p}$ entsprechenden Funktionen N_1 und N_2 wären also ebenfalls konjugiert komplex, daher $N_1 N_2$ mit Ausnahme seiner Nullstellen positiv, im Widerspruch zu (3). Denn Δ_ν ist ja im Intervall $-a^2 < \nu < -b^2$ ebenfalls positiv.

Da p also immer reell ist, sind auch nach Ziffer 4—7 die Koeffizienten a_σ der Polynome Q reell, daher ist

$$\int_{-a^2}^{-b^2} \frac{N^2}{\Delta_\nu} d\nu > 0 .$$

Die zu verschiedenen Werten von p gehörigen Laméschen Funktionen $N(\nu)$ derselben Art, Unterart und vom selben Grad sind also orthogonal, als Funktionen von w betrachtet, und zwar in jenem Intervall, das dem Intervall $-a^2 \leqq \nu \leqq -b^2$ bei w entspricht. Sie sind voneinander linear unabhängig (vgl. I, 1). Da sich die Funktionen $L(\lambda)$ und $M(\mu)$ von $N(\nu)$ nur durch die Veränderliche unterscheiden, gilt die letzte Behauptung auch für diese Funktionen. Es sind also auch die zu verschiedenen Werten von p gehörigen Laméschen Polynome LMN derselben Art, Unterart und desselben Grades linear unabhängig. Denn bestünde eine Beziehung

$$\sum_{\sigma=1}^{g+1} c_\sigma L_\sigma(\lambda)\, M_\sigma(\mu)\, N_\sigma(\nu) = 0 ,$$

so setzten wir $\mu = \mu_0$, $\nu = \nu_0$, so daß $M_\sigma(\mu_0) \neq 0$, $N_\sigma(\nu_0) \neq 0$ $(\sigma = 1, 2, \ldots g+1)$ ist und erhielten damit eine lineare homogene Gleichung mit nicht lauter verschwindenden Koeffizienten zwischen den L_σ, d. h. die L_σ wären entgegen der eben bewiesenen Behauptung voneinander linear abhängig. Ebenso erschließt man die lineare Unabhängigkeit der entsprechenden Funktionen $M_\sigma N_\sigma$. Daß Funktionen verschiedener Art oder Unterart linear unabhängig sind, ist wegen der Verschiedenheit der hinzutretenden Wurzelfaktoren selbstverständlich. Dasselbe gilt nach dem eben gemachten Schluß auch für die entsprechenden Produkte MN und LMN.

9. Lamésche Funktionen zweiter Gattung. Die Gleichung (8, 1) hat neben der Funktion $L(\lambda)$ noch eine zweite, davon linear unabhängige Lösung $K(\lambda)$. Es gilt

$$\frac{d^2K}{du^2} = \left[\frac{1}{4}\, n(n+1)\lambda + p\right] K ,$$

also

$$L\frac{d^2K}{du^2} - K\frac{d^2L}{du^2} = 0 ,$$

$$L\frac{dK}{du} - K\frac{dL}{du} = c , \tag{1}$$

$$\frac{d\frac{K}{L}}{du} = \frac{c}{L^2} ,$$

$$K = cL\int\frac{du}{L^2} = cL\int\frac{d\lambda}{L^2\Delta_\lambda}.$$

Indem wir $c = -(2n+1)$ setzen und über eine Grenze des Integrals passend verfügen, definieren wir, wenn L vom n-ten Grad ist,

$$(2)\qquad K(\lambda) = (2n+1)L(\lambda)\int\limits_\lambda^\infty\frac{d\lambda}{L^2\Delta_\lambda}.$$

$K(\lambda)$ nennt man die zu $L(\lambda)$ gehörige Lamésche Funktion zweiter Gattung, $L(\lambda)$ dann naturgemäß die entsprechende Lamésche Funktion erster Gattung. Die Funktionen zweiter Gattung wurden von Heine und Liouville eingeführt [1]). Nach Ziffer 3 genügt auch $K(\lambda)M(\mu)N(\nu)$ der Laplaceschen Differentialgleichung, wenn $K(\lambda)$ die zu $L(\lambda)$ gehörige Lamésche Funktion zweiter Gattung ist.

Wenn wir auch die rechte Seite von (2) für sehr große λ in eine gleichmäßig konvergente Reihe nach Potenzen von $\frac{1}{\lambda}$ entwickeln, ergibt sich gemäß Ziffer 3

$$L = \lambda^{\frac{n}{2}}(1+\cdots),$$

$$\Delta_\lambda = \lambda^{\frac{3}{2}}(1+\cdots),$$

$$\frac{1}{L^2\Delta_\lambda} = \lambda^{-n-\frac{3}{2}}(1+\cdots),$$

$$\int\limits_\lambda^\infty\frac{d\lambda}{L^2\Delta_\lambda} = \lambda^{-n-\frac{1}{2}}\left(\frac{2}{2n+1}+\cdots\right),$$

daher nach (2)

$$K = \lambda^{-\frac{n+1}{2}}(2+\cdots)$$

oder

$$\lim_{\lambda\to+\infty}\lambda^{\frac{n+1}{2}}K(\lambda) = 2.$$

Weil der Integrand in (2) immer positiv ist, hat K dieselben Nullstellen wie L.

10. Zusammenhang mit den Kugelfunktionen. Wir wollen jetzt untersuchen, was aus den Laméschen Funktionen wird, wenn der Punkt $P(x,y,z)$ in einer bestimmten Richtung ins Unendliche rückt. Wir setzen also

$$(1)\qquad x = r\xi,\quad y = r\eta,\quad z = r\zeta,$$

$$\xi = \sin\vartheta\cos\varphi,\quad \eta = \sin\vartheta\sin\varphi,\quad \zeta = \cos\vartheta$$

---

[1]) E. Heine, J. f. M. (1845), S. 185, Handbuch der Kugelfunktionen 1, 2. Aufl., S. 384, Berlin 1878; J. Liouville, Journ. de Math. 10 (1845), S. 222.

und machen dann den Grenzübergang $r \to +\infty$. Das durch P hindurchgehende Ellipsoid nähert sich dabei immer mehr einer Kugel, seine Halbachsen wachsen mit r über alle Schranken; für die entsprechende Lösung λ der Gleichung (1, 3) gilt $\lim\limits_{r\to+\infty} \frac{r^2}{\lambda} = 1$ wegen

$$r^2\left(\frac{\xi^2}{a^2+\varrho} + \frac{\eta^2}{b^2+\varrho} + \frac{\zeta^2}{c^2+\varrho}\right) = 1. \tag{2}$$

Die beiden anderen Lösungen μ und ν bleiben endlich, sie ergeben sich aus (2) als Lösungen der in ϱ quadratischen Gleichung

$$\frac{\xi^2}{a^2+\varrho} + \frac{\eta^2}{b^2+\varrho} + \frac{\zeta^2}{c^2+\varrho} = 0, \tag{3}$$

d. h. als Funktionen von ϑ und φ.

Wir betrachten nun ein Lamésches Polynom LMN vom Grad n Es ist, wie wir wissen (vgl. Ziffer 3), ein Polynom n-ten Grades in x, y, z und genügt der Laplaceschen Differentialgleichung $\Delta(LMN) = 0$. Da diese Gleichung identisch erfüllt wird, befriedigen die Glieder gleich hohen Grades von LMN für sich die Gleichung, also z. B. die Glieder n-ten Grades. Sie sind also nach (III, 4) eine ganze rationale räumliche Kugelfunktion n-ten Grades, sonach von der Gestalt $r^n S_n$ (III, 6). Wir erhalten daher

$$LMN = r^n S_n + r^{n-1} T,$$

ferner

$$L = \lambda^{\frac{n}{2}}\left(1 + \frac{a_1}{\lambda} + \cdots\right),$$

also

$$r^n\left(S_n + \frac{T}{r}\right) = \lambda^{\frac{n}{2}}\left(1 + \frac{a_1}{\lambda} + \cdots\right) MN,$$

daher für $r \to +\infty$

$$MN = S_n,$$

d. h. MN ist eine Laplacesche Kugelfunktion n-ten Grades. MN, ursprünglich eine Funktion von μ und ν, wird damit eine Funktion von ϑ und φ. Die zu μ und ν gehörigen Werte von ϑ und φ oder ξ, η, ζ eines bestimmten Oktanten ergeben sich aus den beiden Gleichungen, die aus (3) folgen, wenn $\varrho = \mu$ bzw. $\varrho = \nu$ gesetzt wird. Da es gerade, wie aus Ziffer 7, 8 und 13 folgt, $2n+1$ linear unabhängige normierte Funktionen n-ten Grades MN und nach (III, 14), ebensoviele Laplaceschen Kugelfunktionen n-ten Grades gibt, durch die sich alle übrigen linear homogen darstellen lassen, kann man daher die $2n+1$ linear unabhängigen normierten Funktionen n-ten Grades MN durch $2n+1$ linear unabhängige Laplacesche Kugelfunktionen n-ten Grades linear homogen darstellen und umgekehrt.

11. Abgeplattetes Drehellipsoid. Wir hatten in Ziffer 1 der Untersuchung ein dreiachsiges Ellipsoid mit den Achsen $a > b > c$ zugrunde gelegt. Für das Folgende ist es wichtig, auch die Grenzfälle $a = b$ und $b = c$, also das abgeplattete und verlängerte Drehellipsoid zu behandeln. Wir betrachten zuerst den Fall $a = b$. Von den drei Lösungen λ, μ, ν der Gleichung $f(\varrho) = 0$ ist jetzt die dritte immer $\nu = -a^2$. ν wird also konstant und kommt daher als Parameter nicht mehr in Frage. Wir setzen somit vor dem Grenzübergang $b \to a$

$$\begin{aligned} \nu &= -(b^2 \cos^2 \varphi + a^2 \sin^2 \varphi) \\ &= -a^2 + (a^2 - b^2) \cos^2 \varphi \\ &= -b^2 - (a^2 - b^2) \sin^2 \varphi , \end{aligned}$$

daher

$$\begin{aligned} \sin^2 \varphi &= -\frac{b^2 + \nu}{a^2 - b^2} , \\ \cos^2 \varphi &= \frac{a^2 + \nu}{a^2 - b^2} , \\ \operatorname{tg}^2 \varphi &= -\frac{b^2 + \nu}{a^2 + \nu} , \end{aligned}$$

hiermit nach (1, 5) für $b \to a$

$$\operatorname{tg}^2 \varphi = \left(\frac{y}{x}\right)^2 .$$

λ liefert ein abgeplattetes Drehellipsoid, μ ein einschaliges Drehhyperboloid, an Stelle von ν tritt φ. Das System der konfokalen Flächen besteht aus den abgeplatteten Drehellipsoiden und den einschaligen Drehhyperboloiden, an Stelle der zweischaligen Hyperboloide tritt das Büschel der Ebenen, die durch die Z-Achse gehen und mit der XZ-Ebene den Winkel φ einschließen. Es ist also

$$\operatorname{tg} \varphi = \frac{y}{x} , \tag{1}$$

$$\begin{aligned} \frac{y}{x} &= \pm \lim_{b \to a} \sqrt{\frac{-(b^2 + \nu)}{a^2 + \nu}} , \\ \sin \varphi &= \pm \lim_{b \to a} \sqrt{\frac{-(b^2 + \nu)}{a^2 - b^2}} , \\ \cos \varphi &= \pm \lim_{b \to a} \sqrt{\frac{a^2 + \nu}{a^2 - b^2}} . \end{aligned}$$

Nach (10, 3) genügt μ für $r \to +\infty$ der Gleichung

$$\frac{\sin^2 \vartheta}{a^2 + \mu} + \frac{\cos^2 \vartheta}{c^2 + \mu} = 0 ,$$

daher ist

$$\sin\vartheta = \sqrt{\frac{a^2+\mu}{a^2-c^2}}, \quad \cos\vartheta = \pm\sqrt{\frac{-(c^2+\mu)}{a^2-c^2}}.$$

MN ist eine Laplacesche Kugelfunktion n-ten Grades, daher nach (III, 14) von der Gestalt

$$M(\vartheta)\,N(\varphi) = \sum_{k=1}^{2n+1} c_k f_k(\vartheta)\,g_k(\varphi)$$

oder

$$N(\varphi) = \sum_{k=1}^{2n+1} c_k \frac{f_k(\vartheta)}{M(\vartheta)} g_k(\varphi).$$

Wenn wir nach ϑ differenzieren, ergibt sich somit

$$0 = \sum_{k=1}^{2n+1} c_k \frac{d}{d\vartheta}\left[\frac{f_k(\vartheta)}{M(\vartheta)}\right] g_k(\varphi).$$

Weil die $g_k(\varphi)$ nach (III, 14) Abkürzungen für die Sinus und Kosinus der Vielfachen von φ und daher nach (I, 1) und (I, 2) linear unabhängig sind, ist für alle k

$$c_k \frac{d}{d\vartheta}\left[\frac{f_k(\vartheta)}{M(\vartheta)}\right] = 0,$$

somit entweder $c_k = 0$ oder $M(\vartheta)$ proportional $f_k(\vartheta)$, wenn $c_k \neq 0$ ist. Nach (III, 14) können wir hiermit setzen

$$M = P_{n,m}(\vartheta),$$

$$N = {\cos \atop \sin} m\varphi \qquad (m = 0, 1, 2, \ldots, n).$$

So erhalten wir gerade, wie es sein soll, $2n+1$ linear unabhängige Funktionen MN.

Nach (III, 13) und (III, 14) ist M bis auf den Faktor $\sin^m\vartheta$ ein Polynom $(n-m)$-ten Grades in $\cos\vartheta$, das nur gerade oder ungerade Potenzen von $\cos\vartheta$ enthält. Wir haben daher m so zu wählen, daß $n-m$ ungerade oder gerade ist, je nachdem LMN den Faktor z enthält oder nicht, damit es gleichzeitig mit z sein Zeichen wechsle. Nach der über $\cos m\varphi$ und $\sin m\varphi$ in (III, 14) gemachten Bemerkung wechselt $\sin m\varphi$ gleichzeitig mit $\sin\varphi$, daher mit y das Zeichen, man hat also in N den Sinus zu wählen, wenn LMN den Faktor y enthält, sonst den Kosinus. Man erhält so in Übereinstimmung mit (III, 14) und Ziffer 4—7 folgende Tafel, in der g gerade, u ungerade bedeutet (man berücksichtige hierzu noch die aus Ziffer 9 und 10 folgende Tatsache, daß

$$\lim_{r\to+\infty} \frac{L}{r^n} = 1$$

ist):

LMN enthält als Faktor	N	n	$n-m$	m	Anzahl der möglichen Werte von m
—	cos	g	g	g	$\frac{n}{2}+1$
x	cos	u	g	u	$\frac{n+1}{2}$
y	sin	u	g	u	
z	cos	u	u	g	
yz	sin	g	u	u	$\frac{n}{2}$
zx	cos	g	u	u	
xy	sin	g	g	g *)	
xyz	sin	u	u	g *)	$\frac{n-1}{2}$

*) Hier ist $m = 0$ wegen $N = \sin m\varphi$ auszulassen.

Führen wir die Veränderliche φ in die Differentialgleichung

$$\Delta_\nu \frac{d(\Delta_\nu N')}{d\nu} = \left[\frac{1}{4}\,n(n+1)\,\nu + p\right] N$$

ein, so erhalten wir wegen

$$a^2 + \nu = (a^2 - b^2)\cos^2\varphi,$$

$$b^2 + \nu = -\,(a^2 - b^2)\sin^2\varphi,$$

$$\frac{d\nu}{d\varphi} = -\,2(a^2 - b^2)\sin\varphi\cos\varphi,$$

schließlich

$$\frac{d\nu}{\Delta_\nu} = \pm\frac{2d\varphi}{\sqrt{-\,(c^2+\nu)}},$$

daher

$$\frac{1}{4}\sqrt{-\,(c^2+\nu)}\,\frac{d}{d\varphi}\left[\sqrt{-\,(c^2+\nu)}\,\frac{dN}{d\varphi}\right] = \left[\frac{1}{4}\,n(n+1)\,\nu + p\right] N,$$

also für $a^2 = b^2 = -\nu$

$$\frac{1}{4}\,(a^2 - c^2)\frac{d^2N}{d\varphi^2} = \left[-\frac{1}{4}\,n(n+1)\,a^2 + p\right] N.$$

Als Lösungen müssen sich $N = {\cos \atop \sin}\, m\varphi$ ergeben, daher ist

$$\frac{n(n+1)\,a^2 - 4p}{a^2 - c^2} = m^2,$$

also

$$(1) \qquad p = \tfrac{1}{4}\,[n(n+1)\,a^2 - m^2(a^2 - c^2)] \quad (m = 0, 1, 2, \ldots, n).$$

Mit Rücksicht auf die Tafel erhalten wir somit für die Laméschen Funktionen aller Arten jedesmal genau $g + 1$ verschiedene Werte von p (vgl. Ziffer 4—7).

12. Verlängertes Drehellipsoid. Wir untersuchen jetzt den Fall $b = c$. Hier wird die zweite Lösung $\mu = -b^2$. μ wird also konstant und kommt daher als Parameter nicht mehr in Frage. Wir setzen somit vor dem Grenzübergang $c \to b$

$$\begin{aligned}\mu &= -(b^2 \sin^2 \varphi + c^2 \cos^2 \varphi) \\ &= -b^2 + (b^2 - c^2) \cos^2 \varphi \\ &= -c^2 - (b^2 - c^2) \sin^2 \varphi,\end{aligned}$$

daher

$$\begin{aligned}\sin^2 \varphi &= -\frac{c^2 + \mu}{b^2 - c^2}, \\ \cos^2 \varphi &= \frac{b^2 + \mu}{b^2 - c^2}, \\ \operatorname{tg}^2 \varphi &= -\frac{c^2 + \mu}{b^2 + \mu},\end{aligned}$$

hiermit nach (1, 5) für $c \to b$

$$\operatorname{tg}^2 \varphi = \left(\frac{z}{y}\right)^2.$$

λ liefert ein verlängertes Drehellipsoid, ν ein zweischaliges Drehhyperboloid, an Stelle von μ tritt φ. Das System der konfokalen Flächen besteht aus den verlängerten Drehellipsoiden und den zweischaligen Hyperboloiden, an Stelle der einschaligen Hyperboloide tritt das Büschel der Ebenen, die durch die X-Achse gehen und mit der XY-Ebene den Winkel φ einschließen. Es ist also

$$\begin{aligned}\operatorname{tg} \varphi &= \frac{z}{y}, \\ \frac{z}{y} &= \pm \lim_{c \to b} \sqrt{\frac{-(c^2 + \mu)}{b^2 + \mu}}, \\ \sin \varphi &= \pm \lim_{c \to b} \sqrt{\frac{-(c^2 + \mu)}{b^2 - c^2}}, \\ \cos \varphi &= \pm \lim_{c \to b} \sqrt{\frac{b^2 + \mu}{b^2 - c^2}}.\end{aligned}$$

Für die Achse der Polarkoordinaten r, ϑ, φ müssen wir hier die X-Achse wählen, daher statt (10, 1) setzen

$$\xi = \cos \vartheta, \qquad \eta = \sin \vartheta \cos \varphi, \qquad \zeta = \sin \vartheta \sin \varphi.$$

Nach (10, 3) genügt hiernach ν für $r \to +\infty$ der Gleichung

$$\frac{\cos^2 \vartheta}{a^2 + \nu} + \frac{\sin^2 \vartheta}{b^2 + \nu} = 0.$$

Es ist also

$$\sin \vartheta = \sqrt{\frac{-(b^2 + \nu)}{a^2 - b^2}}, \quad \cos \vartheta = \pm \sqrt{\frac{a^2 + \nu}{a^2 - b^2}}.$$

MN ist eine Kugelflächenfunktion n-ten Grades, M hängt nur von φ, N nur von ϑ ab, also können wir nach ähnlichen Schlüssen wie in Ziffer 11 setzen

$$M = {\cos \atop \sin} m\varphi ,$$
$$N = P_{n,m}(\cos\vartheta) \qquad (m = 0, 1, 2, \ldots, n).$$

Wir erhalten dadurch gerade die $2n+1$ linear unabhängigen Funktionen MN. Eine ähnliche Überlegung wie in Ziffer 11 liefert hier folgende Tafel:

LMN enthält als Faktor	M	n	$n-m$	m	Anzahl der möglichen Werte von m
—	cos	g	g	g	$\frac{n}{2}+1$
x	cos	u	u	g	$\frac{n+1}{2}$
y	cos	u	g	u	
z	sin	u	g	u	
yz	sin	g	g	g *)	$\frac{n}{2}$
zx	sin	g	u	u	
xy	cos	g	u	u	
xyz	sin	u	u	g *)	$\frac{n-1}{2}$

*) Hier ist $m = 0$ wegen $M = \sin m\varphi$ auszulassen.

Führen wir die Veränderliche φ in die Differentialgleichung

$$\Delta_\mu \frac{d(\Delta_\mu M')}{d\mu} = \left[\frac{1}{4} n(n+1)\mu + p\right] M$$

ein, so erhält man wegen

$$b^2 + \mu = (b^2 - c^2)\cos^2\varphi ,$$
$$c^2 + \mu = -(b^2 - c^2)\sin^2\varphi ,$$
$$\frac{d\mu}{d\varphi} = -2(b^2 - c^2)\sin\varphi\cos\varphi ,$$

schließlich

$$\frac{d\mu}{\Delta_\mu} = \pm \frac{2d\varphi}{i\sqrt{a^2+\mu}} ,$$

daher

$$-\frac{1}{4}\sqrt{a^2+\mu}\,\frac{d}{d\varphi}\left(\sqrt{a^2+\mu}\,\frac{dM}{d\varphi}\right) = \left[\frac{1}{4} n(n+1)\mu + p\right] M,$$

also für $b^2 = c^2 = -\mu$

$$-\frac{1}{4}(a^2 - b^2)\frac{d^2 M}{d\varphi^2} = \left[-\frac{1}{4} n(n+1) b^2 + p\right] M.$$

Als Lösungen müssen sich $M = {\cos \atop \sin} m\varphi$ ergeben, daher ist

$$\frac{n(n+1)\,b^2 - 4p}{a^2 - b^2} = -m^2,$$

somit

$$(1) \qquad p = \tfrac{1}{4}\,[n(n+1)\,b^2 + m^2(a^2 - b^2)] \qquad (m = 0, 1, 2, \ldots, n),$$

also ergeben sich auch hier mit Rücksicht auf die Tafel genau $g+1$ verschiedene Werte von p für jede der vier Arten der Laméschen Funktionen.

13. Anzahl der linear unabhängigen Laméschen Funktionen. Wir sind jetzt imstande zu beweisen, daß die Gleichung für p immer verschiedene Lösungen hat (daß sie reell sind, wurde schon in Ziffer 8 gezeigt). Die Behauptung ist nämlich einmal für die in Ziffer 11 und 12 betrachteten Grenzfälle richtig, wie wir eben gesehen haben. Betrachten wir ferner ein Lamésches Polynom n-ten Grades $L_1 M_1 N_1$, das keinen der Faktoren x, y, z enthält und ein solches $L_2 M_2 N_2$, das xz oder yz enthält, und zwar für den in Ziffer 11 behandelten Grenzfall. Nach Ziffer 7 und 11 ist n gerade, m für das erste Polynom gerade, für das zweite ungerade. Für p ergeben sich also im ersten Fall $\frac{n}{2}+1$ verschiedene reelle Werte, die gerade von den $\frac{n}{2}$ verschiedenen reellen Werten des zweiten Falles getrennt sind. Wenn das zweite Polynom den Faktor xy enthält, so muß man den Grenzfall der Ziffer 12 betrachten. Darnach ist m für das erste gerade, für das zweite ungerade und es besteht derselbe Sachverhalt. Enthält das erste Polynom einen der Faktoren x oder y und das zweite das Produkt xyz, so ist nach Ziffer 7 und 11 n ungerade, m im ersten Fall ungerade, im zweiten gerade; kommt im ersten Polynom z vor, so besteht nach Ziffer 12 derselbe Fall, daß die Werte von p für $L_1 M_1 N_1$ von denen für $L_2 M_2 N_2$ getrennt sind. Wir erhalten jedesmal denselben Sachverhalt. Wir werden nun zeigen, daß diese Tatsache bestehen bleibt, wenn b das Intervall $a > b > c$ durchläuft.

Wir haben also mit Rücksicht auf die stetige Abhängigkeit von b noch folgendes zu beweisen: Ist L_1 eine Lamésche Funktion erster oder zweiter Art, L_2 eine solche dritter oder vierter Art und zwar vom gleichen Grad n wie L_1, so haben die beiden entsprechenden Gleichungen für p niemals eine gemeinsame Lösung. Wäre nämlich p eine gemeinsame Lösung, so bestünden gleichzeitig die beiden Differentialgleichungen (8, 1)

$$\frac{d^2 L_1}{du^2} = \left[\frac{1}{4}\,n(n+1)\,\lambda + p\right] L_1\,,$$

$$\frac{d^2 L_2}{du^2} = \left[\frac{1}{4}\,n(n+1)\,\lambda + p\right] L_2\,,$$

also wäre

$$L_2 \frac{d^2 L_1}{du^2} - L_1 \frac{d^2 L_2}{du^2} = 0$$

oder

$$L_2 \frac{dL_1}{du} - L_1 \frac{dL_2}{du} = \text{const.},$$

d. h.

$$(1) \qquad \Delta_\lambda \left(L_2 \frac{dL_1}{d\lambda} - L_1 \frac{dL_2}{d\lambda} \right) = \text{const.}.$$

Ist L_1 von der ersten Art, also ein Polynom in λ, dann ist L_2 von der dritten Art, d. h. ein Polynom, multipliziert mit zwei der Wurzeln $\sqrt{a^2+\lambda}$, $\sqrt{b^2+\lambda}$, $\sqrt{c^2+\lambda}$. Die linke Seite von (1) ist daher ein Polynom, multipliziert mit einer dieser drei Wurzeln. Ist dagegen L_1 von der zweiten Art, also ein Polynom, mit einer der drei Wurzeln multipliziert, so ist L_2 von der vierten Art, d. h. ein Polynom, multipliziert mit Δ_λ; in diesem Fall ist die linke Seite von (1) ein Polynom, dividiert durch eine der drei Wurzeln. Umläuft nun λ in der komplexen Zahlenebene den Verzweigungspunkt dieser Wurzeln, so ändert sich in beiden betrachteten Fällen das Zeichen der linken Seite. Die Konstante muß also Null sein. Wir erhalten daher $\frac{L_1}{L_2} = \text{const.}$, was unmöglich ist, weil L_2 zwei der Wurzeln mehr als Faktor enthält als L_1. Damit ist die Behauptung bewiesen.

Die Lösungen der Gleichung für p von $L_1 M_1 N_1$ und derjenigen von $L_2 M_2 N_2$ trennen also einander im ganzen Intervall $a > b > c$. Daraus folgt, daß zwei Lösungen der Gleichung für p eines Polynoms von der Art $L_1 M_1 N_1$ nie zusammenfallen können, ebenso natürlich auch nie bei $L_2 M_2 N_2$. Die Gleichung für p hat also in jedem Fall genau so viele reelle verschiedene Lösungen als ihr Grad anzeigt. Zu jeder solchen Lösung gehört (vgl. Ziffer 4—7) eine normierte Lamésche Funktion, für jeden Grad n erhält man gerade $2n+1$ Funktionen (Ziffer 7) und diese sind nach Ziffer 8 voneinander linear unabhängig. Der Gedankengang dieses Beweises geht auf H. Poincaré [1]) zurück.

14. Einfachheit der Nullstellen. Wir wollen jetzt zeigen, daß die in den Ziffern 3—7 betrachteten Polynome lauter reelle verschiedene Nullstellen haben. Wir beweisen zuerst, daß sie von $-a^2$, $-b^2$, $-c^2$ verschieden sind (selbstverständlich wird hier, wie immer, wenn nicht die Grenzfälle der Ziffern 11 und 12 betrachtet werden, $a^2 > b^2 > c^2$ vorausgesetzt). Wir betrachten nun die den vier Arten von Laméschen Funktionen entsprechenden Polynome Q_1, Q_2, Q_3, Q_4. Dann gilt nach Ziffer 3—7

$$(1) \qquad P = (\lambda + a^2)(\lambda + b^2)(\lambda + c^2),$$

$$PQ_1'' + \tfrac{1}{2} P' Q_1' = (q\lambda + p) Q_1,$$

$$PQ_2'' + \left[(\lambda + a^2)\left(\lambda + \frac{b^2+c^2}{2}\right) + \frac{3}{2}(\lambda + b^2)(\lambda + c^2) \right] Q_2'$$
$$+ \frac{1}{2}\left(\lambda + \frac{b^2+c^2}{2}\right) Q_2 = (q\lambda + p) Q_2,$$

[1]) H. Poincaré, Figures d'équilibre d'une masse fluide, Paris 1901, S. 122—128.

$$PQ_3'' + \left[3(\lambda + a^2)\left(\lambda + \frac{b^2 + c^2}{2}\right) + \frac{1}{2}(\lambda + b^2)(\lambda + c^2)\right] Q_3'$$
$$+ \left(\frac{3}{2}\lambda + a^2 + \frac{b^2 + c^2}{4}\right) Q_3 = (q\lambda + p) Q_3,$$
$$PQ_4'' + \tfrac{3}{2} P'Q_4' + \tfrac{1}{2} P''Q_4 = (q\lambda + p) Q_4.$$

Dazu kommen noch alle durch zyklische Vertauschungen von a, b, c hervorgehenden Gleichungen. Für die Zahlen p und q der rechten Seite sind immer die den einzelnen Fällen entsprechenden Werte einzusetzen.

Die Gleichungen haben die Gestalt

$$(2) \qquad PQ'' + RQ' + SQ = 0.$$

Wenn wir diese Gleichung k-mal differenzieren, erhalten wir

$$(3) \quad PQ^{(k+2)} + (kP' + R)\, Q^{(k+1)} + \cdots + S^{(k)}Q = 0 \quad (k = 0, 1, 2, \ldots).$$

Für die vier Arten von Laméschen Funktionen ist

$$(4) \quad kP' + R = (k + \tfrac{1}{2})\, P'$$
$$\text{oder} \quad = (2k + 1)(\lambda + a^2)\left(\lambda + \frac{b^2 + c^2}{2}\right) + \left(k + \frac{3}{2}\right)(\lambda + b^2)(\lambda + c^2)$$
$$\text{oder} \quad = (2k + 3)(\lambda + a^2)\left(\lambda + \frac{b^2 + c^2}{2}\right) + \left(k + \frac{1}{2}\right)(\lambda + b^2)(\lambda + c^2)$$
$$\text{oder} \quad = (k + \tfrac{3}{2})\, P'.$$

Dazu kommen noch die entsprechenden durch zyklische Vertauschung von a, b, c entstandenen Ausdrücke. $-a^2$, $-b^2$, $-c^2$ sind die Nullstellen von P. Da sie einfache Nullstellen sind, ist für sie $P' \neq 0$, ebenso $kP' + R \neq 0$, wie sich aus (4) ergibt. Ist nun eine der erwähnten Zahlen Nullstelle für Q, dann ist sie es nach $(3, k = 0)$ auch für Q'. Daher nach $(3, k = 1)$ auch für Q'' usw., d. h. Q würde für diese Zahl samt seinen sämtlichen Ableitungen, also nach dem Taylorschen Satz identisch verschwinden.

Daraus ergibt sich: Q hat keine mehrfachen Nullstellen. Denn eine solche wäre von $-a^2$, $-b^2$, $-c^2$ verschieden und würde gleichzeitig Q und Q' zu Null machen. Aus (3) kann man daher schließen, daß der Reihe nach auch alle übrigen Ableitungen von Q verschwinden, daher müßte Q identisch verschwinden.

Jetzt können wir weiter schließen, daß sich die Anzahl der reellen Nullstellen von Q in jedem der Intervalle $(-\infty, -a^2)$, $(-a^2, -b^2)$, $(-b^2, -c^2)$, $(-c^2, +\infty)$ nicht ändert, wenn b^2 das Intervall $a^2 > b^2 > c^2$ durchläuft. Da nämlich die Nullstellen stetige Funktionen der Koeffizienten, daher auch von b^2 sind, und imaginäre Nullstellen nur konjugiert auftreten können, weil die Koeffizienten von Q reell sind, so könnte sich die Anzahl der reellen Nullstellen nur dann ändern, wenn zwei der reellen Nullstellen zu konjugiert imaginären würden. Denn nach $-a^2$, $-b^2$, $-c^2$ kann niemals eine der Nullstellen hineinrücken. Da der Übergang ins Imaginäre, wie erwähnt, stetig erfolgt, müßten sie sich vorher zu einer zweifachen Nullstelle vereinigen. Dieses ist aber nach dem obigen ausgeschlossen. Wenn b^2 die Grenze a^2 oder c^2

erreicht, können natürlich mehrere dieser Nullstellen zusammenfallen oder in die Stellen $-a^2$, $-b^2$, $-c^2$ hineinrücken.

15. Realität der Nullstellen. Wir betrachten nun sämtliche normierten Polynome Q, die zu den Laméschen Funktionen n-ten Grades gehören. Wie wir aus Ziffer 3—7 wissen, sind sie vom gleichen Grad g und in der Anzahl $g+1$ vorhanden. Wir bezeichnen mit ε_1 die Anzahl der imaginären Nullstellen, mit ε_2 die Anzahl ihrer zwischen $-a^2$ und $-b^2$ gelegenen Nullstellen, mit ε_3 die Anzahl ihrer zwischen $-b^2$ und $-c^2$ gelegenen Nullstellen, mit ε_4 die Anzahl ihrer außerhalb des Intervalls $(-a^2, -c^2)$ gelegenen Nullstellen. Die Gesamtzahl dieser Nullstellen ist gleich der Summe der Gradzahlen aller dieser Polynome, daher

$$(1) \qquad \varepsilon_1 + \varepsilon_2 + \varepsilon_3 + \varepsilon_4 = g(g+1)$$

für die erste und vierte Gattung und das Dreifache davon für die zweite und dritte Gattung.

Wird $a = b$, so rücken die ε_2 Nullstellen in $-a^2$ zusammen und von den ε_3 Nullstellen mögen ε_3' nach $-a^2$ oder $-c^2$ hineinfallen. Wird $b = c$, so rücken die ε_3 Nullstellen in $-c^2$ zusammen und ε_2' der ε_2 Nullstellen mögen dabei gleich $-a^2$ oder $-c^2$ werden. Nach Ziffer 11 ist im ersten Fall

$$M = P_{n,m}(\cos\vartheta),$$
$$\cos\vartheta = \pm\sqrt{\frac{-(c^2+\mu)}{a^2-c^2}},$$

wobei nach (III, 13, 2) und (III, 9, 6)

$$P_{n,m}(\xi) = \frac{1}{2^n n!}(1-\xi^2)^{\frac{m}{2}} \frac{d^{n+m}(\xi^2-1)^n}{d\xi^{n+m}}$$

ist. Bedeuten also $\bar{\xi}$ die Nullstellen von $P_{n,m}(\xi)$, so sind die Nullstellen von M durch

$$\bar{\mu} = -c^2 - (a^2-c^2)\,\bar{\xi}^2$$

gegeben. Dabei sind die Werte $\bar{\xi} = 0, +1$ auszulassen, weil das für $\bar{\mu}$ die unmöglichen Werte $-c^2$ oder $-a^2$ geben würde. Da die $\bar{\xi}$ nach (III, 13) spiegelbildlich zum Nullpunkt liegen, kann man sich auf die positiven Werte von $\bar{\xi}$ beschränken, denn zwei entgegengesetzt gleiche geben dasselbe $\bar{\mu}$. Wegen $0 < \bar{\xi} < 1$ gilt also $-a^2 < \bar{\mu} < -c^2$. Jedes $P_{n,m}(\xi)$ enthält ein Polynom $(n-m)$-ten Grades in ξ und liefert daher nach dem Gesagten gerade $\left[\frac{n-m}{2}\right]$ brauchbare Nullstellen. Für m sind nach Ziffer 11 entweder alle geraden oder alle ungeraden Zahlen $\leqq n$ zu wählen.

Wir gehen jetzt die einzelnen Fälle durch und berechnen jedesmal die Zahl $\varepsilon_3 - \varepsilon_3'$. Bei der ersten Art ist n gerade, $g = \frac{n}{2}$, für m sind die geraden Zahlen zu wählen, die $P_{n,m}$ liefern daher

$$\varepsilon_3 - \varepsilon_3' = 0 + 1 + 2 + \cdots + \frac{n}{2} = \frac{n}{4}\left(\frac{n}{2} + 1\right) = \frac{1}{2} g(g+1)$$

Nullstellen. Bei der zweiten Art ist n ungerade, $g = \frac{n-1}{2}$, für m sind zweimal die ungeraden und einmal die geraden Zahlen zu wählen, daher erhalten wir

$$3\left(0 + 1 + 2 + \cdots + \frac{n-1}{2}\right) = 3\frac{n-1}{4}\frac{n+1}{2} = \frac{3}{2} g(g+1)$$

Nullstellen. Bei der dritten Art ist n gerade, $g = \frac{n-2}{2}$, für m sind ebenfalls zweimal die ungeraden und einmal die geraden Zahlen zu wählen, bei diesen aber 0 auszuschließen, weil in diesem Fall $N = \sin m\varphi$ ist, daher erhält man

$$3\left[0 + 1 + 2 + \cdots + \left(\frac{n}{2} - 1\right)\right] = 3\frac{n}{4}\left(\frac{n}{2} - 1\right) = \frac{3}{2} g(g+1)$$

Nullstellen. Endlich ist bei der vierten Art n ungerade, $g = \frac{n-3}{2}$, für m sind die geraden Zahlen zu wählen, aber 0 ist wieder auszuschließen, weil in diesem Fall ebenfalls $N = \sin m\varphi$ ist, daher erhalten wir

$$0 + 1 + 2 + \cdots + \frac{n-3}{2} = \frac{n-3}{2}\frac{n-1}{4} = \frac{1}{2} g(g+1)$$

Nullstellen.

Im Falle $b = c$ wird nach Ziffer 12

$$N = P_{n,m}(\cos\vartheta)\,,$$

$$\cos\vartheta = \pm\sqrt{\frac{a^2 + \nu}{a^2 - c^2}}\,,$$

daher für die Nullstellen $\bar{\nu}$ von N

$$\bar{\nu} = -a^2 + (a^2 - c^2)\,\xi^2\,.$$

Alle übrigen Überlegungen und Ergebnisse sind dieselben und liefern hier für die Zahl $\varepsilon_2 - \varepsilon_2'$ genau dieselbe Zahl wie für $\varepsilon_3 - \varepsilon_3'$ im ersten Fall $a = b$.

Wir erhalten somit in den beiden Grenzfällen

$$\varepsilon_1 + \varepsilon_2 + \varepsilon_3 + \varepsilon_4 = g(g+1) + \varepsilon_1 + \varepsilon_4 + \varepsilon_2' + \varepsilon_3'$$

für die erste und vierte Gattung und

$$\varepsilon_1 + \varepsilon_2 + \varepsilon_3 + \varepsilon_4 = 3g(g+1) + \varepsilon_1 + \varepsilon_4 + \varepsilon_2' + \varepsilon_3'$$

für die zweite und dritte Gattung, daher in beiden Fällen wegen (1)

$$\varepsilon_1 + \varepsilon_4 + \varepsilon_2' + \varepsilon_3' = 0$$

oder, weil die ε ihrer Bedeutung nach nicht negativ sein können,

$$\varepsilon_1 = \varepsilon_2' = \varepsilon_3' = \varepsilon_4 = 0\,.$$

Weil die Zahlen der Nullstellen in den einzelnen Intervallen gemäß Ziff. 14 von der Größe von b nicht abhängen, gilt dieses Ergebnis für beliebiges b,

d. h. die Polynome Q haben lauter reelle, verschiedene zwischen $-a^2$ und $-c^2$ gelegene Nullstellen. Wird $a = b$, rückt keine der Nullstellen des Intervalls $(-b^2, -c^2)$ nach $-b^2$ oder $-c^2$, wird $b = c$, so rückt keine der Nullstellen des Intervalls $(-a^2, -b^2)$ nach $-a^2$ oder $-b^2$.

Als wir die Zahlen $\varepsilon_3 - \varepsilon_3'$ für $a = b$ berechneten, stellten wir fest, daß von den $g + 1$ Polynomen Q der ersten und vierten Art immer gerade eines genau σ Nullstellen $(\sigma = 0, 1, \ldots, g)$ im Intervall $(-b^2, -c^2)$ hat, seine übrigen $g - \sigma$ Nullstellen fallen natürlich mit $a = b$ zusammen. Bei der zweiten und dritten Art haben wir je drei solche Polynome Q festgestellt, im Einklang mit Ziffer 3—7. Da die Zahl der Nullstellen in den Intervallen $(-a^2, -b^2)$ und $(-b^2, -c^2)$ nach den früheren Überlegungen von der Größe von b nicht abhängt, gilt allgemein der Satz: Es gibt genau ein normiertes Polynom Q erster oder vierter Art und drei solche zweiter oder dritter Art mit σ reellen, verschiedenen Nullstellen $(\sigma = 0, 1, 2, \ldots, g)$ im Intervall $(-a^2, -b^2)$ und $g - \sigma$ reellen, verschiedenen Nullstellen im Intervall $(-b^2, -c^2)$. Dieser Satz geht auf F. Klein, der Gedankengang unseres Beweises in Ziffer 14 und 15 auf H. Poincaré zurück[1]).

16. Integraleigenschaften. Wir greifen aus den in Ziffer 1 betrachteten konfokalen Ellipsoiden ein bestimmtes mit dem Parameter λ_0 heraus, sein Flächenelement bezeichnen wir mit df. U und V seien Funktionen von x, y, z, die samt ihren Ableitungen bis zur zweiten Ordnung in dem betrachteten Gebiet stetig sind. Dann gilt nach einer bekannten Formel der Integralrechnung die Beziehung

$$\iiint (U\Delta V - V\Delta U)\,dx\,dy\,dz = \iint \left(U\frac{\partial V}{\partial n} - V\frac{\partial U}{\partial n}\right) df .$$

Das dreifache Integral ist über das Innere des erwähnten Ellipsoids zu erstrecken, das Doppelintegral über seine Oberfläche, n bedeutet die äußere Normale.

$L_1M_1N_1$ sei ein Lamésches Polynom, $L_2M_2N_2$ ein davon verschiedenes, d. h. ein solches, das sich nicht nur durch einen konstanten Faktor vom ersten unterscheidet. Wir setzen $U = L_1M_1N_1$, $V = L_2M_2N_2$, also $\Delta U = \Delta V = 0$. Ferner ist nach (III, 2, 3), (2, 2), (2, 3), (8, 1)

$$(1)\qquad \frac{\partial V}{\partial n} = \frac{\partial V}{\partial \lambda} H_1 = 2\frac{\partial V}{\partial \lambda}\frac{\Delta_\lambda}{\sqrt{(\lambda-\mu)(\lambda-\nu)}} = 2l\frac{\partial V}{\partial u},$$

wenn wir $l = \dfrac{1}{\sqrt{(\lambda-\mu)(\lambda-\nu)}}$ setzen. Da auf dem Ellipsoid $\lambda = \lambda_0$, also konstant ist, gilt

$$\left(L_1\frac{dL_2}{du} - L_2\frac{dL_1}{du}\right)\iint M_1N_1M_2N_2\,l\,df = 0,$$

---

[1]) F. Klein, Math. Ann. 18 (1881), S. 237; siehe auch das in Ziffer 13 angegebene Buch von H. Poincaré, S. 129—131.

daher

$$(2)\qquad \iint M_1 N_1 M_2 N_2\, l\, df = 0 .$$

Denn es ist $L_1 \frac{dL_2}{du} - L_2 \frac{dL_1}{du} \neq 0$. Wäre nämlich $L_1 \frac{dL_2}{du} - L_2 \frac{dL_1}{du} = 0$, so würde $\frac{d\left(\frac{L_2}{L_1}\right)}{du} = 0$ oder $\frac{L_2}{L_1} = \text{const.}$ sein, was nach der Voraussetzung über L_1 und L_2 unmöglich ist. Natürlich ist $\iint M^2 N^2 l\, df > 0$, weil der Integrand niemals negativ wird, nicht identisch verschwindet und stetig ist. Die mit $\sqrt{l}$ multiplizierten Laméschen Produkte MN sind also orthogonale Funktionen auf dem Ellipsoid $\lambda = \lambda_0$. Der Gedankengang dieses Beweises findet sich bei H. Poincaré[1]). Nach (III, 2), (2, 2), (8, 2) ist das Flächenelement

$$(3)\qquad \begin{aligned} df &= \frac{d\mu\, d\nu}{H_2 H_3} \\ &= \frac{i(\mu - \nu)\, d\mu\, d\nu}{4 l \Delta_\mu \Delta_\nu} \\ &= \frac{i(\mu - \nu)\, dv\, dw}{4 l}, \end{aligned}$$

daher läßt sich Formel (2) auch schreiben:

$$\iint (\mu - \nu)\, M_1 N_1 M_2 N_2\, dv\, dw = 0 .$$

Wir wollen jetzt $\iint l\, df$ berechnen. Wir legen zu diesem Zweck im Punkt $P(x, y, z)$ die berührende Ebene an das durch ihn hindurchgehende Ellipsoid λ. Die Gleichung dieser Ebene lautet

$$\frac{x(X - x)}{a^2 + \lambda} + \frac{y(Y - y)}{b^2 + \lambda} + \frac{z(Z - z)}{c^2 + \lambda} = 0$$

oder wegen (1, 2)

$$\frac{xX}{a^2 + \lambda} + \frac{yY}{b^2 + \lambda} + \frac{zZ}{c^2 + \lambda} - 1 = 0 .$$

Für die Länge p des vom Mittelpunkt 0 auf diese Ebene gefällten Lotes ergibt sich daher

$$p = \frac{1}{\sqrt{\frac{x^2}{(a^2 + \lambda)^2} + \frac{y^2}{(b^2 + \lambda)^2} + \frac{z^2}{(c^2 + \lambda)^2}}}$$

oder nach (2, 2), (2, 3) und (1) $p = \frac{H_1}{2} = l \Delta_\lambda$. Damit wird

$$\iint l\, df = \frac{1}{\Delta_\lambda} \iint p\, df .$$

---

[1]) Siehe das in Ziffer 13 angegebene Buch von H. Poincaré, S. 131—133.

$\frac{1}{3}\iint p\,df$ stellt aber den Körperinhalt des Ellipsoids dar. Das sieht man sofort ein, wenn man die Oberfläche in kleine Flächenelemente zerlegt und ihre Randpunkte mit dem Mittelpunkt des Ellipsoids verbindet. Dadurch wird das Ellipsoid in kleine schmale Kegel zerlegt, deren Höhe gegen $\bar{p}$ strebt, wenn die kleine Grundfläche gegen Null strebt. Es ist also

$$\iint \bar{p}\,df = 4\pi\sqrt{(a^2+\lambda)(b^2+\lambda)(c^2+\lambda)} = 4\pi\Delta_\lambda,$$

daher

$$\iint l\,df = 4\pi. \tag{4}$$

17. Reihenentwicklungen. Jeder Punkt P auf dem Ellipsoid λ_0 kann durch seine elliptischen Koordinaten μ und ν festgelegt werden, da für ihn $\lambda = \lambda_0$ ist. Eine auf dem Ellipsoid definierte Funktion ist also eine Funktion $F(\mu, \nu)$. Durch Gleichung (10, 3) ist in jedem Oktanten einem Wertesystem (μ, ν) ein bestimmtes Wertesystem (ϑ, φ) und umgekehrt zugeordnet. Aus $F(\mu, \nu)$ wird daher eine Funktion von ϑ, φ. Wenn sich diese in eine Reihe von Laplaceschen Kugelfunktionen entwickeln läßt (vgl. III, 16), so braucht man nur die einzelnen Kugelfunktionen nach Ziffer 10 durch die Funktionen MN darzustellen und erhält eine Entwicklung nach diesen Funktionen. Jede Funktion, die sich nach Laplaceschen Kugelfunktionen entwickeln läßt, kann daher auch nach den Laméschen Produkten MN entwickelt werden. Die Koeffizienten bestimmt man in folgender Weise: Es gilt die gleichmäßig konvergente Reihenentwicklung

$$F(\mu, \nu) = \sum_{\sigma=0}^{\infty} c_\sigma M_\sigma N_\sigma.$$

Wir multiplizieren diese Gleichung mit $l M_\tau N_\tau$ und integrieren über die gesamte Fläche des Ellipsoides λ_0. Dann ergibt sich nach (16, 2)

$$c_\sigma = \frac{\iint F\,M_\sigma N_\sigma l\,df}{\iint M_\sigma^2 N_\sigma^2 l\,df} \qquad (\sigma = 0, 1, 2, \ldots). \tag{1}$$

Die Integrale hängen zufolge (16, 3) von $\lambda = \lambda_0$ nicht ab.

Zum Beispiel erhält man

$$\frac{1}{l^2} = (\lambda-\mu)(\lambda-\nu) = A + B(\mu-h_1)(\nu-h_1) + C(\mu-h_2)(\nu-h_2),$$

h_1 und h_2 sind die beiden Werte von h aus dem Beispiel von Ziffer 4. Die Koeffizienten A, B, C ergeben sich durch Vergleichung der Potenzen von μ und ν, nämlich

$$\frac{1}{l^2} = (\lambda-h_1)(\lambda-h_2) + \frac{\lambda-h_2}{h_1-h_2}(\mu-h_1)(\nu-h_1) - \frac{\lambda-h_1}{h_1-h_2}(\mu-h_2)(\nu-h_2). \tag{2}$$

Ferner ist nach (1, 5)

$$\frac{x^2}{a^2+\lambda} = \frac{(a^2+\mu)(a^2+\nu)}{(a^2-b^2)(a^2-c^2)}$$
$$= A' + B'(\mu - h_1)(\nu - h_1) + C'(\mu - h_2)(\nu - h_2),$$

daher ebenso wie früher, wenn man die aus dem Beispiel der Ziffer 4 folgende Beziehung

$$3(a^2+h_1)(a^2+h_2) = (a^2-b^2)(a^2-c^2)$$

verwendet,

$$(3) \qquad \frac{3x^2}{a^2+\lambda} = 1 - \frac{(\mu-h_1)(\nu-h_1)}{(a^2+h_1)(h_1-h_2)} + \frac{(\mu-h_2)(\nu-h_2)}{(a^2+h_2)(h_1-h_2)}$$

und zwei ähnliche Gleichungen, in denen x^2 durch y^2 und z^2 und gleichzeitig a^2 durch b^2 und c^2 ersetzt ist.

18. Erste Randwertaufgabe für das Ellipsoid. Das Ellipsoid λ' sei mit der Flächendichte σ belegt. P' sei ein Punkt der Oberfläche, df' das zugehörige Flächenelement, P der Aufpunkt mit den rechtwinkligen Koordinaten x, y, z oder den elliptischen Koordinaten λ, μ, ν, R die Entfernung PP'. Die Flächenbelegung σ erzeugt in P das Potential $V = \iint \frac{\sigma df'}{R}$. Das Doppelintegral ist über die gesamte Fläche des Ellipsoids λ' zu erstrecken.

Es sei für einen äußeren Punkt $P(\lambda > \lambda')$

$$V_a = K(\lambda)L(\lambda')M(\mu)N(\nu),$$

für einen inneren Punkt $P(\lambda < \lambda')$

$$V_i = K(\lambda')L(\lambda)M(\mu)N(\nu).$$

Wir suchen die zugehörige Flächendichte σ. Die für V_a und V_i gemachten Ansätze sind möglich. Denn sie genügen nach Ziffer 3 und 9 der Laplaceschen Gleichung, $V_a = V_i$ für $\lambda = \lambda'$ und V_a verschwindet im Unendlichen nach Ziffer 9 und 10 mindestens von der ersten Ordnung. Zur Bestimmung von σ haben wir die Gleichung

$$-4\pi\sigma = \left(\frac{\partial V_a}{\partial n} - \frac{\partial V_i}{\partial n}\right)_{\lambda=\lambda'},$$

also nach Ziffer 9 und 16

$$-4\pi\sigma = 2\left[l\,MN\left(L\frac{dK}{du} - K\frac{dL}{du}\right)\right]_{\lambda=\lambda'},$$

$$(1) \qquad \sigma = \frac{2n+1}{2\pi}\, l(\lambda')MN.$$

Wir erhalten daher

$$(2) \qquad \iint \frac{lMN}{R}\, df' = \frac{2\pi}{2n+1} K(\lambda)\, L(\lambda')\, M(\mu)\, N(\nu) \quad \text{für} \quad \lambda \geqq \lambda',$$
$$= \frac{2\pi}{2n+1} K(\lambda')\, L(\lambda)\, M(\mu)\, N(\nu) \quad \text{für} \quad \lambda \leqq \lambda'.$$

Auf dem Ellipsoid λ_0 sei

$$\overline{V} = F(\mu, \nu) = \sum_{\sigma=0}^{\infty} c_\sigma K_\sigma(\lambda_0) L_\sigma(\lambda_0) M_\sigma(\mu) N_\sigma(\nu)$$

gegeben. Die Koeffizienten $c_\sigma K_\sigma(\lambda_0) L_\sigma(\lambda_0)$ bestimmen sich aus den Formeln (17, 1). Wir setzen für das Innere

$$V_i = \sum_{\sigma=0}^{\infty} c_\sigma K_\sigma(\lambda_0) L_\sigma(\lambda) M_\sigma(\mu) N_\sigma(\nu),$$

für das Äußere

$$V_a = \sum_{\sigma=0}^{\infty} c_\sigma K_\sigma(\lambda) L_\sigma(\lambda_0) M_\sigma(\mu) N_\sigma(\nu).$$

Beide Reihen genügen gliedweise der Laplaceschen Gleichung und nehmen für $\lambda = \lambda_0$ den Wert $\overline{V}$ an. Ferner verschwindet V_a im Unendlichen mindestens von erster Ordnung. Sie lösen also eindeutig die erste Randwertaufgabe mit den gegebenen Randwerten $\overline{V}$. Die Flächenbelegung σ des Ellipsoids, welche dieses Potential hervorruft, ist nach (1) durch

$$\sigma = \frac{l(\lambda_0)}{2\pi} \sum_{\sigma=0}^{\infty} (2n+1)\, c_\sigma M_\sigma(\mu)\, N_\sigma(\nu)$$

gegeben. n ist der Grad von $L_\sigma M_\sigma N_\sigma$ (vgl. Ziffer 3). Die Gesamtbelegung ist nach (16, 2) und (16, 4)

$$B = \iint \sigma\, df = \frac{1}{2\pi} \sum_{\sigma=0}^{\infty} (2n+1) c_\sigma \iint l M_\sigma N_\sigma df$$

$$= \frac{c_0}{2\pi} \iint l\, df = 2 c_0,$$

wenn wir das Doppelintegral über die gesamte Oberfläche des Ellipsoids λ_0 erstrecken und den Stellenzeiger 0 den Funktionen 0-ten Grades $L_0 = M_0 = N_0 = 1$ zuordnen. Selbstverständlich wird gleichmäßige Konvergenz aller betrachteten Reihen vorausgesetzt.

19. Potential des Ellipsoids. Das Innere des Ellipsoids λ_0 sei homogen mit der Massendichte 1 belegt. P' sei ein Punkt im Innern mit den rechtwinkeligen Koordinaten x', y', z' oder den elliptischen Koordinaten λ', μ', ν'. Für den Aufpunkt P und die Entfernung PP' behalten wir die Bezeichnungen von Ziffer 18 bei. Nach (III, 2, 2), (2, 2), (16, 1) erhalten wir für das Potential dieser Massenbelegung im Aufpunkt P

$$V = \iiint \frac{dx'\, dy'\, dz'}{R} = \iiint \frac{d\lambda'\, d\mu'\, d\nu'}{R H_1 H_2 H_3}$$

$$= \frac{1}{2} \int_{-c^2}^{\lambda_0} \frac{d\lambda'}{\Delta_{\lambda'}} \iint \frac{l\, df'}{l^2 R}.$$

Das dreifache Integral ist über das ganze Ellipsoid zu erstrecken, das Doppelintegral über seine Oberfläche.

Im folgenden setzen wir zur Abkürzung

(1) $$L_0 = 1,\quad L_1 = \sqrt{\lambda + a^2},\quad L_2 = \sqrt{\lambda + b^2},\quad L_3 = \sqrt{\lambda + c^2},$$
$$L_4 = \lambda - h_1,\quad L_5 = \lambda - h_2$$

und führen ähnliche Bezeichnungen bei den zugeordneten Funktionen K, M, N ein. Nach Ziffer 3—7 ist $n = 0$ für L_0, $n = 1$ für L_1, L_2, L_3, $n = 2$ für L_4 und L_5. Nach (17, 2), (18, 2) wird daher, wenn P außerhalb des Ellipsoids λ_0 liegt, also $\lambda > \lambda_0$ ist,

$$\iint \frac{l\,df'}{R} = \iint \left(L_4 L_5 + \frac{L_5 M_4 N_4}{h_1 - h_2} - \frac{L_4 M_5 N_5}{h_1 - h_2}\right) \frac{l\,df'}{R}$$
$$= 2\pi\, L_4(\lambda')\, L_5(\lambda') \left[K_0(\lambda) + \frac{K_4(\lambda)\, M_4(\mu)\, N_4(\nu)}{5(h_1 - h_2)} - \frac{K_5(\lambda)\, M_5(\mu)\, N_5(\nu)}{5(h_1 - h_2)}\right],$$

also

$$V_a = \pi \left[K_0 + \frac{K_4 M_4 N_4 - K_5 M_5 N_5}{5(h_1 - h_2)}\right] \int\limits_{-c^2}^{\lambda_0} \frac{L_4 L_5}{\Delta_{\lambda'}}\, d\lambda'.$$

Nun ist zufolge (2, 3) und (4, Beispiel)

(2) $$\frac{1}{\Delta_\lambda}\frac{d\Delta_\lambda}{d\lambda} = \frac{d \ln \Delta_\lambda}{d\lambda}$$
$$= \frac{1}{2}\left(\frac{1}{\lambda + a^2} + \frac{1}{\lambda + b^2} + \frac{1}{\lambda + c^2}\right)$$
$$= \frac{3(\lambda - h_1)(\lambda - h_2)}{2\Delta_\lambda^2},$$

daher

$$\frac{d\Delta_\lambda}{d\lambda} = \frac{3 L_4 L_5}{2\Delta_\lambda},$$

also

$$\int\limits_{-c^2}^{\lambda_0} \frac{L_4 L_5}{\Delta_{\lambda'}}\, d\lambda' = \frac{2}{3}\,[\Delta_{\lambda'}]_{-c^2}^{\lambda_0}.$$

Der Inhalt des Ellipsoids λ_0 ist

(3) $$I = \frac{4\pi}{3}\sqrt{(\lambda_0 + a^2)(\lambda_0 + b^2)(\lambda_0 + c^2)},$$

daher

$$\int\limits_{-c_2}^{\lambda_0} \frac{L_4 L_5}{\Delta_{\lambda'}}\, d\lambda' = \frac{I}{2\pi},$$

somit

$$V_a = \frac{1}{2}\, I \left[K_0 + \frac{K_4 M_4 N_4 - K_5 M_5 N_5}{5(h_1 - h_2)}\right].$$

Nach (9, 2) und (1) ist

$$K_4 = 5 \int_\lambda^\infty \frac{(\lambda - h_1)\, d\lambda'}{(\lambda' - h_1)^2 \Delta_{\lambda'}}$$

$$= 5 \int_\lambda^\infty \frac{1}{\Delta_{\lambda'}} d\left(\frac{\lambda' - \lambda}{\lambda' - h_1}\right)$$

$$= 5 \int_\lambda^\infty \frac{\lambda' - \lambda}{\lambda' - h_1} \frac{d\Delta_{\lambda'}}{\Delta_{\lambda'}^2}$$

$$= \frac{5}{2} \int_\lambda^\infty \frac{\lambda' - \lambda}{\lambda' - h_1} \frac{1}{\Delta_{\lambda'}} \left(\frac{1}{\lambda' + a^2} + \frac{1}{\lambda' + b^2} + \frac{1}{\lambda' + c^2}\right) d\lambda'.$$

Aus der Gleichung

$$\frac{\lambda' - \lambda}{(\lambda' - h_1)(\lambda' + a^2)} = \frac{\lambda' - \lambda}{(h_1 + a^2)(\lambda' - h_1)} + \frac{\lambda + a^2}{(h_1 + a^2)(\lambda' + a^2)} - \frac{1}{h_1 + a^2}$$

und den beiden analogen Gleichungen, in denen a durch b und c ersetzt ist, folgt in Zusammenhang mit der Gleichung für h_1 aus dem Beispiel in Ziffer 4, nämlich

$$\frac{1}{h_1 + a^2} + \frac{1}{h_1 + b^2} + \frac{1}{h_1 + c^2} = 0,$$

weiter nach (9, 2) und (1)

$$K_4 = \frac{5}{2} \int_\lambda^\infty \left[\frac{\lambda + a^2}{(h_1 + a^2)(\lambda' + a^2)} + \frac{\lambda + b^2}{(h_1 + b^2)(\lambda' + b^2)} + \frac{\lambda + c^2}{(h_1 + c^2)(\lambda' + c^2)}\right] \frac{d\lambda'}{\Delta_{\lambda'}}$$

$$= \frac{5}{6} \left(\frac{K_1 L_1}{h_1 + a^2} + \frac{K_2 L_2}{h_1 + b^2} + \frac{K_3 L_3}{h_1 + c^2}\right)$$

und ähnlich durch Vertauschung von h_1 und h_2

$$K_5 = \frac{5}{6} \left(\frac{K_1 L_1}{h_2 + a^2} + \frac{K_2 L_2}{h_2 + b^2} + \frac{K_3 L_3}{h_2 + c^2}\right),$$

daher nach (17, 3) und (1)

$$V_a = \frac{1}{2} I \left[K_0 + \frac{K_1 L_1}{6(h_1 - h_2)} \left(\frac{M_4 N_4}{h_1 + a^2} - \frac{M_5 N_5}{h_2 + a^2}\right) + \frac{K_2 L_2}{6(h_1 - h_2)} \left(\frac{M_4 N_4}{h_1 + b^2} - \frac{M_5 N_5}{h_2 + b^2}\right) + \frac{K_3 L_3}{6(h_1 - h_2)} \left(\frac{M_4 N_4}{h_1 + c^2} - \frac{M_5 N_5}{h_2 + c^2}\right)\right]$$

$$= \frac{1}{2} I \left[K_0 + \frac{1}{6}(K_1 L_1 + K_2 L_2 + K_3 L_3) - \frac{x^2}{2} \frac{K_1 L_1}{\lambda + a^2} - \frac{y^2}{2} \frac{K_2 L_2}{\lambda + b^2} - \frac{z^2}{2} \frac{K_3 L_3}{\lambda + c^2}\right].$$

Ferner ist nach (9, 2), (1), (2)

$$K_1L_1 + K_2L_2 + K_3L_3 = 3\int_\lambda^\infty \left(\frac{\lambda + a^2}{\lambda' + a^2} + \frac{\lambda + b^2}{\lambda' + b^2} + \frac{\lambda + c^2}{\lambda' + c^2}\right)\frac{d\lambda'}{\Delta_{\lambda'}}$$

$$= 3\int_\lambda^\infty \left[3 + (\lambda - \lambda')\left(\frac{1}{\lambda' + a^2} + \frac{1}{\lambda' + b^2} + \frac{1}{\lambda' + c^2}\right)\right]\frac{d\lambda'}{\Delta_{\lambda'}}$$

$$= 9\int_\lambda^\infty \frac{d\lambda'}{\Delta_{\lambda'}} + 6\int_\lambda^\infty (\lambda - \lambda')\frac{d\Delta_{\lambda'}}{\Delta_{\lambda'}^2}$$

$$= 9\int_\lambda^\infty \frac{d\lambda'}{\Delta_{\lambda'}} - 6\left[\frac{\lambda - \lambda'}{\Delta_{\lambda'}}\right]_\lambda^\infty - 6\int_\lambda^\infty \frac{d\lambda'}{\Delta_{\lambda'}}$$

$$= 3\,K_0,$$

daher

$$V_a = \frac{1}{4}\,I\left[3\,K_0(\lambda) - \frac{K_1(\lambda)}{L_1(\lambda)}x^2 - \frac{K_2(\lambda)}{L_2(\lambda)}y^2 - \frac{K_3(\lambda)}{L_3(\lambda)}z^2\right].$$

Für die Kraft in der X-Richtung erhalten wir somit

$$\frac{\partial V_a}{\partial x} = -\frac{1}{2}\,I\frac{K_1}{L_1}x + \frac{1}{4}\,I\left[3\frac{dK_0}{d\lambda} - x^2\frac{d}{d\lambda}\left(\frac{K_1}{L_1}\right) - y^2\frac{d}{d\lambda}\left(\frac{K_2}{L_2}\right) - z^2\frac{d}{d\lambda}\left(\frac{K_3}{L_3}\right)\right]\frac{\partial\lambda}{\partial x}.$$

Der Klammerausdruck ergibt sich nach (9, 2), (1), (1, 2) zu

$$\frac{3}{\Delta_\lambda} - 3\left(\frac{x^2}{\lambda + a^2} + \frac{y^2}{\lambda + b^2} + \frac{z^2}{\lambda + c^2}\right)\frac{1}{\Delta_\lambda} = 0,$$

also wird nach (9, 2)

$$\frac{\partial V_a}{\partial x} = -\frac{3}{2}\,Ix\int_\lambda^\infty \frac{d\lambda'}{(\lambda' + a^2)\Delta_{\lambda'}},$$

$$\frac{\partial V_a}{\partial y} = -\frac{3}{2}\,Iy\int_\lambda^\infty \frac{d\lambda'}{(\lambda' + b^2)\Delta_{\lambda'}},$$

$$\frac{\partial V_a}{\partial z} = -\frac{3}{2}\,Iz\int_\lambda^\infty \frac{d\lambda'}{(\lambda' + c^2)\Delta_{\lambda'}}.$$

Für einen inneren Punkt P folgt

(4) $$V_i = \frac{1}{4}\,I\left[3\,K_0(\lambda_0) - \frac{K_1(\lambda_0)}{L_1(\lambda_0)}x^2 - \frac{K_2(\lambda_0)}{L_2(\lambda_0)}y^2 - \frac{K_3(\lambda_0)}{L_3(\lambda_0)}z^2\right].$$

Es ist nämlich nach (9, 2), (1), (2) und (3)

$$\Delta V_i = -\frac{1}{2} I \left(\frac{K_1}{L_1} + \frac{K_2}{L_2} + \frac{K_3}{L_3}\right)_{\lambda=\lambda_0}$$

$$= -\frac{3}{2} I \int_{\lambda_0}^{\infty} \left(\frac{1}{\lambda' + a^2} + \frac{1}{\lambda' + b^2} + \frac{1}{\lambda' + c^2}\right) \frac{d\lambda'}{\Delta_{\lambda'}}$$

$$= -3I \int_{\lambda_0}^{\infty} \frac{d\Delta_{\lambda'}}{\Delta_{\lambda'}^2}$$

$$= -\frac{3I}{\Delta_{\lambda_0}}$$

$$= -4\pi$$

und

$$\frac{\partial V_i}{\partial x} = -\frac{3}{2} Ix \int_{\lambda_0}^{\infty} \frac{d\lambda'}{(\lambda' + a^2)\Delta_{\lambda'}},$$

$$\frac{\partial V_i}{\partial y} = -\frac{3}{2} Iy \int_{\lambda_0}^{\infty} \frac{d\lambda'}{(\lambda' + b^2)\Delta_{\lambda'}},$$

$$\frac{\partial V_i}{\partial z} = -\frac{3}{2} Iz \int_{\lambda_0}^{\infty} \frac{d\lambda'}{(\lambda' + c^2)\Delta_{\lambda'}},$$

d. h. für einen Punkt P der Oberfläche stimmt V_i samt seinen ersten Ableitungen mit den entsprechenden Werten von V_a und dessen Ableitungen überein. Ferner genügt V_i der Poissonschen Gleichung $\Delta V_i = -4\pi$. Durch diese Eigenschaften ist aber V_i nach einem bekannten Satz der Potentialtheorie eindeutig bestimmt, d. h. die Gleichung (4) stellt tatsächlich das Potential des Ellipsoids für einen inneren Punkt dar.

V. Abschnitt.

Asymptotische Reihen.

1. Asymptotische Reihen. In dieser Ziffer bedeutet x eine positive Veränderliche. Ferner seien alle Funktionen dieses Abschnittes reelle Funktionen reeller Veränderlicher. Es ist bekanntlich

$$e^{-x} = \sum_{m=0}^{n} (-1)^m \frac{x^m}{m!} + R_n(x),$$

wobei $\lim\limits_{n \to +\infty} R_n(x) = 0$ ist. Die Reihe konvergiert für jedes x und gestattet daher, e^{-x} mit jeder gewünschten Genauigkeit zu berechnen. Aber nur theoretisch, wie wir uns leicht überlegen. Die Reihe gehört nämlich zu den alternierenden Reihen, der Rest $R_n(x)$ hat somit immer dasselbe Zeichen wie das erste vernachlässigte Glied und ist absolut kleiner als dieses, sobald die absoluten Beträge der vernachlässigten Glieder fortwährend gegen Null abnehmen. Das ist in unserer Reihe erst für $m > x$ der Fall. Es folgt hiernach, wenn wir $n > x$ wählen,

$$R_n(x) = (-1)^{n+1}\, \vartheta \frac{x^{n+1}}{(n+1)!},$$

wo $0 < \vartheta < 1$ ist. Es ist aber praktisch unmöglich, für große x hieraus den Wert e^{-x} zu berechnen. Ist z. B. $x = 1000$, so ist das tausendste Glied $\frac{10^{3000}}{1000!} > 10^{432}$ nach (VI, 5, 10). Die theoretische Konvergenz der Reihe nützt hier für die praktische Berechnung gar nichts.

Gerade umgekehrt liegen die Verhältnisse bei der Reihe $\sum_{n=0}^{\infty} (-1)^n \frac{n!}{x^n}$. Sie divergiert, weil $\lim_{n\to+\infty} \frac{n!}{x^n} = +\infty$ ist. (Da nämlich die Reihe für e^{-x} konvergiert, ist $\lim_{n\to+\infty} \frac{x^n}{n!} = 0$.) Hat man aber für eine Funktion $f(x)$ die Entwicklung

$$f(x) = \sum_{m=0}^{n} (-1)^m \frac{m!}{x^m} + R_n(x) \tag{1}$$

$$R_n(x) = (-1)^{n+1}\, \vartheta \frac{(n+1)!}{x^{n+1}} \qquad (0 < \vartheta < 1),$$

so lassen sich ihre Werte für große x leicht berechnen. Will man z. B. $f(1000)$ auf 10 Dezimalstellen genau haben, so muß man n so wählen, daß der Rest

$$\vartheta \frac{(n+1)!}{1000^{n+1}} < \frac{1}{2}\, 10^{-10}$$

wird. Das ist schon für $n = 3$ der Fall, also ist mit der gewünschten Genauigkeit

$$f(1000) = 1 - \frac{1}{10^3} + \frac{2}{10^6} - \frac{6}{10^9} = 0{,}9990019940\,.$$

Diese Tatsache rührt davon her, daß die Glieder der Reihe zuerst sehr stark abnehmen; später aber wachsen sie schnell und über alle Grenzen (im vorliegenden Fall allerdings erst beim tausendsten Glied). Obwohl demnach diese Reihe, über alle Grenzen fortgesetzt, divergiert, ist sie doch für die praktische Berechnung gut brauchbar, weil in ihr ein Restglied auftritt. Allgemein ist man nicht in der Lage, auch theoretisch nicht, den Funktionswert mit jeder beliebigen Genauigkeit zu berechnen, weil das Restglied von der Größenordnung eines der Glieder der Reihe ist, nämlich ein Bruchteil des ersten vernachlässigten Gliedes. Die Genauigkeit kann also nicht unter diesen Bruchteil des Wertes des kleinsten Gliedes der Reihe herabgedrückt werden. Dieses kleinste Glied gibt es sicher, weil die Glieder schließlich wieder über alle Grenzen wachsen, es ist durch $n = [x]$ gegeben.

Erscheinungen dieser Art wurden zuerst von Euler [1]) bemerkt. Solche Reihen nannte Legendre [2]) semikonvergent oder halbkonvergent, weil sie sich für zahlenmäßige Berechnungen fast wie konvergente Reihen verhalten. Jetzt pflegt man sie nach H. Poincaré [3]) asymptotisch zu nennen und zwar auf Grund folgender Eigenschaft: Halten wir in (1) n fest und lassen x über alle Schranken wachsen, so ergibt sich für den Rest

$$\lim_{x\to+\infty} x^n R_n(x) = 0 \,,$$

d. h. der Wert von $f(x)$ wird umso genauer durch die Summe in (1) dargestellt, je größer x ist. Der Unterschied zu den konvergenten Reihen läßt sich in folgender Weise ganz deutlich angeben: Es sei

$$f(x) = S_n(x) + R_n(x) \,,$$

$$S_n(x) = \sum_{m=1}^{n} f_m(x) \,.$$

Ist $\lim\limits_{n\to+\infty} R_n(x) = 0$ bei festem x, dann ist $\sum\limits_{n=1}^{\infty} f_n(x)$ eine konvergente Reihe, ist dagegen $\lim\limits_{x\to+\infty} x^n R_n(x) = 0$ für alle festen n, während über $\lim\limits_{n\to+\infty} R_n(x)$ nichts vorausgesetzt wird, dann ist $\sum\limits_{n=1}^{\infty} f_n(x)$ eine asymptotische Reihe.

2. Die vier Grundrechnungsarten mit asymptotischen Reihen. Mit H. Poincaré nennen wir eine Reihe von der Form $a_0 + \frac{a_1}{x} + \frac{a_2}{x^2} + \cdots$, die für keinen Wert von x zu konvergieren braucht, eine asymptotische Darstellung oder Entwicklung der für alle hinreichend großen x definierten Funktion $F(x)$, wenn

$$(1) \qquad \lim_{x\to+\infty} \left[F(x) - \sum_{m=0}^{n} \frac{a_m}{x^m}\right] x^n = 0$$

ist für jedes feste $n = 0, 1, 2, \ldots$ Man schreibt symbolisch

$$F(x) \sim a_0 + \frac{a_1}{x} + \frac{a_2}{x^2} + \cdots.$$

Man sieht, daß die Bedingung sicher erfüllt ist, wenn $\sum\limits_{m=0}^{\infty} \frac{a_m}{x^m}$ für alle genügend großen positiven x gleichmäßig nach $F(x)$ konvergiert. Wenn $F(x)$ eine asymptotische Entwicklung hat,

[1]) L. Euler, Petrop. Comm. **11** (1739 [50]), S. 116—127 oder Werke (1) **14**, S. 350—363.

[2]) A. M. Legendre, Exerc. de calc. intégr. **1**, S. 267.

[3]) H. Poincaré, Acta math. **8** (1886), S. 295—344.

so ist sie eindeutig. Die Koeffizienten a_m ergeben sich nämlich eindeutig aus (1), indem wir der Reihe nach $n = 0, 1, 2 \ldots$ setzen,

$$a_0 = \lim_{x \to +\infty} F(x),$$

$$a_1 = \lim_{x \to +\infty} [F(x) - a_0]\, x,$$

$$a_2 = \lim_{x \to +\infty} \left[F(x) - a_0 - \frac{a_1}{x}\right] x^2,$$

$$\cdots \cdots \cdots$$

Verschiedene Funktionen können jedoch dieselbe asymptotische Entwicklung haben, z. B. ist

$$e^{-x} \sim 0 + \frac{0}{x} + \frac{0}{x^2} + \cdots,$$

daher $F(x) \sim F(x) + e^{-x}$. Sind $f(x)$ und $g(x)$ für alle hinreichend großen positiven x definiert und ist $g(x) \neq 0$, so schreibt man

$$F(x) \sim f(x) + g(x) \left(a_0 + \frac{a_1}{x} + \frac{a_2}{x^2} + \cdots\right),$$

wenn
$$\frac{F(x) - f(x)}{g(x)} \sim a_0 + \frac{a_1}{x} + \frac{a_2}{x^2} + \cdots.$$

Gilt

$$F(x) \sim a_0 + \frac{a_1}{x} + \frac{a_2}{x^2} + \cdots,$$

$$G(x) \sim b_0 + \frac{b_1}{x} + \frac{b_2}{x^2} + \cdots,$$

ist also bei festem n

$$(2) \qquad F(x) = \sum_{m=0}^{n-1} \frac{a_m}{x^m} + \frac{a_n + \varepsilon}{x^n},$$

$$G(x) = \sum_{m=0}^{n-1} \frac{b_m}{x^m} + \frac{b_n + \eta}{x^n}$$

mit $\lim\limits_{x \to +\infty} \varepsilon(x) = 0$ und $\lim\limits_{x \to +\infty} \eta(x) = 0$, so erhält man sofort, daß für konstante α und β

$$\alpha F(x) + \beta G(x) \sim \alpha a_0 + \beta b_0 + \frac{\alpha a_1 + \beta b_1}{x} + \frac{\alpha a_2 + \beta b_2}{x^2} + \cdots$$

und

$$F(x)\, G(x) \sim c_0 + \frac{c_1}{x} + \frac{c_2}{x^2} + \cdots$$

gilt, wo $c_n = \sum\limits_{k=0}^{n} a_k b_{n-k}$ ist, denn

$$\lim_{x\to+\infty}\left[F(x)\,G(x)-\sum_{m=0}^{n}\frac{c_m}{x^m}\right]x^n$$
$$=\lim_{x\to+\infty}\left[a_0\eta+b_0\varepsilon+\frac{a_1(b_n+\eta)+a_2b_{n-1}+\cdots+(a_n+\varepsilon)\,b_1}{x}+\cdots\right.$$
$$\left.+\frac{(a_n+\varepsilon)\,(b_n+\eta)}{x^n}\right]=0\,.$$

Konvergiert ferner $g(z)=\sum\limits_{n=0}^{\infty}a_nz^n$ für $|\,z\,|<r$ und ist $|\,a_0\,|<r$, so ist $\Phi(x)=g[F(x)]$ wegen $|\,a_0\,|<r$ für alle hinreichend großen positiven x definiert, weil $\lim\limits_{x\to+\infty}F(x)=a_0$ ist. $\Phi(x)$ hat eine asymptotische Entwicklung, die man erhält, wenn man die Entwicklung von $F(x)$ in $g(z)$ einsetzt und nach negativen Potenzen von x ordnet. Wir setzen nämlich

$$F(x)=a_0+f(x)\,. \tag{3}$$

Dann ist nach dem Taylorschen Satz

$$g[F(x)]=\sum_{k=0}^{\infty}\beta_kf(x)^k\,, \tag{4}$$

wo $\beta_k=\frac{g^{(k)}(a_0)}{k\,!}$ ist. Die Reihe (4) konvergiert für

$$|\,f(x)\,|<r-|\,a_0\,|\,, \tag{5}$$

weil dann $|\,a_0+f(x)\,|<r$ ist. Bedingung (5) ist aber sicher erfüllbar, weil wegen (1) und (3) $\lim\limits_{x\to+\infty}f(x)=0$ ist. Nun gilt

$$f(x)\sim\frac{a_1}{x}+\frac{a_2}{x^2}+\cdots, \tag{6}$$

daher nach dem schon bewiesenen Satz für asymptotische Reihen

$$f(x)^k\sim\frac{a_k^{(k)}}{x^k}+\frac{a_{k+1}^{(k)}}{x^{k+1}}+\cdots\qquad(k=2,3,\cdots)\,. \tag{7}$$

Setzt man diese Reihen in (4) ein und ordnet nach fallenden Potenzen von x, so erhält man eine Entwicklung von der Gestalt $A_0+\frac{A_1}{x}+\frac{A_2}{x^2}+\cdots$, wo

$$\begin{aligned}A_0&=\beta_0,\\A_1&=\beta_1a_1,\\A_2&=\beta_1a_2+\beta_2a_2^{(2)},\\&\cdots\cdots\cdots\cdots\\A_n&=\beta_1a_n+\beta_2a_n^{(2)}+\cdots+\beta_na_n^{(n)},\\&\cdots\cdots\cdots\cdots\end{aligned} \tag{8}$$

ist. Aus (2), (4), (6), (7) ergibt sich

$$\Phi(x)=\beta_0+\beta_1\left(\sum_{m=1}^{n}\frac{a_m}{x^m}+\frac{\varepsilon_1}{x^n}\right)+\cdots+\beta_n\left[\frac{a_n^{(n)}}{x^n}+\frac{\varepsilon_n}{x^n}\right]+f^{n+1}\sum_{k=1}^{\infty}\beta_{n+k}f^{k-1}$$

mit $\lim\limits_{x\to+\infty} \varepsilon_k(x) = 0$ $(k = 1, 2, 3, \ldots)$. Wegen (8) und $f(x)^{n+1} = \dfrac{\varepsilon_{n+1}(x)}{x^n}$ ist daher

$$\left[\Phi(x) - \sum_{m=0}^{n} \frac{A_m}{x^m}\right] = \frac{1}{x^n} \sum_{k=1}^{n} \beta_k \varepsilon_k + \frac{\varepsilon_{n+1}}{x^n} \sum_{k=1}^{\infty} \beta_{n+k} f(x)^{k-1},$$

sonach

$$\lim_{x\to+\infty} \left[\Phi(x) - \sum_{m=0}^{n} \frac{A_m}{x^m}\right] x^n = 0\,.$$

Damit ist die Behauptung bewiesen.

Ist insbesondere $g(z) = \dfrac{1}{a_0 + z}$, $a_0 \neq 0$, so konvergiert die Potenzreihe

$$g(z) = \frac{1}{a_0}\left(1 + \frac{z}{a_0}\right)^{-1} = \sum_{k=0}^{\infty} (-1)^k \frac{z^k}{a_0^{k+1}}$$

für $|z| < |a_0|$. Ersetzen wir ferner $F(x)$ durch $F(x) - a_0$, so können wir den eben bewiesenen Satz anwenden und erhalten die asymptotische Entwicklung für $\dfrac{1}{F(x)}$, indem wir $\dfrac{1}{F(x)}$ formal nach negativen Potenzen von x entwickeln.

Man kann also asymptotische Reihen addieren, subtrahieren, multiplizieren, dividieren und in konvergente Potenzreihen einsetzen und erhält dabei wieder asymptotische Entwicklungen, wenn man formal nach negativen Potenzen von x ordnet. Bei der Division muß a_0 von Null verschieden und beim Einsetzen in die konvergente Potenzreihe $|a_0|$ kleiner als der Konvergenzhalbmesser der Reihe sein.

3. Differenzieren und Integrieren asymptotischer Reihen. Ist die durch die asymptotische Entwicklung (2, 1) dargestellte Funktion $F(x)$ stetig für $x \geqq x_0$, so gilt

$$\psi(x) = \int_x^{\infty} \left[F(t) - a_0 - \frac{a_1}{t}\right] dt$$

$$\sim \frac{a_2}{x} + \frac{a_3}{2x^2} + \cdots + \frac{a_{n+1}}{nx^n} + \cdots.$$

Das Integral besteht nämlich, weil $\lim\limits_{t\to+\infty} \left[F(t) - a_0 - \dfrac{a_1}{t}\right] t^2 = a_2$ ist. Ferner gilt $F(t) - \sum\limits_{m=0}^{n+1} \dfrac{a_m}{t^m} = \dfrac{\varepsilon(t)}{t^{n+1}}$ mit $\lim\limits_{t\to+\infty} \varepsilon(t) = 0$ bei festem $n \geqq 1$, daher

$$\psi(x) - \sum_{m=1}^{n} \frac{a_{m+1}}{m x^m} = \int_x^{\infty} \frac{\varepsilon(t)\,dt}{t^{n+1}} \leqq \frac{\varepsilon^*(x)}{n x^n},$$

wenn $\varepsilon^*(x)$ der größte Wert von $|\varepsilon(t)|$ für $t \geqq x$ ist. Es ist daher

$$\lim_{x\to+\infty}\left[\psi(x)-\sum_{m=1}^{n}\frac{a_{m+1}}{m x^m}\right]x^n = 0\,,$$

weil $\lim\limits_{x\to+\infty}\varepsilon^*(x) = 0$ ist. Damit ist die Behauptung bewiesen.

Wenn $F(x)$ für $x \geqq x_0$ eine stetige Ableitung $F'(x)$ und diese eine asymptotische Entwicklung

$$F'(x) \sim b_0 + \frac{b_1}{x} + \frac{b_2}{x^2} + \cdots$$

hat, so ist

$$\begin{aligned} F(x) &= \int_{x_0}^{x} F'(t)\,dt + C_1 \\ &= \int_{x_0}^{x}\left(b_0 + \frac{b_1}{t}\right)dt + \int_{x_0}^{x}\left[F'(t) - b_0 - \frac{b_1}{t}\right]dt + C_1 \\ &= b_0 x + b_1 \ln x + C_2 - \int_{x}^{\infty}\left[F'(t) - b_0 - \frac{b_1}{t}\right]dt\,, \end{aligned}$$

wo C_1 und C_2 bestimmte feste Zahlen bedeuten. Nach der eben bewiesenen Behauptung ist aber, weil durch die Funktion ihre asymptotische Entwicklung bestimmt ist, $b_0 = b_1 = 0$, $b_n = -(n-1)\,a_{n-1}$ für $n \geqq 2$, d. h.

$$F'(x) \sim -\frac{a_1}{x^2} - \frac{2a_2}{x^3} - \cdots - \frac{(n-1)\,a_{n-1}}{x^n} - \cdots.$$

Man kann also eine asymptotische Reihe gliedweise differenzieren und erhält dadurch die asymptotische Entwicklung der Ableitung, wenn man weiß, daß eine stetige Ableitung vorhanden ist und daß sie eine asymptotische Entwicklung besitzt. Letzteres muß nicht immer der Fall sein, wie das Beispiel

$$F(x) = e^{-x}\sin e^x \sim 0 + \frac{0}{x} + \frac{0}{x^2} + \cdots$$

zeigt. Es ist nämlich

$$F'(x) = -e^{-x}\sin e^x + \cos e^x$$

und diese Funktion hat keine asymptotische Entwicklung, weil schon $\lim\limits_{x\to+\infty} F'(x)$ nicht vorhanden ist.

Asymptotische Entwicklungen stetiger Funktionen kann man, wie wir gesehen haben, gliedweise integrieren, wenn man die Glieder mit der 0-ten und (-1)-ten Potenz von x ausläßt. Man erhält dadurch die asymptotische Entwicklung von

$$\int_{x}^{\infty}\left[F(t) - a_0 - \frac{a_1}{t}\right]dt\,.$$

4. Bernoullische Polynome. Asymptotische Reihen treten zum erstenmal im Zusammenhang mit der Eulerschen Summenformel auf, die wir jetzt betrachten wollen. Wir folgen dabei den Darstellungen von W. Wirtinger [1]), K. Knopp [2]) und G. Kowalewski [3]) und untersuchen vorerst einige Funktionen, die später verwendet werden.

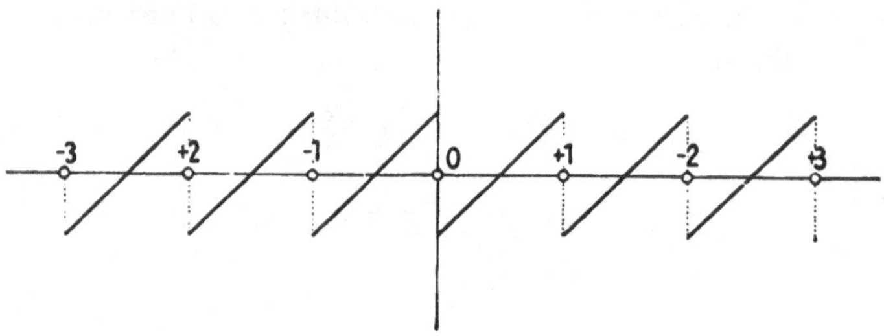

Abb. 22. (Durch ein Versehen wurde $+2$ mit -2 vertauscht.)

Die Funktion $B_1(x) = x - [x] - \frac{1}{2}$ ist durch das Schaubild der Abb. 22 gegeben. An den Sprungstellen $0, \pm 1, \pm 2, \ldots$ hat sie definitionsgemäß immer den Wert $-\frac{1}{2}$, die Größe des Sprunges ist 1. Sie ist periodisch mit der Periode 1, ungerade und außer den genannten Sprungstellen samt ihren Ableitungen stetig. Sie läßt sich daher nach den Betrachtungen der Einleitung in eine Fouriersche Reihe entwickeln, die in jedem die Sprungstellen nicht enthaltenden abgeschlossenen Intervall gleichmäßig konvergiert (weil die Funktion ungerade ist, fallen die Kosinusglieder weg), nämlich

$$B_1(x) = \sum_{n=1}^{\infty} c_n \sin 2n\pi x,$$

dabei ist

$$\begin{aligned} c_n &= 2\int_0^1 B_1(x) \sin 2n\pi x dx \\ &= 2\int_0^1 x \sin 2n\pi x dx \\ &= -\left[\frac{x \cos 2n\pi x}{n\pi}\right]_0^1 \\ &= -\frac{1}{n\pi}, \end{aligned}$$

---

[1]) W. Wirtinger, Acta math. **26** (1902), S. 255—271.

[2]) K. Knopp, Theorie und Anwendung der unendlichen Reihen, 3. Aufl., Kap. 14, Berlin 1931.

[3]) G. Kowalewski, Interpolation und genäherte Quadratur, Kap. 3 und 4, Leipzig und Berlin 1932.

also

$$B_1(x) = -\sum_{n=1}^{\infty} \frac{\sin 2n\pi x}{n\pi}.$$

Wenn wir diese Reihe fortwährend gliedweise integrieren, erhalten wir lauter durchwegs stetige Funktionen, die Sprungstellen von $B_1(x)$ sind nicht mehr vorhanden. Es ergibt sich so

$$B_2(x) = \int B_1(x)\,dx = \sum_{n=1}^{\infty} \frac{\cos 2n\pi x}{2n^2\pi^2},$$

$$B_3(x) = \int B_2(x)\,dx = \sum_{n=1}^{\infty} \frac{\sin 2n\pi x}{2^2 n^3\pi^3}$$

usw., allgemein

(1) $$B_{2k}(x) = (-1)^{k-1} \sum_{n=1}^{\infty} \frac{\cos 2n\pi x}{2^{2k-1} n^{2k} \pi^{2k}},$$

$$B_{2k+1}(x) = (-1)^{k-1} \sum_{n=1}^{\infty} \frac{\sin 2n\pi x}{2^{2k} n^{2k+1} \pi^{2k+1}};$$

dabei ist

(2) $$B_k(x) = \frac{d B_{k+1}(x)}{dx}$$

und die Integrationskonstante immer so bestimmt, daß

(3) $$\int_0^1 B_k(x)\,dx = 0.$$

Die absoluten Beträge der Glieder in der Reihe für $B_k(x)$ sind nach (1) $< \frac{1}{n^k}$, d. h. die Reihen konvergieren für $k \geqq 2$ absolut und gleichmäßig für alle Werte von x in jedem noch so großen Intervall, die betreffenden Funktionen sind also, wie wir schon erkannt haben, für alle x stetig. Nur die erste der Funktionen $B_1(x)$ hat die erwähnten Sprungstellen $0, \pm 1, \pm 2 \ldots$. Alle diese Funktionen haben die Periode 1, die mit geradem Zeiger sind gerade, die anderen ungerade.

Wir betrachten daher die Funktionen $B_k(x)$ nur im Intervall $0 \leqq x \leqq 1$. Der Einfachheit halber wollen wir hier, abweichend von der obigen Definition, $B_1(1) = \frac{1}{2}$ setzen. Dann ist in unserem Intervall $B_1(x) = x - \frac{1}{2}$. Gemäß (2) kann man die Funktionen so erhalten, daß man, von $B_0(x) = 1$ ausgehend, immer die unbestimmten Integrale bildet und die Integrationskonstante nach (3) bestimmt, den Funktionen also im Intervall $(0, 1)$ den Mittelwert Null vorschreibt. So erhält man der Reihe nach

$$B_0(x) = 1\,,$$
$$B_1(x) = x - \tfrac{1}{2}\,,$$
$$B_2(x) = \tfrac{1}{2}x^2 - \tfrac{1}{2}x + \tfrac{1}{12}\,,$$
$$B_3(x) = \tfrac{1}{6}x^3 - \tfrac{1}{4}x^2 + \tfrac{1}{12}x\,,$$
$$\ldots\ldots\ldots\ldots\ldots\ldots\ldots$$

Wir können aber auch so vorgehen, daß wir die neue Veränderliche $u = x - \frac{1}{2}$ einführen. Das Intervall $0 \leqq x \leqq 1$ geht dabei in das Intervall $-\frac{1}{2} \leqq u \leqq \frac{1}{2}$ über. Ferner ist allgemein

$$B_{k+1}(x) = \Phi_{k+1}(u) + C_{k+1} \quad \text{mit} \quad \Phi_{k+1}(0) = 0\,,$$
$$\Phi'_{k+1}(u) = B_k(x)\,,$$
$$C_{k+1} = -\int_{-\frac{1}{2}}^{+\frac{1}{2}} \Phi_{k+1}(u)\,du,$$

daher

$$B_1(x) = u\,,$$
$$B_2(x) = \tfrac{1}{2}u^2 - \tfrac{1}{24}\,,$$

weil $C_2 = -\int_{-\frac{1}{2}}^{+\frac{1}{2}} \frac{1}{2}u^2\,du = -\frac{1}{24}$ ist,

$$B_3(x) = \tfrac{1}{6}u^3 - \tfrac{1}{24}u\,,$$

weil $C_3 = -\int_{-\frac{1}{2}}^{+\frac{1}{2}} (\frac{1}{6}u^3 - \frac{1}{24}u)\,du = 0$ ist, denn der Integrand ist ungerade.

Wenn wir so fortfahren, erhalten wir folgendes Ergebnis: $B_k(x)$ ist ein Polynom k-ten Grades von u und daher auch von x und zwar enthält es nur gerade Potenzen von u, wenn k gerade, dagegen nur ungerade Potenzen von u, wenn k ungerade ist. Man nennt die Polynome $B_k(x)$, weil sie zuerst bei Jakob Bernoulli[1]) auftreten, Bernoullische Polynome. Die Schaubilder von $B_k(x)$ für gerades k sind also spiegelbildlich zur Geraden $x = \frac{1}{2}$, für ungerades k spiegelbildlich zum Punkt $(\frac{1}{2}, 0)$. Abb. 23 zeigt die Schaubilder von $B_2(x)$ und $B_3(x)$. Die Koeffizienten der einzelnen Potenzen von u oder x sind rationale Zahlen.

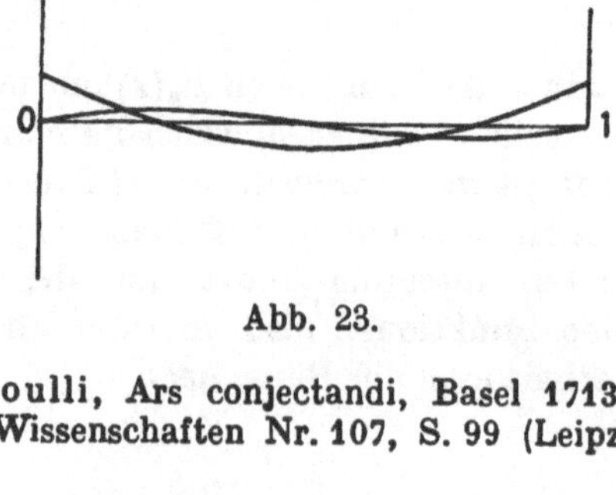

Abb. 23.

[1]) Jakob Bernoulli, Ars conjectandi, Basel 1713, S. 96 oder Ostwalds Klassiker der exakten Wissenschaften Nr. 107, S. 99 (Leipzig 1899).

Aus den Formeln (1) folgt für $k \geqq 1$

$$B_{2k+1}(0) = B_{2k+1}(\tfrac{1}{2}) = B_{2k+1}(1) = 0,$$

$$B_{2k}(0) = B_{2k}(1) = \frac{(-1)^{k-1}}{2^{2k-1}\pi^{2k}} \sum_{n=1}^{\infty} \frac{1}{n^{2k}},$$

daher

$$\sum_{n=1}^{\infty} \frac{1}{n^{2k}} = (-1)^{k-1}\, 2^{2k-1}\pi^{2k} B_{2k}(0).$$

Wir setzen

(4) $$B_n = n\,!\, B_n(0).$$

Die Zahlen B_n pflegt man als Bernoullische Zahlen zu bezeichnen. Sie sind rational, weil $B_n(0)$ rational ist. Es ist

$$B_0 = 1,\; B_1 = -\tfrac{1}{2},\; B_{2k+1} = 0 \;(k = 1, 2, 3, \ldots).$$

$\sum_{n=1}^{\infty} \frac{1}{n^{2k}}$ konvergiert gleichmäßig bezüglich k für $k \geqq 1$, daher ist

$$\lim_{k\to+\infty}\left(1 + \frac{1}{2^{2k}} + \frac{1}{3^{2k}} + \cdots\right) = 1,$$

also $\lim\limits_{k\to+\infty} B_{2k}(0) = 0$ und

(5) $$\lim_{k\to+\infty} |\, B_{2k} \,| = \lim_{k\to+\infty} \frac{(2k)\,!}{2^{2k-1}\,\pi^{2k}} = +\infty.$$

(Die letzte Beziehung ergibt sich aus VI, 5, 10.) Für die ersten Bernoullischen Zahlen B_{2k} erhält man

$$B_2 = \frac{1}{6},\quad B_4 = -\frac{1}{30},\quad B_6 = \frac{1}{42},\quad B_8 = -\frac{1}{30},\quad B_{10} = \frac{5}{66},$$

$$B_{12} = -\frac{691}{2730},\quad B_{14} = \frac{7}{6},\quad B_{16} = -\frac{3617}{510},$$

$$B_{18} = \frac{43867}{798},\quad B_{20} = -\frac{174611}{330}.$$

Nach (1) ist

(6) $$|\, B_{2k}(\tfrac{1}{2}) \,| < |\, B_{2k}(0) \,|.$$

Aus den erwähnten Eigenschaften der Bernoullischen Polynome ergibt sich für $n \geqq 1$, $k \geqq 0$, wenn wir teilweise integrieren,

$$\int_0^1 B_n(x)\, B_{n+2k}(x)\, dx = -\int_0^1 B_{n+1}(x)\, B_{n+2k-1}(x)\, dx$$

$$= \int_0^1 B_{n+2}(x)\, B_{n+2k-2}(x)\, dx$$

$$= (-1)^k \int_0^1 B_{n+k}(x)^2\, dx \neq 0$$

und

$$\int_0^1 B_n(x)\, B_{n+2k+1}(x)\, dx = -\int_0^1 B_{n+1}(x)\, B_{n+2k}(x)\, dx$$
$$= \int_0^1 B_{n+2}(x)\, B_{n+2k-1}(x)\, dx$$
$$= (-1)^k \int_0^1 B_{n+k}(x)\, B_{n+k+1}(x)\, dx$$
$$= (-1)^k \int_0^1 B_{n+k+1}(x)\, dB_{n+k+1}(x)$$
$$= \left[\frac{(-1)^k B_{n+k+1}(x)^2}{2}\right]_0^1 = 0,$$

ferner

$$\int_0^1 B_0(x)\, B_n(x)\, dx = 0,$$
$$\int_0^1 B_0(x)^2\, dx = 1.$$

Die Bernoullischen Polynome sind also keine orthogonalen Funktionen im Intervall $0 \leqq x \leqq 1$.

Weil $B_k(x)$ vom k-ten Grad in x ist, lassen sich die einzelnen Potenzen von x durch die $B_k(x)$ ausdrücken und zwar ist

$$x^n = \sum_{m=0}^{n} a_m B_m(x).$$

Ferner ergibt sich leicht die lineare Unabhängigkeit der Bernoullischen Polynome, denn eine Identität $\sum_{m=0}^{n} b_m B_m(x) = 0$ bei beliebigem n würde $b_m = 0$ für $m = n,\ n-1,\ n-2, \ldots 0$ nach sich ziehen: Weil nämlich $B_n(x)$ gerade vom m-ten Grad in x ist, müßte $b_n = 0$ sein, damit x^n wegfalle, dann aus denselben Gründen $b_{n-1} = 0$, usw.

5. Nullstellen der Bernoullischen Polynome. Die Bernoullischen Polynome mit ungeradem Zeiger haben nach Ziffer 4 die drei Nullstellen $0, \frac{1}{2}, 1$. $B_1(x)$ bildet eine Ausnahme, denn wie aus seiner Definition hervorgeht, ist $B_1(0) = -\frac{1}{2}$, $B_1(1) = \frac{1}{2}$, die einzige Nullstelle ist $\frac{1}{2}$. Man sieht leicht ein, daß die Bernoullischen Polynome $B_3(x), B_5(x), \ldots$ nur die Nullstellen $0, \frac{1}{2}, 1$ haben. Hätte nämlich $B_{2k+1}(x)$ nicht nur eine Nullstelle zwischen 0 und 1, sondern mindestens deren zwei, a und b, $(0 < a < b < 1)$, so hätte $B_{2k}(x)$ als Ableitung von $B_{2k+1}(x)$ nach einem bekannten Satz der Differentialrechnung mindestens drei Nullstellen α, β, γ, die der Ungleichung $0 < \alpha < a < \beta < b < \gamma < 1$ genügen. Die Ableitung $B_{2k-1}(x)$ hätte dann sicher eine zwischen α und β und eine zwischen β und γ liegende Nullstelle, also ebenso wie $B_{2k+1}(x)$ zwei zwischen 0 und 1 gelegene Nullstellen. So könnten wir weiter schließen und würden zu dem Widerspruch gelangen, daß schließlich auch $B_1(x)$ zwei zwischen 0 und 1 gelegene Nullstellen hat. Damit ist die Behauptung bewiesen.

$B_{2k}(x)$ hat als Ableitung von $B_{2k+1}(x)$ nach dem eben benützten Satz der Differentialrechnung mindestens eine zwischen 0 und $\frac{1}{2}$ und eine zwischen $\frac{1}{2}$ und 1 liegende Nullstelle, die wegen der in Ziffer 4 erkannten Symmetrieeigenschaft von $B_{2k}(x)$ spiegelbildlich zum Punkt $(\frac{1}{2}, 0)$ liegen. Außer diesen Nullstellen hat $B_{2k}(x)$ einschließlich der Grenzen 0 und 1 keine weiteren. Hätte nämlich $B_{2k}(x)$ drei Nullstellen, so hätte $B_{2k-1}(x)$ mindestens zwei zwischen 0 und 1 liegende Nullstellen, im Widerspruch zu dem eben bewiesenen Satz. Die Bernoullischen Polynome $B_2(x)$, $B_4(x)$, ... haben also nur zwei Nullstellen, sie liegen im Innern des Intervalls $(0, 1)$ spiegelbildlich zu seiner Mitte. Sämtliche Nullstellen der Bernoullischen Polynome sind einfach, weil niemals gleichzeitig $B_k(x)$ und $B_{k+1}(x)$ verschwinden.

$B_{2k}(x)$ hat seine größten und kleinsten Werte an den Stellen $0, \frac{1}{2}, 1$, den Nullstellen von $B_{2k-1}(x)$. $B_{2k}(x)$ verläuft monoton zwischen 0 und $\frac{1}{2}$, hat also nach (4, 1) für gerades k die Gestalt der Abb. 24, für ungerades k die der Abb. 25 (ausgenommen $k = 1$, siehe Abb. 23). Die entsprechende Kurve hat nach (4, 2) zwei Wendepunkte an den Nullstellen von $B_{2k-2}(x)$. $B_{2k+1}(x)$ hat seinen größten und kleinsten Wert an den Nullstellen von $B_{2k}(x)$ und wächst in der Umgebung von $x = 0$, wenn $B_{2k}(0) > 0$, nimmt dagegen ab, wenn $B_{2k}(0) < 0$ ist, hat daher für gerades k die Gestalt der Abb. 26, für ungerades die der Abb. 27. Wegen (4, 6) ist daher $|B_{2k}(x)| \leqq |B_{2k}(0)|$.

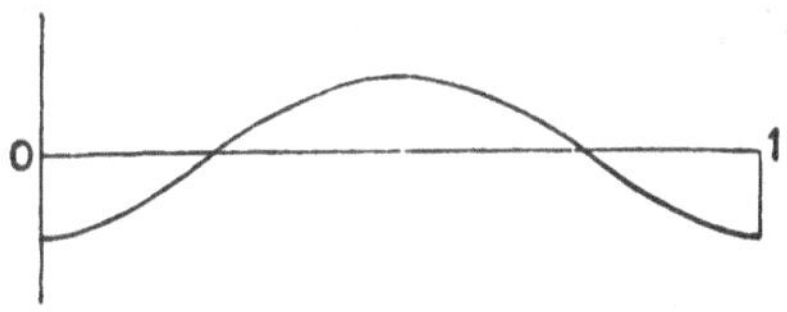

Abb. 24.

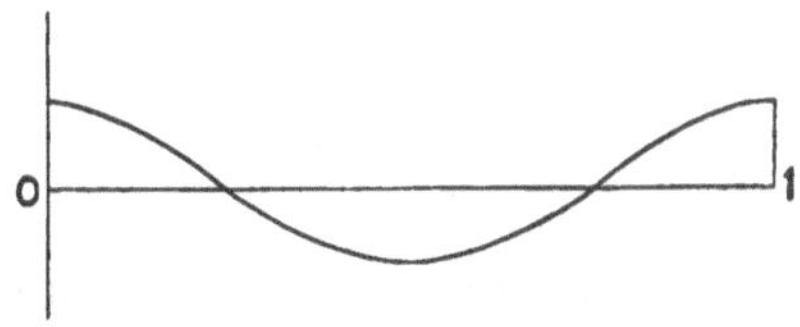

Abb. 25.

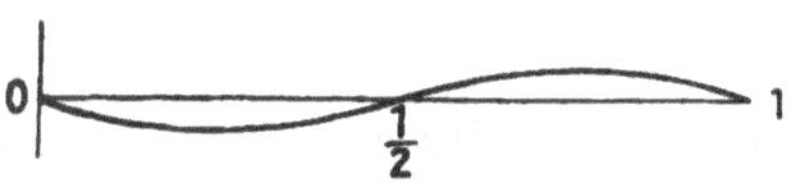

Abb. 26.

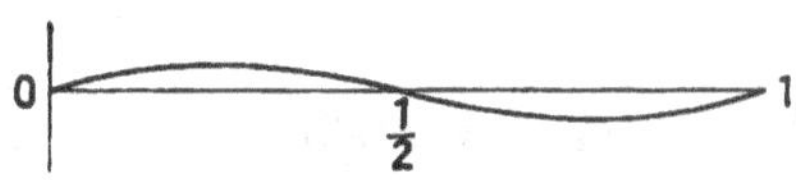

Abb. 27.

6. Berechnung der Bernoullischen Polynome. Es möge hier eine Formel für die Bernoullischen Polynome angegeben werden, deren Richtigkeit leicht durch den Schluß von n auf $n + 1$ einzusehen ist, nämlich

$$B_n(x) = \frac{1}{n!}(x + B)^n. \tag{1}$$

Dabei ist die Potenz symbolisch zu verstehen, d. h. man hat sie nach dem binomischen Lehrsatz auszurechnen und dann B^k durch die Bernoullische Zahl B_k zu ersetzen. Die Formel ist richtig, denn sie stimmt für $n = 0, 1$. Ferner ist die Beziehung (4, 2) erfüllt und die Integrationskonstante richtig gewählt, denn $B_n(0) = \frac{B_n}{n!}$ in Übereinstimmung mit (4, 4). Aus (1) folgt auch eine Rekursionsformel für die Bernoullischen Zahlen. Es ist nämlich für $n \geqq 2$ wegen $B_n(1) - B_n(0) = 0$

$$(B + 1)^n - B^n = 0. \tag{2}$$

Aus dieser Formel (2) folgern wir

$$e^{(B+1)t} - e^{Bt} = t. \tag{3}$$

Diese Gleichung ist so zu verstehen, daß die Potenz von e in die bekannte Potenzreihe entwickelt und hierauf immer B^k durch B_k ersetzt wird. Nun ist $e^{(B+1)t} = e^{Bt} \cdot e^t$. Denn die Beziehung ist richtig, wenn B als Unbestimmte vorausgesetzt wird. Ordnet man dann beide Seiten der Gleichung nach Potenzen von B, so sind die Koeffizienten gleich hoher Potenzen von B einander gleich und daher besteht die Beziehung auch, wenn B^k durch B_k ersetzt wird. Wir können also schreiben $e^{Bt}(e^t - 1) = t$, oder wenn wir noch mit e^{xt} multiplizieren und die eben gemachte Überlegung wiederholen,

$$e^{(B+x)t}(e^t - 1) = te^{xt},$$

daher nach (1)

$$\begin{aligned} e^{(B+x)t} &= \sum_{n=0}^{\infty} \frac{(B+x)^n}{n!} t^n \\ &= \sum_{n=0}^{\infty} B_n(x)\, t^n \\ &= \frac{t e^{xt}}{e^t - 1}. \end{aligned}$$

Man gewinnt also die Bernoullischen Polynome als Koeffizienten der Potenzen von t in der Entwicklung

$$\frac{t e^{xt}}{e^t - 1} = \sum_{n=0}^{\infty} B_n(x)\, t^n.$$

Die singulären Stellen dieser Funktion sind die Nullstellen des Nenners, $t = 0$ ausgeschlossen, also $t = 2n\pi i (n = \pm 1, \pm 2, \ldots)$. Die Reihe konvergiert daher für $|t| < 2\pi$ und zwar gleichmäßig für jeden Wert von x in einem beliebig großen Kreis. Für $x = 0$ ergeben sich die Bernoullischen Zahlen nach (4, 4) als Koeffizienten der Potenzen von t in der Reihenentwicklung

$$\frac{t}{e^t - 1} = \sum_{n=0}^{\infty} B_n \frac{t^n}{n!}.$$

7. Eulersche Summenformel. $f(x)$ sei samt allen auftretenden Ableitungen stetig in den Intervallen, die im folgenden betrachtet werden. Durch teilweise Integration erhält man gemäß Ziffer 4 und 5 für $k = 0, 1, 2, \ldots$

$$\int_k^{k+1} f(x)\,dx = \int_k^{k+1} f(x)\,B_1'(x)\,dx$$

$$= \tfrac{1}{2}\,[f(k) + f(k+1)] - \int_k^{k+1} B_1(x)\,f'(x)\,dx\,,$$

daher

$$(1)\qquad \int_0^m f(x)\,dx = \tfrac{1}{2}\,[f(0) + f(m)] + \sum_{k=1}^{m-1} f(k) - \int_0^m B_1(x)\,f'(x)\,dx\,,$$

ferner

$$(2)\qquad \int_0^m B_1(x)\,f'(x)\,dx = [B_2(x)\,f'(x)]_0^m - \int_0^m B_2(x)\,f''(x)\,dx$$

$$= B_2(0)\,[f'(m) - f'(0)] - [B_3(x)\,f''(x)]_0^m + \int_0^m B_3(x)\,f'''(x)\,dx$$

$$= \sum_{k=1}^{n} B_{2k}(0)\,[f^{(2k-1)}(m) - f^{(2k-1)}(0)] + R_n$$

mit

$$(3)\qquad R_n = \int_0^m B_{2n+1}(x)\,f^{(2n+1)}(x)\,dx$$

$$= B_{2n+2}(0)\,[f^{(2n+1)}(m) - f^{(2n+1)}(0)] - \int_0^m B_{2n+2}(x)\,f^{(2n+2)}(x)\,dx$$

$$= -\int_0^m [B_{2n+2}(x) - B_{2n+2}(0)]\,f^{(2n+2)}(x)\,dx$$

$$= -f^{(2n+2)}(\vartheta m)\int_0^m [B_{2n+2}(x) - B_{2n+2}(0)]\,dx$$

$$= m B_{2n+2}(0)\,f^{(2n+2)}(\vartheta m) \qquad (0 < \vartheta < 1),$$

hiernach und aus (1) die sogenannte Eulersche Summenformel[1])

$$(4)\qquad \sum_{k=0}^{m} f(k) = \int_0^m f(x)\,dx + \tfrac{1}{2}\,[f(0) + f(m)] + \int_0^m B_1(x)\,f'(x)\,dx$$

oder

$$(5)\qquad \sum_{k=0}^{m} f(k) = \int_0^m f(x)\,dx + \tfrac{1}{2}\,[f(0) + f(m)]$$

$$+ \sum_{k=1}^{n} \frac{B_{2k}}{(2k)!}\,[f^{(2k-1)}(m) - f^{(2k-1)}(0)] + \frac{m B_{2n+2}}{(2n+2)!}\,f^{(2n+2)}(\vartheta m)$$

$$(0 < \vartheta < 1).$$

---

1) L. Euler, Petrop. Comm. **6** (1732/33 [38]), S. 68—97 oder Werke (1) **14**,

Als Beispiel wählen wir $f(x) = x^p$ (p positive ganze Zahl). Da $f^{(p)}(x) = p!$ und $f^{(n)}(x) = 0$ für $n > p$ ist, erhalten wir

$$\sum_{k=1}^{m} k^p = \frac{m^{p+1}}{p+1} + \tfrac{1}{2} m^p + \frac{B_2}{2!} p m^{p-1} + \frac{B_4}{4!} p(p-1)(p-2) m^{p-3} + \cdots.$$

Die Reihe bricht mit der ersten oder zweiten Potenz von m ab. Wegen $B_1 = -\tfrac{1}{2}$ und $B_3 = B_5 = \cdots = 0$ ist daher

$$\sum_{k=1}^{m-1} k^p = \frac{1}{p+1}\left[m^{p+1} + \binom{p+1}{1} B_1 m^p + \binom{p+1}{2} B_2 m^{p-1} + \cdots\right]$$

oder nach der Bezeichnung von (6, 1)

$$1^p + 2^p + \cdots + (m-1)^p = \frac{1}{p+1}\,[(m+B)^{p+1} - B^{p+1}].$$

8. Abschätzung des Restgliedes. Hat $f^{(2k)}(x)$ im Intervall $0 < x < m$ keine Nullstellen und gleiches Zeichen für alle auftretenden k, so ist nach (7, 3) $R_n \neq 0$, ferner haben R_n und $-R_{n+1}$ gleiches Zeichen, also auch $R_n - R_{n+1}$ und R_n und es ist $|R_n| < |R_n - R_{n+1}|$. Weil wegen (7, 2) $R_n - R_{n+1}$ das erste vernachlässigte Glied der Reihe (7, 5) darstellt, gilt folgender Satz: Das Restglied ist unter den gemachten Voraussetzungen über die Ableitungen von $f(x)$ dem absoluten Betrag nach kleiner als das erste vernachlässigte Glied und hat dasselbe Zeichen wie dieses.

Formel (7, 4) wird manchmal auch für $m \to +\infty$ gebraucht, falls die betreffenden Grenzwerte vorhanden sind. In diesem Fall kann man das Restglied in folgender Weise nach (7, 2) und (7, 3) abschätzen: $f(x)$ soll samt seinen Ableitungen für $x > 0$ und $x \to +\infty$ fortwährend zu- oder abnehmend nach Null streben. Jede der Ableitungen hat also ein festes Zeichen, insbesonders haben Ableitungen, deren Ordnungen sich um 2 unterscheiden, dasselbe Zeichen. Weil nach Ziffer 4 $B_{2n+1}(x)$ für ganzzahliges k spiegelbildlich zum Punkt $(k + \tfrac{1}{2}, 0)$ ist, gilt

$$\left|\int_k^{k+\frac{1}{2}} B_{2n+1}(x)\, f^{(2n+1)}(x)\, dx\right| > \left|\int_{k+\frac{1}{2}}^{k+1} B_{2n+1}(x)\, f^{(2n+1)}(x)\, dx\right|,$$

$\int_k^{k+1} B_{2n+1}(x) f^{(2n+1)}(x)\, dx$ hat daher wegen der Periodizität von $B_{2n+1}(x)$ dasselbe Zeichen wie $B_{2n+1}(x)\, f^{(2n+1)}(x)$ im Intervall $0 < x < \tfrac{1}{2}$, somit auch R_n, weil $R_n = \sum_{k=0}^{\infty} \int_k^{k+1} B_{2n+1}(x) f^{(2n+1)}(x) dx$ ist. Ebenso sieht man daraus, daß $R_n \neq 0$ ist. Weil aber das Zeichen von $B_{2n+1}(x)$ in dem genannten Intervall mit n abwechselt, das von $f^{(2n+1)}(x)$ dagegen nicht, wechseln auch die Zeichen der

S. 42—72. Bei Euler fehlt das Restglied. Dieses wurde von Poisson hinzugefügt, siehe S. D. Poisson, Mém. Acad. sc. Inst. France 6 (1823), S. 571—602.

Restglieder mit n. Nun kann man ebenso schließen wie früher und erhält dasselbe Ergebnis.

9. Eulersche Konstante. Wir setzen in der Formel (7, 4) $f(x) = \frac{1}{x+1}$ und erhalten

$$(1) \quad \sum_{k=0}^{m} \frac{1}{k+1} = \ln(m+1) + \tfrac{1}{2}\left(1 + \frac{1}{m+1}\right) - \int_0^m \frac{B_1(x)\,dx}{(x+1)^2},$$

daher

$$(2) \quad \lim_{m\to+\infty} \left[\sum_{k=0}^{m} \frac{1}{k+1} - \ln(m+1)\right] = \tfrac{1}{2} - \int_0^\infty \frac{B_1(x)\,dx}{(x+1)^2} = C,$$

also

$$(3) \quad \sum_{k=0}^{m} \frac{1}{k+1} = \ln(m+1) + C + \frac{1}{2(m+1)} + \int_m^\infty \frac{B_1(x)\,dx}{(x+1)^2}.$$

Es ist $C > 0$, denn nach (2) ist

$$C = \lim_{m\to+\infty} \left[1 + \frac{1}{2} + \cdots + \frac{1}{m} - \ln(m+1)\right] + \lim_{m\to+\infty} \ln \frac{m+1}{m}$$
$$= \sum_{k=1}^{\infty} \left(\frac{1}{k} - \int_k^{k+1} \frac{dx}{x}\right)$$

und jedes Glied dieser Summe ist positiv. C bezeichnet man als Eulersche[1]) Konstante.

Um C bequem berechnen zu können, formen wir das Integral in (2) um. Es ist

$$\int_k^{k+1} \frac{B_1(x)\,dx}{(x+1)^2} = \int_k^{k+1} \frac{x - k - \frac{1}{2}}{(x+1)^2}\,dx$$
$$= \int_k^{k+1} \frac{dx}{x+1} - \left(k + \frac{3}{2}\right) \int_k^{k+1} \frac{dx}{(x+1)^2}$$
$$= \ln \frac{k+2}{k+1} - \frac{k + \frac{3}{2}}{(k+1)(k+2)}$$
$$= -\ln\left(1 - \frac{1}{k+2}\right) - \frac{1}{k+1}\left[1 - \frac{1}{2(k+2)}\right],$$

somit

$$C = \frac{5}{4} + \sum_{k=1}^{\infty} \left[\frac{1}{k+1} + \ln\left(1 - \frac{1}{k+1}\right) - \frac{1}{2(k+1)(k+2)}\right].$$

Ferner ist

[1]) L. Euler, Petrop. Comm. 7 (1734/35 [40]), S. 156 oder Werke (1) 14, S. 94.

$$\sum_{k=1}^{\infty} \frac{1}{(k+1)(k+2)} = \sum_{k=1}^{\infty} \left(\frac{1}{k+1} - \frac{1}{k+2} \right) = \frac{1}{2},$$

$$\frac{1}{k+1} + \ln\left(1 - \frac{1}{k+1}\right) = -\sum_{n=2}^{\infty} \frac{1}{n(k+1)^n},$$

hiermit, wenn wir $S_n = \sum_{k=1}^{\infty} \frac{1}{k^n}$ setzen,

$$C = 1 - \tfrac{1}{2}(S_2 - 1) - \tfrac{1}{3}(S_3 - 1) - \cdots {}^{1)}.$$

Auf 10 Dezimalstellen ergibt sich $C = 0{,}5772156649$.

Wir formen jetzt noch das Integral in (3) durch teilweise Integration um. Es ist

$$(4) \qquad \int_m^{\infty} \frac{B_1(x)\,dx}{(x+1)^2} = -\frac{B_2(0)}{(m+1)^2} + 2!\int_m^{\infty} \frac{B_2(x)\,dx}{(x+1)^3}$$

$$= -\frac{B_2(0)}{(m+1)^2} + 3!\int_m^{\infty} \frac{B_3(x)\,dx}{(x+1)^4}$$

$$= -\sum_{k=1}^{n} \frac{B_{2k}}{2k(m+1)^{2k}} + R_n,$$

dabei ist

$$R_n = (2n)!\int_m^{\infty} \frac{B_{2n}(x)\,dx}{(x+1)^{2n+1}}$$

$$= (2n+1)!\int_m^{\infty} \frac{B_{2n+1}(x)\,dx}{(x+1)^{2n+2}}.$$

Da $f(x)$ die Voraussetzungen erfüllt, die wir bei der Abschätzung von R_n in Ziffer 8 gemacht haben, können wir dieselben Überlegungen anstellen und erhalten $R_n = \frac{\vartheta B_{2n+2}}{(2n+2)(m+1)^{2n+2}}$ $(0 < \vartheta < 1)$. Die Reihe (4) ist ein Beispiel für eine asymptotische Reihe. Denn

$$\lim_{k\to+\infty} \frac{|B_{2k}|}{2k(m+1)^{2k}} = \lim_{k\to+\infty} \frac{(2k-1)!}{2^{2k-1}\pi^{2k}(m+1)^{2k}} = +\infty$$

nach (4, 4) und (4, 5). Die Reihe divergiert somit. Ferner ist für alle festen n $\lim_{m\to\infty} (m+1)^{2n} R_n = 0$, d. h. (4) ist eine asymptotische Reihe (x in Ziffer 1 ist hier durch $(m+1)^2$ zu ersetzen) [2]).

[1]) Daß diese Umordnung wieder eine konvergente Reihe mit C als Summe liefert, folgt z. B. aus dem in Ziffer 4 erwähnten Buch von K. Knopp, S. 144. Es sind gerade die Voraussetzungen des dort angegebenen Falles erfüllt. Die Formel findet sich bei L. Euler, Petrop. Acta **5** (1781 [85]), S. 49 oder Werke (1) **15**, S. 573.

[2]) Eine weitere Anwendung der Bernoullischen Polynome findet man bei W. Wirtinger, Z. f. angew. Math. **13** (1933), S. 166—168.

VI. Abschnitt.

Gammafunktion.

1. Definition. Wir definieren die Gammafunktion mit L. Euler[1]) durch die Formel

$$(1) \qquad \Gamma(z) = \int_0^\infty e^{-t} t^{z-1}\, dt\,,$$

$$z = x + iy = |z|\, e^{i\varphi}\,;$$

für die vieldeutige Funktion $t^{z-1} = e^{(z-1)\ln t}$ soll der Hauptwert genommen werden, also jener, bei dem $\ln t$ für positive t reell ist; der reelle Teil von z sei positiv, also $x > 0$. Das Integral konvergiert absolut und gleichmäßig für $x \geqq \varepsilon > 0$ und $|z| \leqq R$ bei beliebig kleinem ε und beliebig großem R und ist daher in diesem Bereich eine analytische Funktion von z. Die Bezeichnung $\Gamma(z)$ stammt von Legendre[2]). Er führt dafür auch den Namen Eulersches Integral zweiter Art ein. Gauß[3]) schreibt $\Pi(z-1) = \Gamma(z)$.

Wir denken uns die Funktion $\Gamma(z)$ auf jede mögliche Weise analytisch fortgesetzt. Um ihr funktionentheoretisches Verhalten kennen zu lernen, formen wir (1) in folgender Weise um:

$$\Gamma(z) = \int_0^1 \sum_{n=0}^\infty \frac{(-1)^n}{n\,!}\, t^{z+n-1}\, dt + \int_1^\infty e^{-t} t^{z-1}\, dt$$

$$= \sum_{n=0}^\infty \frac{(-1)^n}{n\,!}\, \frac{1}{z+n} + \int_1^\infty e^{-t} t^{z-1}\, dt\,.$$

Schließen wir die Punkte $0, -1, -2, \ldots$ durch kleine Kreise und das Unendliche durch einen entsprechenden großen Kreis aus, so konvergieren in diesem Bereich Summe und Integral absolut und gleichmäßig, d. h. $\Gamma(z)$ ist in der ganzen Ebene regulär analytisch mit Ausnahme der Stellen $n = 0, -1, -2, \ldots$ Diese Punkte sind einfache Pole mit den Residuen $\frac{(-1)^n}{n\,!}$. Der Punkt ∞ ist daher eine wesentlich singuläre Stelle, $\Gamma(z)$ also eine meromorphe Funktion.

2. Produktdarstellungen. Für positive p und t ist $e^{\frac{t}{p}} > 1 + \frac{t}{p}$, daher $e^{-t} < \left(1 + \frac{t}{p}\right)^{-p}$, somit nach (1, 1) für $0 < a \leqq z \leqq b$ $(a < b)$, wenn wir $1 + \frac{t}{p} = \frac{1}{s}$ setzen,

---

[1]) L. Euler, Instit. calc. integr. 4 (1781 [94]), S. 337 oder Werke (1) 19, S. 217.

[2]) A. M. Legendre, Exercices de calcul intégral 2 (Paris 1814), S. 4.

[3]) K. F. Gauß, Werke 3, S. 230 (aus dem Nachlaß).

$$\Gamma(z) < \int_0^\infty \left(1 + \frac{t}{p}\right)^{-p} t^{z-1}\, dt$$

$$= p^z \int_0^1 s^{p-1-z} (1 - s)^{z-1}\, ds.$$

Wir denken uns p so gewählt, daß $n = p - 1 - z$ eine positive ganze Zahl wird. Dann erhält man, wenn man fortgesetzt teilweise integriert,

$$(1) \qquad \int_0^1 s^n (1 - s)^{z-1}\, ds = \frac{n}{z} \int_0^1 s^{n-1} (1 - s)^z\, ds$$

$$= \frac{n}{z} \frac{n-1}{z+1} \cdots \frac{1}{z+n-1} \int_0^1 (1 - s)^{z+n-1}\, ds$$

$$= \frac{n!}{z(z+1) \ldots (z+n)},$$

somit

$$(2) \qquad \Gamma(z) < (z + n + 1)^z \frac{n!}{z(z+1) \ldots (z+n)}.$$

Ähnlich ergibt sich

$$e^t \leqq 1 + t + t^2 + \cdots = \frac{1}{1-t} \quad \text{für } 0 \leqq t < 1,$$

daher $e^{-t} \geqq 1 - t$ für $0 \leqq t \leqq 1$ und $e^{-\frac{t}{n}} \geqq 1 - \frac{t}{n}$ für $0 \leqq t \leqq n$,

hiernach, wenn wir $1 - \frac{t}{n} = s$ setzen,

$$\Gamma(z) > \int_0^n e^{-t} t^{z-1}\, dt$$

$$> \int_0^n t^{z-1} \left(1 - \frac{t}{n}\right)^n dt$$

$$= n^z \int_0^1 s^n (1 - s)^{z-1}\, ds,$$

also schließlich nach (1)

$$(3) \qquad \Gamma(z) > n^z \frac{n!}{z(z+1) \ldots (z+n)}.$$

Aus (2) und (3) folgern wir

$$(4) \qquad \Gamma(z) \left(\frac{n}{z+n+1}\right)^z < \frac{n^z n!}{z(z+1) \ldots (z+n)} < \Gamma(z),$$

hiermit

$$(5) \qquad \Gamma(z) = \lim_{n\to+\infty} \frac{n^z n!}{z(z+1)\dots(z+n)}.$$

Da wegen (4)

$$\Gamma(z) - \frac{n^z n!}{z(z+1)\dots(z+n)} < \Gamma(z)\left[1-\left(\frac{n}{z+n+1}\right)^z\right]$$
$$< M\left[1-\left(\frac{n}{b+n+1}\right)^b\right]$$

ist (M bestimmte feste positive Zahl), erfolgt der Grenzübergang gleichmäßig, der Grenzwert ist daher eine analytische Funktion von z, sonach gilt (5) für den ganzen Regularitätsbereich der Gammafunktion. Für n^z ist natürlich der Hauptwert zu nehmen. (5) verwendete Gauß [1]) zur Definition der Gammafunktion.

Aus (5) folgern wir

$$\Gamma(z) = \lim_{n\to+\infty} \frac{n^{z-1} n!}{z(z+1),\dots(z+n-1)}$$
$$= \lim_{n\to+\infty} \frac{n^{z-1}}{\left(1+\frac{z-1}{1}\right)\left(1+\frac{z-1}{2}\right)\dots\left(1+\frac{z-1}{n}\right)},$$

also nach (V, 9, 2)

$$(6) \qquad \frac{1}{\Gamma(z)} = \prod_{n=1}^{\infty}\left(1+\frac{z-1}{n}\right)e^{-\frac{z-1}{n}} \lim_{n\to+\infty} e^{(z-1)\left(1+\frac{1}{2}+\dots+\frac{1}{n}-\ln n\right)}$$
$$= e^{C(z-1)} \prod_{n=1}^{\infty}\left(1+\frac{z-1}{n}\right)e^{-\frac{z-1}{n}}.$$

Diese Produktdarstellung geht auf Weierstraß [2]) zurück.

3. Funktionalgleichungen. Wenn wir in (1, 1) teilweise integrieren, erhalten wir

$$\Gamma(z) = \left[\frac{t^z}{z}e^{-t}\right]_0^\infty + \frac{1}{z}\int_0^\infty e^{-t}t^z dt = \frac{1}{z}\Gamma(z+1),$$

also

$$(1) \qquad \Gamma(z+1) = z\Gamma(z).$$

Diese Funktionalgleichung gilt nach bekannten Sätzen der analytischen Fortsetzung für den gesamten Regularitätsbereich der darin auftretenden Funktionen. Nach (1, 1) ist ferner

$$(2) \qquad \Gamma(1) = 1,$$

daher wegen (1) für alle positiven ganzzahligen n

---

[1]) K. F. Gauß, Gott. Comm. **2** (1813) oder Werke **3**, S. 145.

[2]) K. Weierstraß, J. f. M. **51** (1856) oder Werke **1**, S. 153.

(3) $$\Gamma(n+1) = n!\,.$$

Der Formel (2, 6) entnehmen wir

$$\frac{1}{\Gamma(1+z)} = e^{Cz}\prod_{n=1}^{\infty}\left(1+\frac{z}{n}\right)e^{-\frac{z}{n}},$$

$$\frac{1}{\Gamma(1-z)} = e^{-Cz}\prod_{n=1}^{\infty}\left(1-\frac{z}{n}\right)e^{\frac{z}{n}},$$

$$\frac{1}{\Gamma(1+z)\Gamma(1-z)} = \prod_{n=1}^{\infty}\left(1-\frac{z^2}{n^2}\right) = \frac{\sin\pi z}{\pi z}\ ^{1)}$$

oder nach (1)

(4) $$\Gamma(z)\Gamma(1-z) = \frac{\pi}{\sin\pi z}\,.$$

Das ist die zweite Funktionalgleichung, der die Gammafunktion genügt; sie liefert für $z = \frac{1}{2}$ die schon Euler bekannte Formel

(5) $$\Gamma(\tfrac{1}{2}) = \sqrt{\pi}\,.$$

Das Vorzeichen der Wurzel muß nach (1, 1) positiv sein.

Aus (4) können wir schließen, daß $\Gamma(z)$ keine Nullstelle hat. Wäre nämlich a eine Nullstelle, so müßte nach (4) $1-a$ Pol sein, daher $1-a=-n$ $(n=0,1,2,\ldots)$ nach Ziffer 1, also $a = 1+n$. Das ist aber nach (3) unmöglich. $\frac{1}{\Gamma(z)}$ ist somit eine ganze transzendente Funktion von z mit den einfachen Nullstellen $0, -1, -2, \ldots$.

Die Gammafunktion genügt noch einer dritten Funktionalgleichung, die von Gauß [2]) herrührt. Wir gelangen zu ihr auf folgende Weise: Es sei m eine positive ganze Zahl und

$$G(z) = \Gamma(z)\Gamma\left(z+\frac{1}{m}\right)\ldots\Gamma\left(z+\frac{m-1}{m}\right).$$

Nach (2, 5) ist

$$\frac{1}{G(z)} = \lim_{n\to+\infty}\frac{1}{n^{mz+\frac{m-1}{2}}(n!)^m}\, z\left(z+\frac{1}{m}\right)\ldots\left(z+\frac{m-1}{m}\right)(z+1)\left(z+1+\frac{1}{m}\right)\ldots\left(z+n+\frac{m-1}{m}\right)$$

$$= \lim_{n\to+\infty}\frac{mz(mz+1)\ldots(mz+mn+m-1)}{n^{mz+\frac{m-1}{2}}(n!)^m\, m^{m(n+1)}},$$

$$\Gamma(mz) = \lim_{n\to+\infty}\frac{(mn)^{mz}(mn)!}{mz(mz+1)\ldots(mz+mn)},$$

---

[1]) Vgl. z. B. das in Ziffer 5 angegebene Buch von L. Bieberbach, S. 181.
[2]) K. F. Gauß, Werke 3, S. 149.

daher

$$(6)\qquad \frac{\Gamma(mz)}{G(z)} = m^{mz}\lim_{n\to+\infty}\frac{(mn)!\,(mz+mn+1)\ldots(mz+mn+m-1)}{n^{\frac{m-1}{2}}(n!)^m\,m^{m(n+1)}}$$

$$= m^{mz}\lim_{n\to+\infty}\frac{(mn)!\,n^{\frac{m-1}{2}}}{(n!)^m\,m^{m(n+1)}}\lim_{n\to+\infty}\left(m+\frac{mz+1}{n}\right)\ldots\left(m+\frac{mz+m-1}{n}\right)$$

$$= K m^{mz},$$

wo $K = \lim\limits_{n\to+\infty}\dfrac{(mn-1)!\,n^{\frac{m+1}{2}}}{(n!)^m m^{mn}}$ ist.

Um K zu bestimmen, setzen wir $z = \frac{1}{m}$ und erhalten nach (2)

$$(7)\qquad \frac{1}{Km} = \Gamma\left(\frac{1}{m}\right)\Gamma\left(\frac{2}{m}\right)\ldots\Gamma\left(\frac{m-1}{m}\right)$$
$$= \Gamma\left(1-\frac{1}{m}\right)\Gamma\left(1-\frac{2}{m}\right)\ldots\Gamma\left(1-\frac{m-1}{m}\right),$$

also gemäß (4)

$$K^2m^2 = \frac{1}{\pi^{m-1}}\prod_{k=1}^{m-1}\sin\frac{k\pi}{m}.$$

Das Produkt gewinnen wir auf folgende Art: Die Gleichung

$$z^{m-1}+z^{m-2}+\cdots+z+1=0$$

hat die m-ten Einheitswurzeln $e^{\frac{2k\pi i}{m}}$ $(k = 1, 2, \ldots, m-1)$ zu Lösungen. Es ist daher

$$\sum_{k=0}^{m-1} z^k = \prod_{k=1}^{m-1}\left(z - e^{\frac{2k\pi i}{m}}\right),$$

somit für $z = 1$

$$m = \prod_{k=1}^{m-1}\left(1-e^{\frac{2k\pi i}{m}}\right)$$
$$= e^{\frac{\pi i}{m}\sum\limits_{k=1}^{m-1}k}\prod_{k=1}^{m-1}\left(e^{-\frac{k\pi i}{m}} - e^{\frac{k\pi i}{m}}\right)$$
$$= (-2i)^{m-1}e^{\frac{(m-1)\pi i}{2}}\prod_{k=1}^{m-1}\sin\frac{k\pi}{m}$$
$$= 2^{m-1}\prod_{k=1}^{m-1}\sin\frac{k\pi}{m},$$

hiernach $\prod\limits_{k=1}^{m-1}\sin\dfrac{k\pi}{m} = \dfrac{m}{2^{m-1}}$ und $K = \dfrac{1}{\sqrt{m(2\pi)^{m-1}}}$. Das Vorzeichen der

Wurzel muß nach (7) und (1, 1) positiv sein. (6) wird hiermit

$$(8)\qquad \Gamma(z)\Gamma\left(z+\frac{1}{m}\right)\ldots\Gamma\left(z+\frac{m-1}{m}\right)=(2\pi)^{\frac{m-1}{2}}\,m^{\frac{1}{2}-mz}\,\Gamma(mz)\,.$$

Für m^z ist nach Ziffer 2 der Hauptwert zu nehmen. Die Gleichung war für $m=2$ schon Legendre bekannt. Man erhält dafür aus (5) und (8)

$$(9)\qquad 2^{2z-1}\,\Gamma(z)\,\Gamma(z+\tfrac{1}{2})=\Gamma(\tfrac{1}{2})\,\Gamma(2z).$$

4. Integraldarstellungen. Für die Definition von $\Gamma(z)$ haben wir selbst eine Integraldarstellung gewählt (1, 1). Eine andere, im wesentlichen auf Hankel[1]) zurückgehende erhalten wir in folgender Weise: Wir betrachten das Integral $\int\limits_C \tau^{-z}\,e^{\tau}\,d\tau$, erstreckt über die Kurve C der τ-Ebene, wie sie in der Abb. 3 (II, 18) gezeichnet ist. Dabei möge für τ^{-z} der Hauptwert gewählt werden, d. h. $\ln\tau$ für positive τ reell sein. Ferner sei $\mathfrak{R}(z)<0$. Nach dem Cauchyschen Satze können wir das Integral um den Nullpunkt zusammenziehen, ohne seinen Wert zu ändern. Dabei verschwindet in der Grenze das über den kleinen Kreis um den Nullpunkt erstreckte Integral aus ähnlichen Gründen wie in (II, 14) wegen der Bedingung $\mathfrak{R}(z)<0$. Es bleiben nur die beiden, unterhalb und oberhalb der Geraden in das Unendliche erstreckten Integrale übrig und zwar ist für $|\,\tau\,|=t$ unterhalb $\tau=te^{-(\pi-\alpha)i}$, oberhalb $\tau=te^{(\pi+\alpha)i}$, daher

$$(1)\qquad \int\limits_C \tau^{-z}e^{\tau}d\tau=\left[-\,e^{(\pi-\alpha)\,i(z-1)}+e^{-(\pi+\alpha)\,i(z-1)}\right]\int\limits_0^{\infty} t^{-z}e^{-te^{i\alpha}}\,dt\,.$$

$te^{i\alpha}=\tau$ liefert

$$(2)\qquad \int\limits_0^{\infty} t^{-z}e^{-te^{i\alpha}}dt=e^{i\alpha(z-1)}\int\limits_L \tau^{-z}e^{-\tau}d\tau\,.$$

Dabei bedeutet L eine sich vom Nullpunkt in das Unendliche erstreckende Halbgerade, die mit der positiven reellen τ-Achse den Winkel α einschließt.

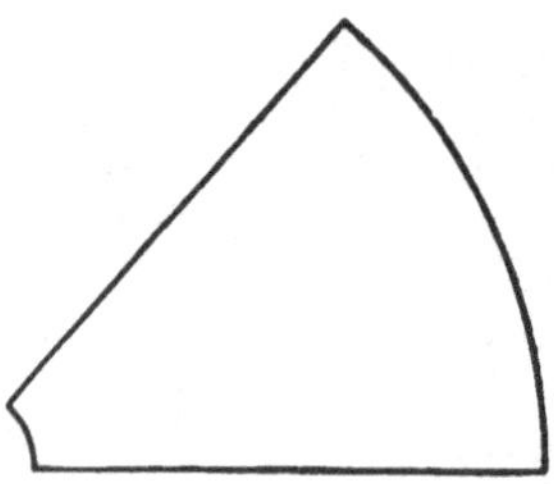

Abb. 28.

Um das über L erstreckte Integral auszuwerten, betrachten wir den Bereich, der von der positiven reellen τ-Achse, der Geraden L und den beiden mit den Halbmessern r und R um den Nullpunkt geschlagenen Kreisbögen begrenzt wird (siehe Abb. 28). Da die Funktion $\tau^{-z}e^{-\tau}$ in diesem Bereich regulär ist, verschwindet das über seine Berandung erstreckte Integral $\int\tau^{-z}e^{-\tau}d\tau$. Lassen wir r gegen 0 und R gegen ∞ streben, so verschwinden die über die beiden Kreisbögen erstreckten Bestandteile und es bleibt nach (1, 1)

$$(3)\qquad \int\limits_L \tau^{-z}e^{-\tau}d\tau=\int\limits_0^{\infty} t^{-z}e^{-t}dt=\Gamma(1-z)\,.$$

[1]) H. Hankel, Ztschr. Math. Phys. 9 (1864), S. 7.

Daß der über den kleinen Kreis erstreckte Bestandteil in der Grenze verschwindet, folgt ähnlich wie in (II, 14), weil $\Re(z) < 0$ ist. Daß auch der über den großen Kreis erstreckte Bestandteil verschwindet, erkennen wir so: Wir setzen $\tau = Re^{i\chi}$. Dann ist der absolute Betrag dieses Bestandteiles

$$\begin{aligned}
&\left| \int_0^{\alpha} R^{-(z-1)}\, e^{-i\chi(z-1)-R(\cos\chi+i\sin\chi)}\, d\chi \right| \\
&\leqq R^{1-x} \int_0^{|\alpha|} e^{xy-R\cos\chi}\, d\chi \\
&< R^{1-x} e^{-R\cos\alpha} \int_0^{|\alpha|} e^{\chi y}\, d\chi
\end{aligned}$$

und kann daher beliebig klein gemacht werden für alle genügend großen R, weil $|\alpha| < \frac{\pi}{2}$ ist.

Aus (1), (2), (3) und (3, 4) erhalten wir somit

$$\begin{aligned}
\int_C \tau^{-z} e^{\tau} d\tau &= [-e^{\pi i(z-1)} + e^{-\pi i(z-1)}]\, \Gamma(1-z) \\
&= -2i \sin \pi(z-1)\, \Gamma(1-z) \\
&= \frac{2\pi i}{\Gamma(z)}
\end{aligned}$$

oder

$$\frac{1}{\Gamma(z)} = \frac{1}{2\pi i} \int_C \tau^{-z} e^{\tau} d\tau \,. \tag{4}$$

Nach den Sätzen über die analytische Fortsetzung gilt diese Formel (4) für alle Werte von z, weil das Integral wegen seiner gleichmäßigen Konvergenz innerhalb eines beliebig großen Kreises eine in der ganzen Ebene analytische Funktion von z ist.

5. Asymptotische Entwicklung. In die Eulersche Summenformel (V, 7, 4) setzen wir $f(t) = \ln(z+t)$ ein. Dann erhält man für $z > 0$

$$\begin{aligned}
\sum_{k=0}^{n} \ln(z+k) &= \int_0^n \ln(z+t)\, dt + \frac{1}{2}[\ln(z+n) + \ln(z)] + \int_0^n \frac{B_1(t)\, dt}{z+t} \\
&= \left(z+n+\frac{1}{2}\right) \ln(z+n) - \left(z-\frac{1}{2}\right) \ln z - n + \int_0^n \frac{B_1(t)\, dt}{z+t}.
\end{aligned}$$

In dieser Gleichung setzen wir $z = 1$, ziehen die so erhaltene Gleichung von der vorigen ab und subtrahieren noch von beiden Seiten $(z-1)\ln n$. Dann erhält man

$$\sum_{k=0}^{n} \ln \frac{z+k}{1+k} - (z-1)\ln n$$
$$= (z-1)\ln\left(1+\frac{z}{n}\right) + \left(1+n+\frac{1}{2}\right)\ln\left(1+\frac{z-1}{n+1}\right) - \left(z-\frac{1}{2}\right)\ln z$$
$$+\int_0^n \frac{B_1(t)\,dt}{z+t} - \int_0^n \frac{B_1(t)\,dt}{1+t}$$

oder

$$\lim_{n\to+\infty} \ln \frac{z(z+1)\dots(z+n)}{(n+1)!}\, n^{-z+1}$$
$$= z-1+\left(\frac{1}{2}-z\right)\ln z + \int_0^\infty \frac{B_1(t)\,dt}{z+t} - \int_0^\infty \frac{B_1(t)\,dt}{1+t},$$

daher nach (2, 5)

$$(1)\qquad \ln\Gamma(z) = \left(z-\frac{1}{2}\right)\ln z - z + 1 + \int_0^\infty \frac{B_1(t)\,dt}{1+t} - \int_0^\infty \frac{B_1(t)\,dt}{z+t}.$$

Nach (V, 4) und (V, 5) ist $B_2(0) = B_2(n) = \frac{1}{12}$, $|B_2(t)| \leqq \frac{1}{12}$, daher

$$(2)\qquad \int_0^\infty \frac{B_1(t)\,dt}{z+t} = -\frac{1}{12z} + \int_0^\infty \frac{B_2(t)\,dt}{(z+t)^2},$$

$$(3)\qquad \left|\int_0^\infty \frac{B_2(t)\,dt}{(z+t)^2}\right| < \frac{1}{12}\int_0^\infty \frac{dt}{|z+t|^2}.$$

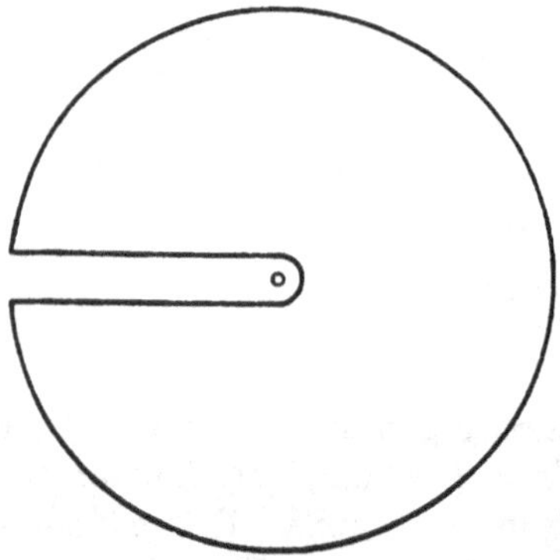

Abb. 29.

Wir beschränken z auf folgenden Bereich B (Abb. 29): Die negative reelle Achse und den Nullpunkt schließen wir durch zwei Parallele im Abstande δ von der Achse und einen Halbkreis vom Halbmesser δ aus, den unendlich fernen Punkt durch einen Kreis vom Halbmesser R. Weil Integral (3) für alle z von B absolut und gleichmäßig konvergiert, ist Integral (2) eine analytische Funktion von z in der ganzen z-Ebene mit Ausnahme der negativen reellen Achse und des Nullpunktes. Für alle diese Werte von z gilt nach den Regeln der analytischen Fortsetzung auch Gleichung (1). Für die Logarithmen sind natürlich die Hauptwerte zu nehmen.

Wir erweitern nun den Bereich B, indem wir den Kreis weglassen, der den unendlich fernen Punkt ausschließt. In dem neuen Bereich gilt

$$(4)\qquad \int_0^\infty \frac{dt}{|z+t|^2} = \int_0^\infty \frac{dt}{(t+x)^2+y^2}$$
$$= \frac{1}{|y|}\operatorname{arc\,ctg}\frac{x}{|y|},$$

wobei $0 \leqq \operatorname{arc\,ctg} \frac{x}{|y|} \leqq \pi$ ist, also nach (2), (3), (4)

$$\lim_{|y| \to +\infty} \int_0^\infty \frac{B_1(t)\,dt}{z+t} = 0 \quad \text{für alle } x \text{ und}$$

(5)

$$\lim_{x \to +\infty} \int_0^\infty \frac{B_1(t)\,dt}{z+t} = 0 \quad \text{für alle } y \text{ des neuen Bereiches.}$$

Die beiden Aussagen (5) können wir zusammenfassen in

$$\lim_{z \to \infty} \int_0^\infty \frac{B_1(t)\,dt}{z+t} = 0, \tag{6}$$

wenn sich z auf einem solchen Wege ins Unendliche entfernt, so daß der Abstand von der negativen X-Achse schließlich über alle Grenzen wächst.

Nach (3, 1) und (3, 4) ist $\Gamma(1-z) = -z\Gamma(-z)$, daher $\Gamma(z)\Gamma(-z) = -\frac{\pi}{z \sin \pi z}$, somit für reelle y

$$|\Gamma(iy)| = \sqrt{\frac{2\pi}{y(e^{\pi y} - e^{-\pi y})}}. \tag{7}$$

Weil $1 + \int_0^\infty \frac{B_1(t)\,dt}{1+t}$ reell ist, ergibt sich hiernach aus (1), (6), (7)

$$\begin{aligned} 1 + \int_0^\infty \frac{B_1(t)\,dt}{1+t} &= \Re\left[\ln \Gamma(iy) - \left(iy - \frac{1}{2}\right)\ln(iy) + iy + \int_0^\infty \frac{B_1(t)\,dt}{iy+t}\right] \\ &= \lim_{y \to +\infty}\left[\ln|\Gamma(iy)| + \frac{1}{2}\ln y + \frac{\pi y}{2}\right] \\ &= \lim_{y \to +\infty} \ln \sqrt{\frac{2\pi y e^{\pi y}}{y(e^{\pi y} - e^{-\pi y})}} \\ &= \tfrac{1}{2}\ln(2\pi). \end{aligned}$$

Hiermit erhalten wir aus (1) die sogenannte verallgemeinerte Stirlingsche Formel[1])

$$\ln \Gamma(z) = \left(z - \frac{1}{2}\right)\ln z - z + \frac{1}{2}\ln(2\pi) - \int_0^\infty \frac{B_1(t)\,dt}{z+t}. \tag{8}$$

Die Gleichung gilt für die gesamte z-Ebene mit Ausnahme der negativen reellen Achse und des Nullpunktes. Wenn z auf die früher erwähnten Wege beschränkt wird, gilt nach (6) und (8)

[1]) J. Stirling, Methodus differentialis sive tractatus de summatione et interpolatione serierum infinitarum, London 1730.

(9) $$\lim_{z\to\infty} \frac{\Gamma(z)}{z^{z-\frac{1}{2}} e^{-z} \sqrt{2\pi}} = 1 .$$

Aus (9) und (3, 3) schließen wir für positives ganzzahliges n

(10) $$\lim_{n\to+\infty} \frac{n!}{n^n e^{-n} \sqrt{2\pi n}} = 1 .$$

Die hier gewählte Darstellungsweise lehnt sich an L. Bieberbach[1]) an, doch ist der Geltungsbereich von (9) etwas weiter als bei Bieberbach. Aus (2) und (8) erhalten wir bei positivem z für das Restglied in (8) $\frac{\vartheta}{12z}$ mit $0 < \vartheta < 1$, wenn wir die Abschätzungen von (V, 8) anwenden. Die Voraussetzungen für diese Abschätzungen sind erfüllt, weil jede der Ableitungen von $\ln(z+t)$ ein festes Zeichen für $t > 0$ hat und mit $t \to +\infty$ fortwährend gegen Null strebt.

6. Konvergenzwerte. Mit Hilfe der Stirlingschen Formel (5, 8) können wir die Konvergenzwerte der Gammafunktion feststellen, d. h. jene Grenzwerte, denen die Funktion zustrebt, wenn sich z auf irgend einem Wege dem Punkte ∞ unbegrenzt nähert. Wir setzen

(1) $$\Gamma(z) = w = |w|\, e^{i\psi}$$

und erhalten, wenn wir (5, 8) in den reellen und imaginären Teil spalten und (1, 1) berücksichtigen,

(2) $$\ln|w| = (|z|\cos\varphi - \tfrac{1}{2})\ln|z| - |z|\,\varphi\sin\varphi - |z|\cos\varphi + \eta$$

mit $\lim\limits_{z\to\infty} \eta = \frac{1}{2}\ln(2\pi)$ und

(3) $$\psi = |z|\sin\varphi\ln|z| + (|z|\cos\varphi - \tfrac{1}{2})\,\varphi - |z|\sin\varphi + \tau$$

mit $\lim\limits_{z\to\infty} \tau = 0$. Aus (2) folgt mit $\varepsilon > 0$, wenn z auf die in Ziffer 5 erwähnten Wege beschränkt wird,

(4) $$\lim_{z\to\infty}\Gamma(z) = \infty \qquad \text{für } |\varphi| \leqq \frac{\pi}{2} - \varepsilon ,$$

$$\lim_{z\to\infty}\Gamma(z) = 0 \qquad \text{für } \frac{\pi}{2} \leqq |\varphi| \leqq \pi .$$

Nach (3, 1) ist für jedes positive ganzzahlige m und $-m-1 < z < -m$ $\Gamma(z) = \frac{\Gamma(z+m+1)}{z(z+1)\cdots(z+m)}$, daher $|\Gamma(z)|$ beliebig klein, wenn m genügend groß ist. Die Gammafunktion kommt also zwischen ihren Polen $0, -1, -2, \ldots$ dem Wert 0 und damit wegen der Stetigkeit auch allen übrigen reellen Werten beliebig nahe, wenn z auf der negativen reellen Achse genügend weit gegen das Unendliche rückt. Auf der negativen reellen Achse und auf Wegen, die ihr schließlich beliebig nahe kommen, kann daher kein Konvergenzwert vorhanden sein. Daraus und aus (4) schließen wir somit

[1]) L. Bieberbach, Lehrbuch der Funktionentheorie I, Leipzig u. Berlin 1921, S. 306—308.

$$(5) \qquad \lim_{z\to\infty} \varphi = \pm \frac{\pi}{2} \qquad \text{für } |w| = \text{const.},$$

$$\lim_{z\to\infty} \varphi = 0 \text{ oder } \pm\pi \qquad \text{für } \psi = \text{const.}$$

Ferner liefert (3)

$$\lim_{z\to\infty} \psi = +\infty \qquad \text{für } \varepsilon \leqq \varphi \leqq \pi - \varepsilon,$$

$$\lim_{z\to\infty} \psi = -\infty \qquad \text{für } -(\pi - \varepsilon) \leqq \varphi \leqq -\varepsilon,$$

hiermit nach (5)

$$(6) \qquad \lim_{z\to\infty} \psi = \pm\infty \qquad \text{für } |w| = \text{const.}$$

Dabei gilt das Vorzeichen + für die obere Halbebene, das Zeichen — für die untere. Aus (4), (5) und (6) schließen wir, daß als Konvergenzwerte nur 0 und ∞ auftreten können[1]).

7. Nullstellen der Ableitung. Wenn wir (2, 6) logarithmisch differenzieren, erhalten wir[2])

$$(1) \qquad \Psi(z) = \frac{\Gamma'(z)}{\Gamma(z)}$$

$$= -C + \sum_{n=0}^{\infty} \left(\frac{1}{n+1} - \frac{1}{z+n} \right)$$

$$= -C + (z-1) \sum_{n=0}^{\infty} \frac{1}{(n+1)(z+n)},$$

$$(2) \qquad \Psi'(z) = \sum_{n=0}^{\infty} \frac{1}{(z+n)^2}.$$

Nach (1) und Ziffer 1 hat $\Psi(z)$ dieselben Stellen wie $\Gamma(z)$ zu einfachen Polen und ist sonst regulär; $\Psi'(z)$ hat an diesen Stellen zweifache Pole und ist sonst ebenfalls regulär. Weil $\Gamma(z)$ keine Nullstellen hat (vgl. Ziffer 3), fallen die Nullstellen von $\Gamma'(z)$ mit denen von $\Psi(z)$ zusammen.

Es ist

$$\Psi(x+iy) = -C + \sum_{n=0}^{\infty} \left[\frac{1}{n+1} - \frac{x+n}{(x+n)^2+y^2} \right] + iy \sum_{n=0}^{\infty} \frac{1}{(x+n)^2+y^2},$$

also $\Psi(x+iy) \neq 0$, wenn $y \neq 0$ ist, d. h. $\Psi(z)$ kann nur reelle Nullstellen haben.

Ferner ist wegen

[1]) Daß dies auch für Wege gilt, die sich schließlich nicht beliebig weit von der negativen X-Achse entfernen, ist in der in Ziffer 8 angegebenen Arbeit des Verfassers auf S. 278 bewiesen. Es sind dort zwei Druckfehler übersehen worden, die hier berichtigt werden mögen: In Formel (65) ist die untere Grenze 0 des Integrals durch c und in der letzten Zeile dieser Seite das erste Pluszeichen durch ein Minuszeichen zu ersetzen.

[2]) K. F. Gauß, Werke 8, S. 152 und 159.

$$(3) \qquad \Psi(x_1) - \Psi(x_2) = (x_1 - x_2) \sum_{n=0}^{\infty} \frac{1}{(x_1+n)(x_2+n)}$$

$\Psi(x_1) > \Psi(x_2)$ für $x_1 > x_2 > 0$, daher hat nach (V, 9) wegen $\Psi(1) = -C < 0$, $\Psi(2) = 1 - C > 0$ $\Psi(z)$ eine einzige positive Nullstelle. Sie liegt zwischen 1 und 2 und ist nach Gauß[1]) näherungsweise gleich 1,4616321 . . . .

Nach (1) ist für alle genügend kleinen positiven ε, wenn k eine nicht negative ganze Zahl bedeutet, $\Psi(-k-\varepsilon) > 0$, $\Psi(-k-1+\varepsilon) < 0$, ferner nach (3) $\Psi(x_1) > \Psi(x_2)$ für $-k > x_1 > x_2 > -k-1$. $\Psi(x)$ nimmt daher im Intervall $-k-1 < x < -k$ fortwährend von $-\infty$ bis $+\infty$ zu, hat somit in diesem Intervall genau eine Nullstelle. Wegen (2) sind alle Nullstellen von $\Psi(z)$ einfach. $\Gamma'(z)$ hat also zwischen den Polen von $\Gamma(z)$ auf der negativen reellen Achse je eine einfache Nullstelle und außerdem eine solche auf der positiven reellen Achse zwischen 1 und 2, sonst überhaupt keine Nullstellen. Dieser Satz geht auf Hermite[2]) zurück.

An diesen Stellen hat somit $\Gamma(x)$ größte und kleinste Werte. Ihre absoluten Beträge nehmen zufolge (3, 1) auf der negativen reellen Achse mit x fortwährend ab. Weil nach (1, 1) $\Gamma(x) > 0$ für $x > 0$ ist, wechselt die Gammafunktion ebenfalls nach (3, 1) in den Intervallen $(-1, 0)$, $(-2, -1)$, $(-3, -2)$ fortwährend das Zeichen und zwar ist sie im ersten negativ, im zweiten positiv usw., hat somit in ihnen abwechselnd kleinste oder größte Werte, an der positiven Nullstelle von $\Gamma'(x)$ einen kleinsten Wert. Für diese größten und kleinsten Werte ergibt sich folgende Tafel[3]):

x	$\Gamma(x)$	$\frac{1}{\Gamma(x)}$
+ 1,462	+ 0,88560	+ 1,129
− 0,504	− 3,54464	− 0,283
− 1,573	+ 2,30241	+ 0,435
− 2,611	− 0,88814	− 1,126
− 3,635	+ 0,24513	+ 4,080

8. Konforme Abbildung. Wir untersuchen jetzt die durch die Formel (6, 1) vermittelte konforme Abbildung[4]) der z-Ebene auf die w-Ebene. Da $\Gamma(z)$ eindeutig ist, genügt dafür die schlichte z-Ebene. Wir zeichnen wieder

[1]) K. F. Gauß, Gott. Comm. **2** (1812), S. 27 oder Werke **3**, S. 147.

[2]) Ch. Hermite, J. f. M. **91** (1881), S. 336.

[3]) Die Werte sind entnommen aus K. Hayashi, Fünfstellige Funktionentafeln, Berlin 1930, S. 155.

[4]) J. Lense, Sitzungsberichte München 1928, S. 267—283. Die dort auf S. 272 angegebenen Werte von $\frac{1}{\Gamma(x)}$ sind durch die genaueren der Tafel in der vorigen Ziffer zu ersetzen.

I. Ginzel, Acta math. **56** (1931), S. 273—353.

wie bei den Besselfunktionen die Kurven $|w| =$ const. (Höhenlinien) und die sie senkrecht durchsetzenden Kurven $\psi =$ const. (Stromlinien). Deuten wir den Übergang zum konjugiert komplexen Wert in bekannter Weise durch einen Querstrich an, so ist nach (1, 1) $\Gamma(\bar{z}) = \overline{\Gamma}(z)$, d. h. Höhen- und Stromlinien liegen spiegelbildlich zur X-Achse der z-Ebene. Wenn wir die bekannten Grundsätze der konformen Abbildung befolgen (II, 33), so erhalten wir Abb. 30.

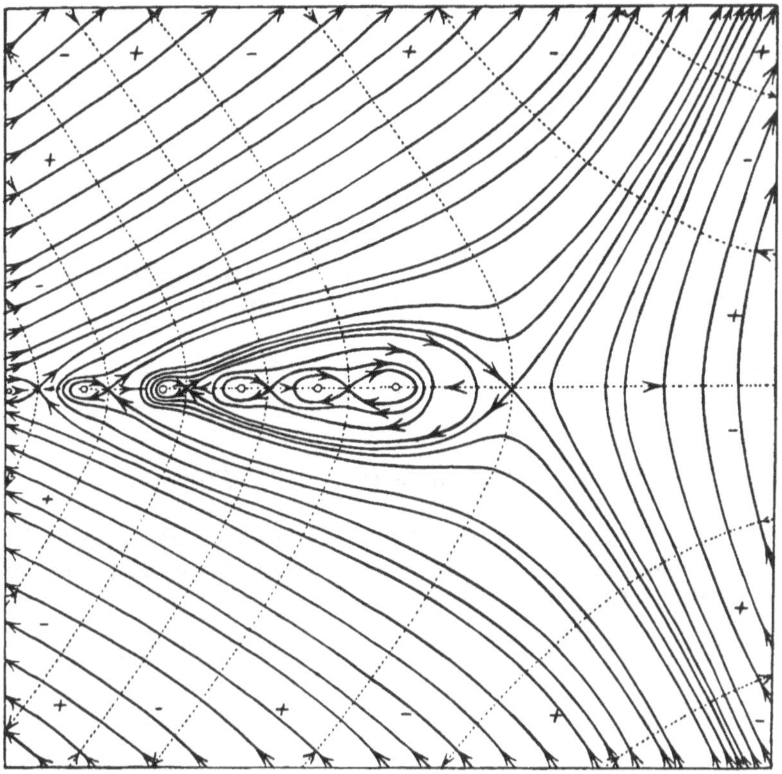

Abb. 30.

Die kleinen Kreise bedeuten die Pole von $\Gamma(z)$ die ausgezogenen Kurven die Höhenlinien, die punktierten Kurven die Bilder der U-Achse der w-Ebene. Die Zeichen $+$ und $-$ zeigen an: Der von den betreffenden punktierten Linien umrandete Bereich ist Bild der positiven, bzw. der negativen Halbebene. Die Pfeile auf den Höhenlinien bedeuten den positiven Umlaufungssinn auf den entsprechenden Kreisen der w-Ebene, die auf den Stromlinien den positiven Durchlaufungssinn auf der U-Achse der w-Ebene. Gemäß (6, 5) wird jede noch so schwach gegen die Y-Achse geneigte Gerade von allen Höhenlinien getroffen, ebenso die Stromlinien von jeder noch so schwach gegen die X-Achse geneigten Geraden. Aus (6, 2) entnehmen wir, daß sich die Höhenlinien bis auf einen Maßstabsfaktor ungefähr wie die Kurven $x = \frac{y}{\ln y}$ ins Unendliche entfernen.

9. Betafunktion. Wir definieren die Betafunktion durch die Formel

$$B(p, q) = \int_0^1 t^{p-1}(1-t)^{q-1}\,dt \tag{1}$$

mit $\Re(p) > 0$ und $\Re(q) > 0$. Für die beiden Potenzen soll der Hauptwert genommen werden. Der Name Betafunktion stammt von Binet[1]), Legendre[2]) nennt das Integral das Eulersche Integral erster Art. Wenn wir in (1) $t = \frac{s}{1+s}$ setzen, erhalten wir

$$B(p, q) = \int_0^\infty s^{p-1}(1+s)^{-p-q}\,ds\,. \tag{2}$$

Die Betafunktion läßt sich durch die Gammafunktion darstellen. Ersetzen wir nämlich in (1, 1) t durch st $(s > 0)$, so erhalten wir

$$\Gamma(z) = s^z \int_0^\infty e^{-st} t^{z-1}\,dt\,, \tag{3}$$

daher

$$\int_0^\infty e^{-(1+s)t} t^{p+q-1}\,dt = (1+s)^{-p-q}\,\Gamma(p+q).$$

Wir multiplizieren diese Gleichung mit s^{p-1}, integrieren nach s zwischen 0 und ∞ und vertauschen, weil die Integrale absolut und gleichmäßig konvergieren, die Integrationsfolge. Dann ergibt sich

$$\int_0^\infty e^{-t} t^{p+q-1}\,dt \int_0^\infty e^{-ts} s^{p-1}\,ds = \Gamma(p+q) \int_0^\infty s^{p-1}(1+s)^{-p-q}\,dt$$

oder nach (2) und (3) die von Euler[3]) stammende Formel

$$B(p, q) = \frac{\Gamma(p)\,\Gamma(q)}{\Gamma(p+q)}\,. \tag{4}$$

---

[1]) J. Binet, Ec. polyt., cah. **27** (1839), S. 131.

[2]) A. M. Legendre, Exerc. **1**, S. 221; **2**, S. 3.

[3]) L. Euler, Petrop. n. comm. **16** (1771[72]), S. 109 oder Werke (1) **17**, S. 331.

Namen- und Sachverzeichnis.

Jahrbuch über die Fortschritte der Mathematik vereinigt mit Revue semestrielle des publications mathématiques herausgegeben von der Preußischen Akademie der Wissenschaften unter besonderer Mitwirkung der Wiskundig Genootschap te Amsterdam. Schriftleiter Georg Feigl, Hendrik de Vries. Jahrbuch über die Fortschritte der Mathematik.

Die »Revue semestrielle« hat die Aufgabe, schnellstens einen Überblick über die in Betracht kommenden Veröffentlichungen zu geben, und erscheint dementsprechend, statt wie bisher halbjährlich, in Zweimonatsheften. Sie enthält ein nach Zeitschriften geordnetes Verzeichnis der in den einschlägigen Zeitschriften erschienenen Arbeiten, falls nötig mit verdeutlichenden Untertiteln, sowie ein Titelverzeichnis der erschienenen Bücher und ein Titelverzeichnis der erschienenen Buchbesprechungen; bei jedem Titel wird die Gebietsmarke des »Jahrbuchs« und der »Revue semestrielle« angegeben. Der Preis dieses Teils ist so niedrig bemessen, daß auch Privatpersonen sich die Anschaffung nicht zu versagen brauchen. Er beträgt jährlich RM 12.—. Das »Jahrbuch« enthält in der bisher üblichen Form die Referate.

C. W. Borchardts gesammelte Werke. Auf Veranlassung der Königl. Preuß. Akademie der Wissenschaften herausg. von G. HETTNER. Mit dem Bildnis Borchardts. Quart. IX, 511 Seiten. 1888. RM 17.—.

G. Lejeune Dirichlets Werke. Herausg. auf Veranlassung der Königl. Preuß. Akademie der Wissenschaften von L. KRONECKER. 2 Bände. Quart. 1. Band. Mit Dirichlets Bildnis. X, 644 Seiten. 1889. RM 21.—. 2. Band. Fortgesetzt von L. Fuchs. X, 422 Seiten. 1897. RM 18.—

Carl Gustav Jakob Jacobi, Gesammelte Werke. Auf Veranlassung der Königl. Preuß. Akademie der Wissenschaften. Quart. 1. Band. Herausg. von C. W. BORCHARDT. Mit dem Bildnis Jacobis. X, 546 Seiten. 1881. 2.—7. Band. Herausg. von K. WEIERSTRASS. 1882—1891. Preise auf Anfrage.

J. L. Lagrange, Mathematische Werke. Deutsch herausg. von A. L. CRELLE. 3 Bände. Oktav. 1. Band. Die Theorie der analytischen Funktionen. CXXVIII, 694 S. 1823. 2. Band. Vorlesungen über die Functionen-Rechnung. XXII, 1023 S. 1823. 3. Band. Theorie der Gleichungen. XVI, 552 Seiten. 1824. Preise auf Anfrage. Band 3 ist vergriffen.

Jacob Steiner, Gesammelte Werke. Auf Veranlassung der Königl. Preuß. Akademie der Wissenschaften herausg. von K. WEIERSTRASS. 2 Bände. Oktav. 1. Band. Mit 44 Figurentafeln und Steiners Bildnis. VIII, 527 S. 1881. RM 16.—, 2. Band. Mit 23 Figurentafeln. X, 743 Seiten. 1882. RM 18.—.

Festschrift zur Feier des 20jährigen Bestehens der Calcutta Mathematical Society. Groß-Oktav. VIII, 310 Seiten. 1930. Geb. RM 20.—.

Dieser stattliche Festband enthält 27 wertvolle Beiträge hervorragender Mathematiker aus Amerika, Deutschland, Frankreich, Großbritannien, Japan, Indien, Italien, Österreich, Polen, Rußland, der Schweiz und Ungarn.

Geschichte, Tafelwerke, Allgemeines

Geschichte der Mathematik. Von Oberstud.-Dir. Dr. H. WIELEITNER. 2 Bde. I: Von den ältesten Zeiten bis zur Wende des 17. Jahrhunderts. 136 Seiten. 1922. II: Von 1700 bis zur Mitte des 19. Jahrhunderts. 154 Seiten. 1923. (Samml. Göschen Bd. 226, 875.) Geb. je RM 1.62.

Geschichte der Mathematik. I. Teil: Von den ältesten Zeiten bis Cartesius. Von Professor Dr. S. GÜNTHER in München. Mit 56 Figuren. VIII, 428 Seiten. Neudruck 1927. (Sammlung Schubert Bd. XVIII.) Geb. RM 17.40.

II. Teil: Von Cartesius bis zur Wende des 18. Jahrhunderts. Von Oberstudiendirektor Dr. H. WIELEITNER in München. 1. Hälfte: Arithmetik, Algebra, Analysis. Mit 6 Figuren. VIII, 251 Seiten. 1911. (Sammlung Schubert Bd. LXIII.) Geb. RM. 8.40 2. Hälfte: Geometrie und Trigonometrie. Mit 13 Fig. VI, 222 Seiten. 1921. (Sammlung Schubert Bd. LXIV.) Geb. RM 3.50.

„Es zeigt sich auch in diesem Buche wieder die große Meisterschaft des Verfassers in der zielbewußten Auswahl und klaren, anregenden Darstellung eines großen Stoffes, die auch seine anderen größeren Kompendien auszeichnet.“ Monatshefte für Mathematik und Physik.

Geschichte der Elementar-Mathematik in systematischer Darstellung. Von Professor Dr. JOHANNES TROPFKE, ehem. Direktor der Kirschner-Oberrealschule zu Berlin. Lex.-Oktav. Band 1: Rechnen. VII, 222 Seiten. 3. Aufl. 1930. RM 12.—, geb. RM 13.20. Band 2: Allgemeine Arithmetik. IV, 266 Seiten. 3. Aufl. 1933. RM 12.—, geb. RM 13.20. Band 3: Proportionen, Gleichungen. IV, 151 Seiten, 2. Aufl. 1922. RM 6.—, geb. RM 7.—. Band 4: Ebene Geometrie. IV, 240 Seiten. 2. Aufl. 1922. RM 9.—, geb. RM 10.—. Band 5: I. Ebene Trigonometrie. II. Sphärik und sphärische Trigonometrie. IV, 185 Seiten. 2. Aufl. 1923. RM 7,50, geb. RM 8,50. Band 6: Analysis, Analytische Geometrie. IV, 169 S. 2. Aufl. 1924. RM 7.—, geb. RM 8.—. Band 7: Stereometrie. Verzeichnisse. V, 128 Seiten, 2. Aufl. 1924. RM 6.50, geb. RM 7.50.

„Dem Verfasser gebührt unser Dank für sein die neuesten Ergebnisse historischer Forschungen berücksichtigendes, durch Vollständigkeit und Klarheit sich auszeichnendes Werk. Es verdient seinen Platz im Bücherschrank eines jeden Mathematikers.“ *Naturwissenschaften.*

Mathematische Forschung in den letzten Jahren. Rede, gehalten am 31. Januar 1921 vor der Mathematischen Gesellschaft Benares von deren Vorsitzendem GANESH PRASAD. Aus dem Englischen übersetzt von Dr. FRIEDRICH LANGE. Groß-Oktav. 37 Seiten. 1923. RM 0,80.

In leichtverständlicher Darstellung berichtet der Verfasser über den Aufbau der Theorie der Integralgleichungen und ihre Anwendungen, die Erforschung der Grundlagen der mathematischen Physik, die Verallgemeinerung des Begriffs der konvergenten Reihen und die Entwicklung der modernen Relativitätstheorie.

Dasselbe in englischer Sprache. 1923. RM 0.80.

Neue Rechentafeln. Für Multiplikation und Division mit allen ein- bis vierstelligen Zahlen. Herausgegeben von Professor Dr. J. PETERS, Observator am Astronomischen Recheninstitut. Folio-Format. VI, 378 Seiten. 1909. Geb. RM 20.—. Diese Rechentafeln von Peters sind auch in französischer und englischer Ausgabe zu haben. Je geb. RM 20.—.

Dr. A. L. Crelles Rechentafeln, welche alles Multiplizieren und Dividieren mit Zahlen unter Tausend ganz ersparen, bei größeren Zahlen aber die Rechnung erleichtern und sicherer machen. Neue Ausgabe. Besorgt von O. SEELIGER. Mit Tafeln der Quadrat- u. Kubikzahlen von 1—1000. VII, 501 Seiten. Folio. Geb. RM 26.—. Diese Rechentafeln von Crelle liegen auch in englischer und französischer Ausgabe vor. Je geb. RM 26.—.

Fünfstellige Logarithmen. Mit mehreren graphischen Rechentafeln und häufig vorkommenden Zahlwerten. Von Regierungsrat Professor A. ADLER. Zweite Aufl. 117 Seiten u. 1 Tafel. 1929. (Samml. Göschen Bd. 423.) Geb. RM 1.62.

Der Band enthält die gemeinen Logarithmen der ganzen Zahlen bis 1000, die der goniometrischen Funktionen, die wirklichen Werte dieser Funktionen und die Reihe der mathematischen, physikalischen und astronomischen Hilfstafeln, wie sie fünfstelligen Logarithmentafeln gewöhnlich beigegeben sind.

Fünfstellige Logarithmentafeln der trigonometrischen Funktionen für jede Zeitsekunde des Quadranten. Herausgegeben von Prof. Dr. J. PETERS, Observator am Astronomischen Recheninstitut. Lex.-Oktav. IV, 82 Seiten. 1912. RM 6.—, geb. RM 7.—.

In den vorliegenden Tafeln bietet der Herausgeber, unter Benutzung des wertvollen Materials, das ihm als Resultat der mit J. Bauschinger ausgeführten Bearbeitung der achtstelligen Tafeln der trigonometrischen Funktionen zur Verfügung stand, der rechnenden Astronomie ein Hilfsmittel von großem Nutzen.

Vollständige logarithmische und trigonometrische Tafeln. Von Professor Dr. E. F. AUGUST, weiland Direktor des Köllnischen Realgymnaisums, Berlin. Neunundvierzigste Auflage in der Bearbeitung von Dr. F. AUGUST, weiland Prof. a. d. Artillerie- u. Ingenieur-Schule, Berlin. Oktav. VII, 204 S. 1931. Geb. RM 2.—.

„Die Anordnungen des Zahlenmaterials in den Tafeln, der klare Druck, handliches Format und gediegene Ausstattung empfehlen das Buch allein.“ *Allgemeine Vermessungs-Nachrichten.*

Vierstellige Tafeln und Gegentafeln für logarithmisches und trigonometrisches Rechnen in zwei Farben zusammengestellt. Von Professor Dr. HERMANN SCHUBERT. Neue Ausgabe von Dr. ROBERT HAUSSNER, o. ö. Professor a. d. Universität Jena. 175 S. Neudruck 1926. (Samml. Göschen Bd. 81.) Geb. RM. 1.62.

„Die vierstelligen Logarithmen sind in der Form recht handlich und gefällig. Besonders zu empfehlen sind die Tafeln für Schulen, wo es von Vorteil ist, die Lernenden nicht mit umfangreichen Büchern zu belasten.“ *Zeitschrift d. Österr. Ingenieur- und Architekten-Vereins.*

Vierstellige Logarithmentafeln. Von Dr. MAX ZACHARIAS, Studienrat am Vereinigten Friedrichs- und Humboldt-Gymnasium in Berlin, und Dr. PAUL METH, Studienrat a. d. Herderschule in Charlottenburg. Groß-Oktav. 44 Seiten. 1927. Geb. RM. 1.50.

„Diese Logarithmentafel zeichnet sich durch übersichtliche Anordnung und Reichtum des Gebotenen aus." Deutsche Schulzeitung in Polen.

Logarithmische Rechentafeln für Chemiker, Pharmazeuten, Mediziner und Physiker. Gegründet von Professor Dr. F. W. KÜSTER †. Für den Gebrauch im Unterrichtslaboratorium und in der Praxis berechnet sowie mit Erläuterungen versehen. Nach dem gegenwärtigen Stande der Forschung bearbeitet von Dr. A. THIEL, o. ö. Professor der physikalischen Chemie, Direktor des Physik.-Chem. Instituts der Universität Marburg. Fünfunddreißigste bis vierzigste, verbesserte und vermehrte Auflage. Oktav. 188 Seiten und eine Tafel. 1929. Geb. RM 6.75.

„Die wohl allseitig bekannten Küsterschen Rechentafeln sind dem Chemiker, der sich ihrer einmal bedient hat, zum ungern entbehrten Werkzeug geworden, das sich in seiner bewährten Anordnung des Stoffes zu einem wirklich nützlichen und fast notwendigen Hilfsbuch entwickelt hat. Die Neuauflage erscheint wie üblich nach dem neuesten Stande der Forschung." Zeitschrift für angewandte Chemie.

Fünfstellige Tafeln der Kreis- und Hyperbelfunktionen sowie der Funktionen e^x und e^{-x} mit den natürlichen Zahlen als Argument. Von Dr.-Ing. KEIICHI HAYASHI, Professor an der Kaiserlichen Kyushu-Universität Fukuoka-Hakosaki, Japan. Oktav. IV, 182 Seiten. Neudruck 1931. RM 9.—.

„Der bekannte japanische Verfasser hat aus der Notwendigkeit, die Werte beider Funktionsarten gleichzeitig zur Verfügung zu haben, Tafeln berechnet, in denen nicht nur die Hyperbelfunktionen, sondern auch die Kreisfunktionen mit verschieden großen Abstufungen, auf fünf Dezimalstellen angewendet sind. Die Anordnung dieser Tafeln ist äußerst praktisch, Druck und Papier sind ausgezeichnet, so daß die Benutzung sich bequem und einfach gestaltet. Für alle, die zahlenmäßige Rechnungen mit den genannten Funktionen häufiger auszuführen haben, ist der Gebrauch der Tafeln als praktisch und zeitsparend zu empfehlen." Zeitschrift des Vereins Deutscher Ingenieure.

Mathematische Formelsammlung. Von Professor O. TH. BÜRKLEN †. Vollständig umgearbeitete Neuausgabe von Dr. F. RINGLEB. Mit 38 Figuren. Zweite, verbesserte Aufl. 256 Seiten. 1931. (Sammlung Göschen Bd. 51.) Geb. RM. 1.62.

Die neue Auflage ist um die Abschnitte über Zahlentheorie und Differentialgleichungen wesentlich erweitert.

Mathematische Mußestunden. Eine Sammlung von Geduldspielen, Kunststücken und Unterhaltungsaufgaben mathematischer Natur. Von Professor Dr. HERMANN SCHUBERT. Vierte Auflage, neubearbeitet von Professor Dr. F. FITTING, München-Gladbach. Oktav. 245 Seiten. 1924. Geb. RM 6.—.

„Das kleine, auch äußerlich hübsch ausgestattete Buch wird allen Lesern Freude machen, und insbesondere der Lehrer wird in ihm eine Fülle von Anregungen für den Unterricht vorfinden. Wir empfehlen die ‚Mußestunden' allgemeiner Beachtung." Zeitschrift für das Realschulwesen.

Lehrbuch der Mathematik für Studierende der Naturwissenschaften und der Technik. Eine Einführung in die Differential- und Integralrechnung und in die analytische Geometrie. Von Dr. GEORG SCHEFFERS, Geh. Regierungsrat, Prof. a. d. Techn. Hochschule Charlottenburg. Mit 438 Figuren. Sechste, verbesserte Auflage. Neue Ausgabe. Lexikon-Oktav. VIII, 743 Seiten. 1932. Geb. RM 15.—.

Dieses vor allem für Studierende der Naturwissenschaften und der Technik geschriebene Lehrbuch ist in erster Linie für den Selbstunterricht bestimmt und geht daher von dem denkbar geringsten Maß von Vorkenntnissen aus: der Leser braucht nur im Buchstabenrechnen, in der Auflösung von Gleichungen ersten Grades mit einer Unbekannten und in der niederen Geometrie bewandert zu sein.

Arithmetik und Algebra

Arithmetik nebst Gleichungen 1. und 2. Grades. Von Professor Dr. HERMANN SCHUBERT. Dritte Auflage, neubearbeitet von Professor P. B. FISCHER, Studienrat am Gymnasium zu Berlin-Steglitz. Mit 5 Figuren. 132 Seiten. 1923. (Sammlung Göschen Bd. 47.) Geb. RM 1.62.

Die neue Bearbeitung des vorliegenden Bandes ist durch einen Abschnitt über Kombinatorik bereichert.

Elementare Algebra. Von Professor P. B. FISCHER, Studienrat am Gymnasium zu Berlin-Steglitz. Mit 20 Figuren. 149 Seiten. 1926. (Samml. Göschen Bd. 930.) Geb. RM 1.62.

„Der erste Teil des Bandes behandelt die allgemeine Theorie der algebraischen Gleichungen, der zweit besondere Gleichungen und Lösungsverfahren. Dem Text sind gut gewählte Zahlensbeispiele beigegeben." Allgem. Vermessungs-Nachrichten.

Einführung in die Axiomatik der Algebra. Von Dr. H. BECK, o. Professor an der Universität Bonn. 1926. X, 198 Seiten. (Göschens Lehrbücherei Bd. 6.) RM 9.—, geb. RM 10.50.

Das vorliegende Buch enthält im wesentlichen den Stoff einer an der Bonner Universität gehaltenen Anfängervorlesung; es erschöpft sich nicht in axiomatischen Dingen, sondern bringt darüber hinaus eine Reihe anderer Gebiete, die der Studierende braucht.

Lehrbuch der Algebra. Von Dr. ALFRED LOEWY, o. Professor an der Universität in Freiburg i. Br. I. Teil: Grundlagen der Arithmetik. Groß-Oktav. VI, 398 Seiten. 1915. RM 12.—, geb. RM 13.20.

Algebra I: Die Grundlagen. Von Dr. OSKAR PERRON, o. ö. Professor an der Universität München. Zweite, verbesserte Auflage. Mit 4 Figuren. 1932. VIII, 301 Seiten. (Göschens Lehrbücherei Bd. 8.) Geb. RM 11.50.

Algebra II: Theorie der algebraischen Gleichungen. Von Dr. OSKAR PERRON, o. ö. Professor an der Universität München. Zweite, verbesserte Auflage. Mit 5 Figuren. 1933. VIII, 261 Seiten. (Göschens Lehrbücherei Bd. 9.) Geb. RM 9,50.

Band I enthält die Grundbegriffe, es folgt ein Kapitel über den polynomischen und den Taylorschen Satz und der für den Ingenieur wichtige Abschnitt über Determinanten. Anschließend folgen Kapitel über symmetrische Funktionen, Teilbarkeit und über die Existenz von Wurzeln. Band II ist der Gleichungstheorie gewidmet.

Höhere Algebra. Von Dr. HELMUT HASSE, o. ö. Professor der Mathematik an der Universität Marburg. I: Lineare Gleichungen. Zweite, verbesserte Auflage. 160 Seiten. 1933. (Samml. Göschen Bd. 931.) Geb. RM 1.62. II: Gleichungen höheren Grades. 160 Seiten. 1927. (Samml. Göschen Bd. 932.) Geb. RM 1.62.

„Es ist dem Verfasser gelungen, in engstem Rahmen das Gebäude der allgemeinen Algebra vor den Augen des Lesers aufzurichten, einer Algebra, die auf dem Fundament der Definitionen der Ringe, Körper und Integritätsbereiche aufgebaut ist." Zeitschrift für mathem. und naturw. Unterr.

Algebraische Theorie der Körper. Von Professor Dr. ERNST STEINITZ. Neu herausgegeben, mit Erläuterungen und einem Anhang: Abriß der Galoisschen Theorie versehen von Dr. REINHOLD BAER u. Professor Dr. HELMUT HASSE. Oktav. 134 Seiten und 27 Seiten Erläuterungsheft. 1930. RM 9.—, geb. RM 10.20.

Praxis der Gleichungen. Von Dr. C. RUNGE, Professor an der Universität Göttingen. Zweite, verbesserte Auflage. Mit 8 Figuren. 1921. V, 172 Seiten. (Göschens Lehrbücherei Bd. 2.) RM 6.—, geb. RM 7.—

Eine erschöpfende Darstellung der Verfahren zur numerischen Auswertung der linearen und nichtlinearen Gleichungen mit einer und mehreren Unbekannten. Dient das Werk auch in erster Linie den Bedürfnis en des praktischen Rechnens, so findet doch auch der Lehrer viele wertvolle Anregungen darin.

Beispielsammlung zur Arithmetik und Algebra. Von Professor Dr. HERMANN SCHUBERT. Vierte, neubearbeitete und erweiterte Auflage von Professor P. B. FISCHER, Studienrat am Gymnasium zu Berlin-Steglitz. Mit 8 Figuren. 139 Seiten. Neudruck. 1931. (Samml. Göschen Bd. 48.) Geb. RM 1.62.

Die bekannte Beispielsammlung zur Arithmetik und Algebra von H. Schubert erscheint hiermit in einer neuen Bearbeitung. Änderungen gegen die alten Auflagen sind neben unerheblichen Kürzungen und mehrfachen Verbesserungen insofern eingetreten, als die Aufgaben zur Algebra ganz erheblich erweitert wurden.

Gruppentheorie. Von Dr. LUDWIG BAUMGARTNER in München. Mit 8 Figuren. 120 Seiten. 1921. (Samml. Göschen Bd. 837.) Geb. RM 1.62.

Einführung in die Determinantentheorie einschließlich der Fredholmschen Determinanten. Von Dr. GERHARD KOWALEWSKI, o. Prof. an der Techn. Hochsch. in Dresden. Zweite, verk. Aufl. Gr.-Okt. IV, 304 S. 1925. RM 14.—, geb. RM 15.50.

„Die Kowalewskische Darstellung des umfangreichen Gebietes zeichnet sich durch die anschauliche Kraft und Klarheit der Sprache vor anderen aus. Die Beschäftigung mit diesem Buche gewährt neben dem wissenschaftlichen Gewinn einen reichen ästhetischen Genuß." Schulwart.

Determinanten. Von Studienrat Professor PAUL B. FISCHER. Dritte Auflage. 136 Seiten. 1932. (Samml. Göschen Bd. 402.) Geb. RM. 1,62.

Der in einer wesentlich umgearbeiteten Auflage vorliegende Band soll die Studierenden der Mathematik, Physik und technischen Wissenschaften in die Grundzüge der Determinanten einführen.

Zahlentheorie. Von Dr. KURT HENSEL, o. ö. Professor an der Universität Marburg. Groß-Oktav. XII, 356 Seiten. 1913. RM 10.—, geb. RM 12.—.

Grundlehren der neueren Zahlentheorie. Von Professor Dr. PAUL BACHMANN. Dritte, neu durchgesehene Auflage. Mit einem Geleitwort herausgegeben von Dr. ROBERT HAUSSNER, ord. Professor an der Universität Jena. Mit 10 Figuren. 1931. XVI, 252 Seiten. (Göschens Lehrbücherei Bd. 3.) RM 9.50, geb. RM 10.50

Der erste Abschnitt umfaßt die klassische Theorie der rationalen Zahlen, der zweite eine Einführung in die Theorie der algebraischen Zahlen, deren verschiedene Methoden am Beispiel des quadratischen Körpers zu einem harmonischen, in sich geschlossenen Bau zusammengefügt werden.

Synthetische Zahlentheorie. Von Dr. RUDOLF FUETER, o. Professor an der Universität Zürich. Zweite, verbesserte Auflage. 1925. VIII, 277 Seiten. (Göschens Lehrbücherei Bd. 4.) RM 10.—, geb. RM 12.—.

Die vorliegende zweite Auflage des bewährten Lehrbuches weist gegen die erste zahlreiche Änderungen und Ergänzungen auf.

Das Fermatproblem in seiner bisherigen Entwicklung. Von Professor Dr. PAUL BACHMANN. Oktav. VIII, 160 Seiten. 1919. RM 2.50.

In der vorliegenden Abhandlung gibt der Verfasser eine Übersicht von den Beweisverfahren und den Theorien, welche Euler, Legendre, Gauß, Dirichlet, Kummer und andere Forscher in ihren Studien über das allgemeine Fermatproblem angewandt und entwickelt haben.

Irrationalzahlen. Von Dr. OSKAR PERRON, o. ö. Professor an der Universität München. 1921. VIII, 186 Seiten. (Göschens Lehrbücherei Bd. 1.) RM 6.—, geb. RM 7.—.

Inhalt: Die Grundlagen — Der Begriff der Grenze — Potenzen und Logarithmen — Verschiedene Darstellungsformen irrationaler Zahlen — Approximation irrationaler Zahlen durch rationale — Algebraische und transzendente Zahlen.

Mengenlehre

Mengenlehre. Von Professor Dr. E. KAMKE. Mit 6 Figuren. 160 Seiten. 1928. (Samml. Göschen Bd. 999.) Geb. RM 1.62.

Der Band behandelt die grundlegenden Tatsachen der Mengenlehre, die für alle Zweige der Mathematik so große Bedeutung gewonnen hat. Die Definition der Menge erfolgt im Anschluß an Cantor. Besondere Vorkenntnisse werden nicht vorausgesetzt.

Mengenlehre. Von Dr. F. HAUSDORFF, o. Professor an der Universität Bonn. Zweite, neubearbeitete Auflage. Mit 12 Figuren. 1927. 285 Seiten. (Göschens Lehrbücherei Bd. 7.) Geb. RM 12.—, geb. RM 13.50.

Das Lehrbuch setzt beim Lesen keine höheren mathematischen Kenntnisse als die Anfangsgründe der Differential- und Integralrechnung, allerdings aber eine gewisse Schärfe des abstrakten Denkens voraus und wird von Studierenden in mittleren Semestern mit Erfolg gelesen werden können.

Analysis

Das Kontinuum. Kritische Untersuchungen über die Grundlagen der Analysis. Von Dr. HERMANN WEYL, o. Prof. d. Mathematik an der Universität Göttingen. Unveränderter Neudruck. 1932. V, 84 Seiten. RM 3.—.

Elementare Reihenlehre. Von Dr. HANS FALCKENBERG, Professor an der Universität Gießen. Mit 4 Figuren im Text. 136 Seiten. 1926. (Samml. Göschen Bd. 943.) Geb. RM. 1.62.

Das Bändchen will mehr bieten als das, was in jedem Lehrbuch der Infinitesimalrechnung über unendliche Reihen enthalten ist, und fügt deshalb z. B. der Erörterung über das Cauchysche Divergenz- und Konvergenzkriterium auch solche über das Raabesche, das logarithmische und das Gaußsche an.

Komplexe Reihen nebst Aufgaben über reelle und komplexe Reihen. Von Dr. HANS FALCKENBERG, Professor an der Universität Gießen. Mit 3 Figuren im Text. 140 Seiten. 1931. (Samml. Göschen Bd. 1027.) Geb. RM 1.62.

Fouriersche Reihen. Von Dr. W. ROGOSINSKI, a. o. Professor an der Universität Königsberg i. Pr. Mit 4 Figuren. 135 Seiten. 1930. (Samml. Göschen Bd. 1022.) Geb. RM 1.62.

Lebesguesche Integrale und Fouriersche Reihen. Von Dr. L. SCHLESINGER, o. Professor an der Universität Gießen, und Dr. A. PLESSNER. Groß-Oktav. VIII, 229 Seiten. 1926. RM 14.—, geb. RM 16.—.

„Das System ist so durchgeführt, daß fast keine Vorkenntnisse gefordert und trotzdem das volle Beherrschen des Materials erzielt werden kann." Allgemeine Österr. Chemiker- u. Techniker-Zeitung.

Niedere Analysis. Von Professor Dr. BENEDIKT SPORER. Mit 5 Figuren. Zweite, verbesserte Auflage. Sechster Abdruck. 179 Seiten. 1919. (Samml. Göschen Bd. 53.) Geb. RM 1.62.

Ohne den wissenschaftlichen Boden zu verlassen, war es das Bestreben des Verfassers, alle Ableitungen in den verschiedenen Kapiteln dieses umfangreichen Gebietes so einfach und verständlich wie möglich darzustellen und durch Beispiele klarer zu machen.

Differentialrechnung. Von Professor Dr. A. WITTING in Dresden. Mit 94 Figuren und 185 Beispielen. 191 Seiten. 1931. (Samml. Göschen Bd. 87.) Geb. RM 1.62.

Integralrechnung. Von Rektor Dr. FR. JUNKER. Mit 50 Figuren. Vierte Auflage. Neudruck. 132 Seiten. 1929. (Samml. Göschen Bd. 88.) Geb. RM 1.62.

„Die Bändchen sind eine wahre Hochschule des abstrakten Denkens, und sie genießen in Fachkreisen mit Recht das höchste Ansehen." Magazin für Pädagogik.

Repetitorium und Aufgabensammlung zur Differentialrechnung. Von Rektor Dr. FR. JUNKER. Vierte, verbesserte Auflage von Oberstudienrat Professor Dr. A. WITTING. Mit 47 Figuren im Text. 130 Seiten. 1928. (Samml. Göschen Bd. 146.) Geb. RM 1.62.

Der Band, der sich als vorzügliches Mittel zur Einübung der elementaren Sätze und Formeln der Differentialrechnung bewährt hat, erfuhr bei seiner Neuauflage eine bedeutende Verbesserung und Erweiterung.

Repetitorium und Aufgabensammlung zur Integralrechnung. Von Rektor Dr. FR. JUNKER. Mit 52 Figuren im Text. Dritte, verbesserte Auflage. Neudruck. 135 Seiten. 1929. (Samml. Göschen Bd. 147.) Geb. RM 1.62.

„Die reichhaltige Aufgabensammlung ist für den Selbstunterricht sehr geeignet. Das nützliche Büchlein wird weiterhin die verdiente große Verwendung finden." Schweizer Pädagogische Zeitschrift.

Lehrbuch der Differentialgleichungen. Von Dr. HEINRICH LIEBMANN, o. Prof. an der Universität Heidelberg. Groß-Oktav. VI, 226 Seiten. Mit 31 Figuren. 1901. RM 6.—, geb. RM 7.20.

Einführung in die Theorie der gewöhnlichen Differentialgleichungen auf funktionentheoretischer Grundlage. Von Dr. LUDW. SCHLESINGER, o. Professor an der Universität Gießen. Dritte, neubearbeitete Auflage. Groß-Oktav. VIII, 326 Seiten. 1922. RM 10.—, geb. RM 11.—.

Es war das Bestreben des Verfassers, durch die hier gegebene Darstellung die Theorie der Differentialgleichungen auch denjenigen leichter zugänglich zu machen, die es mit den Anwendungen der Analysis zu tun haben.

Gewöhnliche Differentialgleichungen. Von Professor Dr. G. HOHEISEL. Zweite, verbesserte Auflage. 159 Seiten. 1930. (Samml. Göschen Bd. 920.) Geb. RM 1.62.

Der Band beginnt mit einer elementar gehaltenen Einführung in die Theorie der gewöhnlichen Differentialgleichungen, geht aber in den späteren Teilen über die Anfangsgründe hinaus. Bei der Auswahl des Stoffes wurden Gegenstände, welche Anwendungen zulassen, bevorzugt.

Gewöhnliche Differentialgleichungen. Von Dr. J. HORN, o. Professor an der Technischen Hochschule Darmstadt. Zweite, völlig umgearb. Auflage. Mit 4 Fig. 1927. VIII, 197 Seiten. (Göschens Lehrbücherei Bd. 10.) RM 9.—, geb. RM 10.50.

Inhalt: Elementare Integrationsmethoden, Existenzbeweise, Methode der schrittweisen Annäherung, numerische und graphische Näherungsmethoden, lineare Differentialgleichungen, elementare Integrationsmethoden und weitere Untersuchungen im reellen Gebiet, Existenzbeweise im komplexen Gebiet, Abhängigkeit der Lösungen von Parametern und Anfangswerten, Singularitäten nichtlinearer Differentialgleichungen.

Partielle Differentialgleichungen. Von Professor Dr. G. HOHEISEL. 159 Seiten. 1928. (Samml. Göschen Bd. 1003.) Geb. RM 1.62.

Das Buch enthält alle wichtigen Lehrsätze und Methoden für die Integration der partiellen Differentialgleichungen. Trotz der Kürze sind alle wesentlichen Ideen und Wege aufgezeigt.

Partielle Differentialgleichungen. Von Dr. J. HORN, o. Professor an der Technischen Hochschule Darmstadt. Zweite, umgearbeitete Auflage. Mit 8 Figuren. VIII, 228 Seiten. 1929. (Göschens Lehrbücherei Bd. 14.) RM 11.—, geb. RM 12.—.

In diesem einführenden Lehrbuch, das seine Eigenart ganz aus dem bewährten Programm von „Göschens Lehrbücherei" herleitet, werden sowohl lineare partielle Differentialgleichungen zweiter Ordnung, wie sie in der mathematischen Physik vorkommen, als auch nichtlineare partielle Differentialgleichungen erster und zweiter Ordnung behandelt, sowohl Randwert- als auch Anfangswertprobleme, durchweg unter Beschränkung auf zwei unabhängige Veränderliche; es wird auch eine Einführung in die häufig benutzte Theorie der Integralgleichungen gegeben.

Aufgabensammlung zu den gewöhnlichen und partiellen Differentialgleichungen. Von Professor Dr. G. HOHEISEL. 148 Seiten. 1932. (Samml. Göschen Bd. 1059.) Geb. RM 1.62.

Integralgleichungen. Von Dr. GERHARD KOWALEWSKI, o. Professor an der Technischen Hochschule Dresden. Mit 11 Figuren. Groß-Oktav. 302 Seiten. 1930. (Göschens Lehrbücherei Bd. 18.) RM 15.—, geb. RM 16.50.

Funktionentheoretische Vorlesungen. Von HEINRICH BURKHARDT. Neu herausgegeb. von Dr. GEORG FABER, o. Prof. a. d. Techn. Hochsch. in München. I. Band 1. Heft. Dritte, umgearbeitete Auflage. Groß-Oktav. X, 182 Seiten. 1920. RM 6.—, geb. RM 7.20. I. Band 2. Heft. Fünfte, umgearbeitete Auflage. Groß-Oktav. X, 286 Seiten. 1921. RM 9.—, geb. RM 10.50. II. Band. Dritte, vollständig umgearbeitete Auflage. Groß-Oktav. VI, 444 Seiten. 1920. RM 14.—, geb. RM 15.50.

Das Buch will in einer für Studierende geeigneten Form den Zugang zu den Funktionentheorien von Weierstraß und von Riemann zugleich erschließen.

Funktionentheorie. Von Dr. KONRAD KNOPP, o. Professor an der Universität Tübingen. Erster Teil: Grundlagen der allgemeinen Theorie der analytischen Funktionen. Mit 8 Figuren. Vierte, verbesserte Auflage. 140 Seiten. 1930. (Sammlung Göschen Bd. 668.) Geb. RM 1.62. Zweiter Teil: Anwendungen und Weiterführung der allgemeinen Theorie. Mit 7 Figuren. Vierte, verbesserte Auflage. 138 Seiten. 1931. (Samml. Göschen Bd. 703.) Geb. RM 1.62.

„Die beiden vollständig neubearbeiteten Bände seien allen Studierenden der Mathematik als Muster klarer und strenger Darstellung aufs wärmste empfohlen." *Monatsschrift für Mathematik und Physik.*

Aufgabensammlung zur Funktionentheorie. Von Dr. KONRAD KNOPP, o. Professor an der Universität Tübingen. Erster Teil: Aufgaben zur elementaren Funktionentheorie. 136 Seiten. Zweite, verbesserte Auflage. 1931. (Samml. Göschen Bd. 877.) Geb. RM 1.62. Zweiter Teil: Aufgaben zur höheren Funktionentheorie. 143 Seiten. 1928. (Samml. Göschen Bd. 878.) Geb. RM 1.62.

Die Mehrzahl der in den beiden Bänden enthaltenen Aufgaben beziehen sich auf Knopps »Funktionentheorie« (Samml. Göschen Bd. 668 und 703). Sämtlichen Aufgaben sind die Lösungen beigegeben.

Einführung in die konforme Abbildung. Von Dr. LUDWIG BIEBERBACH, o. ö. Professor an der Universität Berlin. Zweite, neubearbeitete Auflage. Mit 38 Figuren. 131 Seiten. 1927. (Samml. Göschen Bd. 768.) Geb. RM 1.62.

„Der Autor faßt seine Aufgabe, eine Einführung in die konforme Abbildung zu geben, in doppeltem Sinne auf. Er vermittelt dem Leser die eigentlich elementaren Teile der Theorie der konformen Abbildung; andererseits eröffnet er durch Eingehen auf einzelne neue Entwicklungen den Zugang zu den modernsten und tiefsten Untersuchungen der gesamten Funktionentheorie." *Jahrbuch über die Fortschritte der Mathematik.*

Automorphe Funktionen. Von Dr. L. SCHLESINGER, o. Professor an der Universität Gießen. X, 205 Seiten. 1924. (Göschens Lehrbücherei Bd. 5.) RM 8.—, geb. 9.20.

Im ersten Abschnitt wird die Kernfrage an einfachen Beispielen behandelt, darauf die notwendigsten Sätze aus der nichteuklidischen Geometrie unter Heranziehung der Kreisverwandtschaften. Es folgt der Diskontinuitätsbeweis der zugehörigen Gruppe von Verschiebungen und der Existenzbeweis für die zu einem Normalpolygon gehörigen automorphen Funktionen.

Elliptische Funktionen. Von Dr. R. KÖNIG, o. Professor der Mathematik an der Universität Jena, und Dr. M. KRAFFT, a. o. Professor an der Universität Marburg i. H. Mit 4 Figuren. 263 Seiten. 1928. (Göschens Lehrbücherei Bd. 11.) RM 13.—, geb. RM 14.50.

Das Buch will dem Studierenden und Fachmann die elliptischen Funktionen als Glied eines großen Organismus verstehen lehren, der mit den einfachsten analytischen Funktionen, den rationalen, beginnt und schließlich zu den Riemannschen Funktionensystemen emporwächst.

Elliptische Funktionen. Von Dr. KARL BOEHM, Professor an der Technischen Hochschule in Karlsruhe. Erster Teil: Theorie der elliptischen Funktionen aus analytischen Ausdrücken entwickelt. Mit 11 Figuren im Text. XII, 356 Seiten. Neudruck. 1930. (Samml. Schubert Bd. XXX.) Geb. RM 20.—. Zweiter Teil: Theorie der elliptischen Integrale. Umkehrproblem. Mit 28 Figuren im Text. VII, 180 Seiten. 1910. (Samml. Schubert Bd. LXI.) Geb. RM 7.80.

Einführung in die Theorie der algebraischen Funktionen einer Veränderlichen. Von HEINRICH W. E. JUNG, o. ö. Prof. an der Universität Halle-Wittenberg. Mit 35 Abb. im Text. Groß-Oktav. VI, 246 S. 1923. RM 3.50, geb. RM 4.—.

„Das überaus klar und anschaulich geschriebene Buch wird allen denjenigen, die sich mit den grundlegenden Methoden der arithmetischen Theorie der algebraischen Funktionen vertraut machen wollen, von Nutzen sein.“ *Zeitschrift für mathem. u. naturwiss. Unterricht.*

Theorie des Potentials und der Kugelfunktionen. Von Professor Dr. A. WANGERIN in Halle a. d. S. I. Teil: Mit 46 Fig. VIII, 255 S. Unveränd. Neudruck. 1922. (Slg. Schubert Bd. LVIII.) Geb. RM 4.—. II. Teil: Mit 17 Fig. VIII, 286 Seiten. 1921. (Samml. Schubert Bd. LIX.) Geb. RM 4.—.

„Wer in die Potentialtheorie eindringen will, findet in dem leichtverständlichen Buch einen zuverlässigen und angenehmen Führer.“ *Zeitschrift für mathem. u. naturwiss. Unterricht.*

Potentialtheorie. Von Dr. W. STERNBERG, a. o. Professor in Breslau. I. Die Elemente der Potentialtheorie. Mit 5 Figuren. 136 Seiten. 1925. (Samml. Göschen Bd. 901.) Geb. RM 1.62. II. Die Randwertaufgaben der Potentialtheorie. Mit 1 Figur. 133 Seiten. 1926. (Samml. Göschen Bd. 944.) Geb. RM 1.62.

„Die Bände geben einen klaren Einblick in die Gedankengänge und Beweismethoden der Potentialtheorie. Da es dem Verfasser gelungen ist, trotz der räumlichen Enge alle erforderlichen Beweise exakt durchzuführen, ist das Werk als Hilfsbuch neben einer Vorlesung durchaus zu empfehlen.“
Zeitschrift für mathem. u. naturwiss. Unterricht.

Geometrie

Taschenbuch für praktische Geometrie. Von Dr. H. LÖSCHNER, o. ö. Professor an der Deutschen Technischen Hochschule in Brünn. Mit 10 Figuren im Text. Klein-Oktav. X, 147 Seiten. 1922. Geb. RM 2.—.

Der vorliegende Band enthält die wichtigsten Formeln der praktischen Geometrie, die Konstanten und Genauigkeitsangaben, Leitsätze für die Beobachtungen und Merkregeln für die Behandlung, Beförderung und Aufbewahrung geodätischer Instrumente und Geräte.

Grundzüge der ebenen Geometrie. Von Professor Dr. FR. BOHNERT in Hamburg. Mit 220 Fig. VIII, 223 Seiten. 1915. (Samml. Schubert Bd. II.) Geb. RM 3.90.

Ebene Geometrie. Von G. MAHLER, Professor der Mathematik am Gymnasium in Ulm. Mit 110 zweifarbigen Figuren. Vierte, verbesserte Auflage. Neudruck. 166 Seiten. 1922. (Samml. Göschen Bd. 41.) Geb. RM 1.62.

Ebene und sphärische Trigonometrie. Von Prof. Dr. F. BOHNERT in Hamburg. Zweite Auflage. Dritter Neudruck. Mit 63 Figuren. VIII, 167 Seiten. 1919. (Samml. Schubert Bd. III.) Geb. RM 4.40.

Das Buch enthält die Grundbegriffe der Trigonometrie. Die beigegebenen Beispiele sollen den unentbehrlichen Übungsstoff liefern und gleichzeitig einen Überblick über die vielfache Verwendbarkeit und Bedeutsamkeit der Trigonometrie gewähren. Das letzte Kapitel bietet die wichtigsten Anwendungen der Sphärik auf die mathematische Geographie.

Ebene und sphärische Trigonometrie. Von Professor Dr. GERHARD HESSENBERG. Mit 59 Figuren. Dritte, neubearbeitete Auflage. Durchgesehener Neudruck. 171 Seiten. 1926. (Samml. Göschen Bd. 99.) Geb. RM 1.62.

„Der Verfasser hat seine Aufgabe, in dem engen Rahmen nicht bloß alle wichtigen Formeln mitzuteilen, sondern auch die Grundgedanken, auf welchen dieselben beruhen, klar darzustellen und den Zusammenhang derselben, ihre Bedeutung und Anwendbarkeit hervorzuheben, vortrefflich gelöst."

Archiv der Mathematik und Physik.

Sammlung von Aufgaben aus der ebenen und sphärischen Trigonometrie. Von Dr. FRITZ HEILAND, Studienrat am Gymnasium in Jena. Mit 26 Figuren. 152 Seiten 1922. (Samml. Göschen Bd. 848.) Geb. RM 1.62.

Die Sammlung schließt sich nach Anordnung und Bezeichnung dem Lehrbuch Hessenbergs (Samml. Göschen Bd. 99) an. Wichtigere Formeln sind vorangestellt, zum Teil mit Ableitung. Zu sämtlichen Aufgaben sind die Lösungen angegeben.

Stereometrie. Von Professor Dr. ROBERT GLASER. Dritte, verbesserte Auflage. Neudruck. Mit 81 Figuren. 139 Seiten. 1920. (Samml. Göschen Bd. 97.) Geb. RM 1.62.

Sammlung von Aufgaben aus der Stereometrie. Von Professor Dr. ROBERT GLASER. Mit 54 Figuren. 168 Seiten. 1917. (Samml. Göschen Bd. 779.) Geb. RM. 1.62.

Aufgaben über Prisma und Zylinder — Projektionszeichnen — Pyramiden und Kegel — Kugel und Kugelteile — konoidartige Körper — Prismatoide — schief abgeschnittene Prismen und Zylinder — Guldinsche Regel.

Grundlagen der Geometrie. Von Professor Dr. GERHARD HESSENBERG. Herausgegeben von Dr. W. SCHWAN, Studienrat in Meseritz. Mit 77 Figuren. Groß-Oktav. 143 Seiten. 1930. (Göschens Lehrbücherei Bd. 17.) RM 6.50, geb. RM 7.80.

Elementargeometrie der Ebene und des Raumes. Von Professor Dr. MAX ZACHARIAS in Berlin. Mit 196 Figuren im Text. 252 Seiten. 1929. (Göschens Lehrbücherei Bd. 16.) RM 13.—, geb. RM 14.50.

Die Elementargeometrie wird nicht vom Standpunkte des Schulunterrichts, sondern von dem der Wissenschaft aus behandelt. Ausgangspunkt ist das (etwas modifizierte) Hilbertsche Axiomensystem. In der Darstellung treten zwei Momente in den Vordergrund: die geschichtliche Entwicklung und die prinzipielle Begründung der einzelnen Gebiete.

Nichteuklidische Geometrie. Von Prof. Dr. H. LIEBMANN in Heidelberg. Mit 40 Figuren. Dritte Auflage. 150 Seiten. 1923. RM 6.—, geb. RM 7.—.

Das vorliegende Buch will, möglichst wenig an mathematischen Kenntnissen voraussetzend, in die nichteuklidische Geometrie einführen, und zwar nur auf einem Gebiete — dem der Ebene —, auf diesem aber gründlich dargestellt.

Nichteuklidische Geometrie. Von Professor Dr. RICHARD BALDUS. Mit 71 Figuren. 152 Seiten. 1927. (Sammlung Göschen Bd. 970.) Geb. RM 1.62.

Wenn auch der Band durch möglichste Klarheit und zahlreiche Figuren, auf die besondere Sorgfalt verwendet wurde, zunächst auf den Neuling auf diesem Gebiet Rücksicht nimmt, so dürfte doch auch der Fachmann manches Neue darin finden. Daß bis zu den Übergängen aus dem mathematischen in das rein philosophische Gebiet vorgedrungen wird, dürfte philosophisch interessierten Lesern willkommen sein.

Punkt- und Vektor-Rechnung. Von Dr. ALFRED LOTZE, Privatdoz. für Mathematik an der Technischen Hochschule Stuttgart. Mit 7 Figuren. 192 Seiten. 1929. (Göschens Lehrbücherei Bd. 13.) RM 12.—, geb. RM 13.—.

Vektoranalysis in ihren Grundzügen und wichtigsten physikalischen Anwendungen. Von Dr. ARTHUR HAAS, a. o. Professor an der Universität Wien. Zweite, verbesserte Auflage. Mit 37 Abbildungen im Text. Groß-Oktav. VI, 147 Seiten. 1929. RM 5.—, geb. RM 6.—.

Vektoranalysis. Von Dr. SIEGFRIED VALENTINER, Professor für Physik an der Bergakademie Clausthal. Mit 16 Figuren. Vierte, umgearbeitete Auflage. 136 Seiten. 1929. (Samml. Göschen Bd. 354.) Geb. RM 1.62.

Vorlesungen über allgemeine natürliche Geometrie und Liesche Transformationsgruppen. Von Dr. GERHARD KOWALSKI, o. ö. Professor an der Technischen Hochschule zu Dresden. Mit 16 Figuren. Groß-Oktav. 280 Seiten. 1931. (Göschens Lehrbücherei Bd. 19.) RM 15.50, geb. RM 17.—.

Der Verfasser bietet hiermit eine ganz neuartige Einführung in die Liesche Gruppentheorie: er geht von dem Grundsatz aus, daß man mit einer Theorie am besten und eindrucksvollsten in ihren Anwendungen vertraut wird. Dementsprechend macht er den Leser mit einem ihrer Hauptanwendungsgebiete, der natürlichen Geometrie, eingehend bekannt, wobei sich dieser die Lieschen Grundbegriffe nach und nach aneignet. Im Schlußkapitel werden die unterwegs erworbenen gruppentheoretischen Kenntnisse zum Grundgerüst der Theorie der Transformationsgruppen zusammengefaßt.

Lehrbuch der analytischen Geometrie. Von Dr. FRIEDRICH SCHUR, o. Professor an der Universität Breslau. Zweite, verbesserte und vermehrte Auflage. Mit 81 Figuren. Groß-Oktav. XII, 248 Seiten. 1912. RM 6.50, geb. RM 7.70.

Einführung in die analytische Geometrie. Von Professor Dr. GERHARD KOWALEWSKI. Mit 112 Figuren. Dritte, unveränderte Auflage. Lexikon-Oktav. VIII, 360 Seiten. 1929. Geb. RM 11.20.

Das aus Vorlesungen entstandene Buch ist namentlich zum Gebrauch für Studierende bestimmt.

Analytische Geometrie der Ebene. Von Dr. R. HAUSSNER, o. ö. Professor an der Universität Jena. Mit 60 Figuren. 164 Seiten. 1928. (Samml. Göschen Bd. 65.) Geb. RM 1.62.

Die Darstellung beginnt elementar und setzt nur die nötigsten planimetrischen und algebraischen Schulkenntnisse voraus. Es ist nicht nur die allgemeine Theorie der analytischen Gebilde ersten und zweiten Grades vollständig gegeben, sondern auch eine größere Zahl von speziellen Sätzen, vornehmlich über die Kegelschnitte.

Sammlung von Aufgaben und Beispielen zur analytischen Geometrie der Ebene mit den vollständigen Lösungen. Von Dr. R. HAUSSNER, o. ö. Professor an der Universität Jena. Mit 22 Figuren im Text. 139 Seiten. 1930. (Samml. Göschen Bd. 256.) Geb. RM 1.62.

Analytische Geometrie des Raumes. Von Professor Dr. MAX SIMON, Straßburg i. E. Mit 28 Abbildungen. Dritte, verbesserte Auflage. Neudruck. 208 Seiten. 1922. (Samml. Göschen Bd. 89.) Geb. RM 1.62.

Aufgaben zur analytischen Geometrie des Raumes. Von O. TH. BÜRKLEN, Professor am Realgymnasium in Schwäb.-Gmünd. Mit 8 Figuren. Zweite, verbesserte und vermehrte Auflage. Neudruck. 109 Seiten. 1923. (Samml. Göschen Bd. 309.) Geb. RM 1.62.

Kreis und Kugel. Von Dr. WILHELM BLASCHKE, o. Prof. an der Universität Hamburg. Mit 27 Fig. im Text. Groß-Oktav. X, 169 Seiten. 1916. RM 4.40, geb. RM 5.50.

Anwendung der Differential- und Integralrechnung auf Geometrie. Von Dr. GEORG SCHEFFERS, Geh. Reg.-Rat, Professor an der Technischen Hochschule Charlottenburg. I. Mit 107 Figuren. Dritte, verbesserte Auflage. XII, 482 Seiten. 1923. RM 13.—, geb. RM 14.50. II. Mit 110 Fig. Dritte, verbesserte Aufl. XI, 582 Seiten. 1922. RM 15.—, geb. RM 16.50.

Die besprochenen Probleme werden alle mit großer Ausführlichkeit behandelt. Die am Schluß beigefügten Formeltafeln und Register erhöhen den Wert des Werkes, das nicht nur einführen, sondern auch zu selbständigen Forschungen anregen soll.

Theorie der Raumkurven und krummen Flächen. Von Dr. V. KOMMERELL, Oberstudiendirektor, Honorarprofessor an der Universität Tübingen, und Dr. K. KOMMERELL, o. ö. Professor an der Universität Tübingen. Groß-Oktav. Vierte Auflage. (Göschens Lehrbücherei Bd. 20 und 21.) I: Krümmung der Raumkurven und Flächen. Mit 38 Figuren. 205 Seiten. 1931. Geb. RM 10.—. II: Kurven auf Flächen. Spezielle Flächen. Theorie der Strahlensysteme. Mit 22 Figuren. 194 Seiten. 1931. Geb. RM 10.—.

Die vierte Auflage des früher in der Sammlung Schubert erschienenen Werkes wurde unter Verwertung der neueren Literatur vollständig umgearbeitet und erheblich erweitert. Von den Ergänzungen der Neuauflage seien die Ausgestaltung der Theorie der Differentialparameter, die Gauß-Bonnetsche Integralformel, besonders aber die Parallelverschiebung von Levi-Cività mit einem Ausblick auf die Relativitätstheorie erwähnt. Eine reichhaltige, ebenfalls wesentlich vermehrte Sammlung von Aufgaben und sonstigem Übungsmaterial schließt das Werk ab.

Liniengeometrie mit Anwendungen. Von Professor Dr. KONRAD ZINDLER in Innsbruck. I. Teil. Mit 87 Figuren. Neudruck. VIII, 380 Seiten. 1928. (Samml. Schubert Bd. XXXIV.) Geb. RM 18.—. II. Teil. Mit 24 Figuren. VII, 252 Seiten. 1906. (Samml. Schubert Bd. LI.) Geb. RM. 9.50.

Ein besonderer Vorzug dieses vorliegenden Lehr- und Einführungsbuches sind die jedem Bande beigegebenen Übungsaufgaben, zu deren Lösung sich am Schluß eine Anleitung befindet.

Projektive Geometrie in synthetischer Behandlung. Von Dr. KARL DOEHLEMANN, weil. Professor an der Technischen Hochschule München. Fünfte Auflage. Erster Teil. Mit 59 Figuren. 132 Seiten. 1922. (Samml. Göschen Bd. 72.) Geb.

RM 1.62. Zweiter Teil. Mit 55 Figuren. 138 Seiten. 1924. (Samml. Göschen Bd. 876.) Geb. RM 1.62.

„Die Darstellung ist musterhaft klar und leichtverständlich und wird durch übersichtliche Zeichnungen und zahlreiche Aufgaben aufs trefflichste illustriert.“ Bayerische Blätter für das Gymnasialschulwesen.

Aufgabensammlung zur Projektiven Geometrie. Von Dr. HEINRICH TIMERDING, Professor an der Technischen Hochschule Braunschweig. Mit 65 Figuren. 140 Seiten. 1933. (Samml. Göschen Bd. 1060.) Geb. RM 1.62.

Geometrische Transformationen. Von Dr. KARL DOEHLEMANN, weil. Professor an der Technischen Hochschule München. Zweite Auflage, herausgeg. von Dr. WILHELM OLBRICH, Prof. an der Hochschule für Bodenkultur in Wien. Mit 89 Figuren im Text und 4 Abbildungen. 254 Seiten. 1930. (Göschens Lehrbücherei Bd. 15.) RM 13.—, geb. RM 14.50.

Lehrbuch der darstellenden Geometrie. Von Dr. KARL ROHN, Geh. Rat, weiland Professor an der Universität Leipzig, und Dr. ERWIN PAPPERITZ, Geh. Rat, Professor an der Bergakademie in Freiberg i. Sa. Drei Bände. Groß-Oktav. I. Orthogonalprojektion. Vielflache, Perspektivität ebener Figuren, Kurven, Zylinder, Kugel, Kegel, Rotations- und Schraubenflächen. Vierte, erweiterte Auflage. XX, 502 Seiten. Mit 351 Figuren. Neudruck. 1932. Geb. RM 18.90. II. Axonometrie, Perspektive, Beleuchtung. Vierte, umgearbeitete Auflage. Neudruck. 1932. VI, 194 Seiten. Mit 118 Figuren. Geb. RM 8.55. III. Kegelschnitte, Flächen zweiten Grades, Regel-, abwickelbare und andere Flächen. Flächenkrümmung. Vierte, unveränderte Auflage. X, 334 Seiten. Mit 157 Figuren. 1923. RM 10.80, geb. RM 12.—.

Darstellende Geometrie. Von THEODOR SCHMID, o. ö. Profesor an der Technischen Hochschule in Wien. I. Teil: Eckige Körper, Kugel, Zylinder, Kegel, Plankurven und Raumkurven mit den zugehörigen Torsen im Normalrißverfahren und in orthogonaler Axonometrie. Dritte Auflage. Mit 170 Figuren. 283 Seiten. 1922. (Samml. Schubert Bd. LXV.) Geb. RM 6.—. II. Teil: Schiefe u. zentrale Projektion. Dreh-, Rohr-, Schrauben- und Regelflächen. Geländedarstellung, Kartenprojektion, Nomographie. Zweite Auflage. Mit 163 Figuren. 340 Seiten. 1923. (Samml. Schubert Bd. LXVI.) Geb. RM 7.50.

Darstellende Geometrie. Von Dr. ROBERT HAUSSNER, o. ö. Professor der Mathematik an der Universität Jena. Erster Teil: Elemente; Ebenflächige Gebilde. Vierte, verbesserte Auflage. Mit 110 Figuren im Text. 207 Seiten. 1929. (Samml. Göschen Bd. 142.) Geb. RM 1.62. Zweiter Teil: Perspektive ebener Gebilde; Kegelschnitte. Dritte, verbesserte und vermehrte Auflage. Mit 88 Figuren im Text. 168 Seiten. 1929. (Samml. Göschen Bd. 143.) Geb. RM 1.62.

Darstellende Geometrie. Von Dr. ROBERT HAUSSNER, o. ö. Professor der Mathematik an der Universität Jena, und Dr. WOLFGANG HAACK, Privatdozent für Mathematik an der Technischen Hochschule Danzig-Langfuhr. Dritter Teil: Zylinder, Kegel, Kugel, Rotations- und Schraubenflächen, Schattenkonstruktionen, Axonometrie. Mit 65 Figuren im Text. 141 Seiten. 1931. (Samml. Göschen Bd. 144.) Geb. RM 1.62. Vierter Teil: Freie und gebundene Perspektive, Photogrammetrie, kotierte Projektion. Mit 76 Figuren im Text. 144 Seiten. 1933. (Samml. Göschen Bd. 1063.) Geb. RM 1.62.

Koordinatensysteme. Von Professor PAUL B. FISCHER, Studienrat am Gymnasium zu Berlin-Steglitz. Mit 8 Figuren. Zweite, verbesserte Auflage. 128 Seiten. 1919. (Samml. Göschen Bd. 507.) Geb. RM 1.62.

Der Verfasser versucht den Koordinatenbegriff von einem allgemeinen Standpunkt aus darzustellen. Durch sorgfältig ausgewählte, zahlreiche Literaturangaben wird der Wert des Bandes erhöht.

Algebraische Kurven. Neue Bearbeitung von Dr. H. WIELEITNER, Oberstudiendirektor in München. Erster Teil: Gestaltliche Verhältnisse. Mit 97 Figuren. Durchgesehener Neudruck. 146 Seiten. 1930. (Samml. Göschen Bd. 435.) Geb. RM 1.62. Zweiter Teil: Allgemeine Eigenschaften. Mit 35 Figuren. Neudruck. 123 Seiten. 1919. (Samml. Göschen Bd. 436.) Geb. RM 1.62.

Mechanik

Statik. I. Teil: Die Grundlagen der Statik starrer Körper. Von Privatdozent Dr. Ing. FERD. SCHLEICHER in Karlsruhe. Mit 47 Abbild. 143 Seiten. 1930. (Samml. Göschen Bd. 178.) Geb. RM 1.62. II. Teil: Angewandte (techn.) Statik. Von Professor Dipl.-Ing. W. HAUBER in Stuttgart. Mit 61 Figuren. Sechster Neudruck. 149 Seiten. 1922. (Samml. Göschen Bd. 179.) Geb. RM 1.62.

Mit dem ersten Teile ist beabsichtigt, eine kurze Darstellung der wichtigsten der technischen Statik zugrunde liegenden allgemeinen statischen Gesetze zu geben. Der zweite Teil umfaßt die statische Berechnung starrer Stabverbindungen, der statisch bestimmten Fachwerksträger für Dächer und Brücken, der Spreng- und Hängwerke, enthält die Lehre über die Standfestigkeit der Mauern und Tonnengewölbe und gibt das Wichtigste aus der Theorie des Erddrucks und dem Gebiet des Gleichgewichts der seilartigen Körper.

Graphische Statik mit besonderer Berücksichtigung der Einflußlinien. Von Dipl.-Ing. OTTO HENKEL, Bauingenieur und Studienrat an der Baugewerkschule in Erfurt. I. Teil: Zusammensetzung und Zerlegung der Kräfte in der Ebene. Schwerpunkte. Trägheitsmomente. Spannungen in geraden Stäben. Der einfache Vollwand- und Fachwerkträger. Der Dreigelenkbogen. Gewölbe. Erddruck und Wasserdruck. Mit 127 Figuren. Zweite Auflage. 150 Seiten. 1929. (Samml. Göschen Bd. 603.) Geb. RM 1.62. II. Teil: Durchgehende Gelenkträger. Dreigelenkbogen. Formänderungen gerader Träger. Durchlaufende (kontinuierliche) Träger. Formänderungen gebogener Träger. Zweigelenkboegen und Zweigelenkrahmen. Eingespannter Bogen und Steifrahmen. Mit 91 Figuren. Zweite Auflage. 176 Seiten. 1928. (Samml. Göschen Bd. 695.) Geb. RM 1.62.

Analysis der ebenen Bewegung. Von Dr. MARTIN KRAUSE, Professor an der Technischen Hochschule Dresden. Unter Mitwirkung von Dr. phil. et rer. techn. ALEXANDER CARL in Leisnig. Oktav. VII, 216 Seiten. 1920. RM 3.—.

Das Buch beschäftigt sich mit den analytischen Beziehungen zwischen den Punkten zweier, in der gleichen Ebene gelegener Koordinatensysteme, von denen das eine fest, das andere bewegt ist, ausgehend von den Transformationsgleichungen.

Festigkeitslehre. Von Professor Dipl.-Ing. W. HAUBER in Stuttgart. Mit 56 Figuren und 1 Tafel. Achter Neudruck. 127 Seiten u. 1 Tafel. 1923. (Samml. Göschen Bd. 288.) Geb. RM 1.62.

In dem Band gibt der Verfasser eine kurze Übersicht über die Fundamentalsätze der elastischen Kräfte in ihrer Anwendung auf die einfacheren Fälle der Festigkeit, soweit sie für die gewöhnlichen Aufgaben des praktischen Lebens in Frage kommen.

Aufgabensammlung zur Festigkeitslehre mit Lösungen. Von R. HAREN. Dritte, vollständig neubearbeitete Auflage von JOSEF FURTMAYR, Dipl.-Ing. in Stuttgart. Mit 43 Figuren. 116 Seiten. 1923. (Samml. Göschen Bd. 491.) Geb. RM 1.62.

Der Band bietet in 8 Abschnitten 66 Aufgaben nebst Lösungen über Zug, Druck, Biegung, Schub, Verdrehung, Knickung, Festigkeit plattenförmiger Körper und zusammengesetzte Festigkeit; in einem Anhang sind die benötigten Zahlenwerte kurz zusammengestellt.

Hydraulik. Von Professor Dipl.-Ing. W. HAUBER in Stuttgart. Zweite, verbesserte und vermehrte Auflage. Neudruck. Mit 45 Figuren. 156 Seiten. 1925. (Samml. Göschen Bd. 397.) Geb. RM 1.62.

Das Buch enthält eine Darstellung der Hydrostatik und bringt aus der Hydrodynamik: Ausfluß des Wassers aus Gefäßen; Überfall des Wassers über Wehre; Die Bewegung des Wassers in Flüssen und Kanälen; Die Bewegung des Wassers in Röhren mit konstantem Querschnitt; Stoß eines zylindrischen oder prismatischen Wasserstrahls auf eine Zylinderfläche.

Elastizitätslehre für Ingenieure. Von Professor Dr.-Ing. MAX ENSSLIN an der Höheren Maschinenbauschule Eßlingen. I. Grundlagen und Allgemeines über Spannungszustände, Zylinder, ebene Platten, Torsion, gekrümmte Träger. Mit 65 Figuren. Zweite, verbesserte Auflage. 147 Seiten. 1921. (Samml. Göschen Bd. 519.) Geb. RM. 1.62. II. Statisch unbestimmte Konstruktionen, Sätze von Castigliano und Maxwell, Dreimomentensatz, Vorspannungen, Temperaturspannungen, Fachwerke mit überzähligen Stützpunkten und überzähligen Stäben, Prinzip der virtuellen Verrückungen, Verschiebungsplan. Mit 44 Figuren. 120 Seiten. 1927. (Samml. Göschen Bd. 957.) Geb. RM 1.62.

Band I bespricht die Grundlagen der Elastizitätslehre sowie Allgemeines über Spannungszustände, Zylinder, ebene Platten, Torsion und gekrümmte Träger. Band II gibt eine Einführung in die Methoden zur Berechnung der statisch unbestimmten Konstruktion des Bau- und Maschineningenieurs.

Kinematik. Von Dr.-Ing. HANS POLSTER, Betriebsingenieur der Badischen Anilin- und Sodafabrik Merseburg-Leuna. Mit 76 Abbildungen. Zweite Auflage. 151 Seiten. 1920. (Samml. Göschen Bd. 584.) Geb. RM 1.62.

Der Band bietet dem Studierenden eine Einführung, will aber darüber hinaus den in der Praxis stehenden Ingenieuren, die sich in die schwierigen Bewegungsverhältnisse von Nocken-, Schwingdaumen- und Wälzhebelsteuerungen oder von anderen Gebieten tieferen Einblick verschaffen wollen, ein bequemer Führer sein.

Dynamik. Von Prof. Dr. WILHELM MÜLLER. I: Dynamik des Einzelkörpers. Mit 70 Figuren. 160 Seiten. 1925. (Samml. Göschen Bd. 902.) Geb. RM 1.62. II: Dynamik von Körpersystemen. Mit 51 Figuren. 137 Seiten. 1925. (Samml. Göschen Bd. 903.) Geb. RM 1.62.

Aerodynamik des Fluges. Eine Einführung in die mathematische Tragflächentheorie. Von Professor Dr. HARRY SCHMIDT. Mit 81 Figuren. 1929. VII, 258 Seiten. RM 15.—, geb. RM 16.50.

Der Verfasser gibt mit diesem Werk ein exakt einführendes Lehrbuch für Studierende und bereits in der Praxis stehende Ingenieure, das auf einem Minimum an hydrodynamischen und mathematischen Kenntnissen aufbaut.

Es entwickelt dementsprechend ausführlich die erforderlichen hydrodynamischen und funktionentheoretischen Hilfsmittel und insbesondere die Methoden der konformen Abbildungen. Im Zusammenhang mit diesen wurden die Kutta-Joukowski- von Misessche Theorie der unendlich breiten Tragfläche wie auch die Prandtlsche Tragflügeltheorie besonders ausführlich entwickelt.

Ballistik. Von Dr. THEODOR VAHLEN, o. ö. Professor der reinen und angewandten Mathematik an der Technischen Hochschule Wien. Mit 53 Abbildungen. Groß-Oktav. XII, 231 Seiten. 1922. RM 9.—, geb. RM 10.—.

Mathematische Physik

Reihenentwicklungen in der mathematischen Physik. Von Dr. JOSEF LENSE, o. ö. Professor an der Technischen Hochschule München. Mit 30 Abbildungen. 1933. Im Druck.

Einführung in die Differentialgleichungen der Physik. Von Professor LUDWIG HOPF an der Technischen Hochschule Aachen. Mit 49 Abbildungen. 1933. (Samml. Göschen Bd. 1070.) Geb. RM 1.62.

Elastizitätslehre für Ingenieure. Von Professor Dr.-Ing. MAX ENSSLIN an der Höheren Maschinenbauschule Eßlingen. I. Grundlagen und Allgemeines über Spannungszustände, Zylinder, ebene Platten, Torsion, gekrümmte Träger. Mit 65 Figuren. Zweite, verbesserte Auflage. 147 Seiten. 1921. (Samml. Göschen Bd. 519.) Geb. RM 1.62. II. Statisch unbestimmte Konstruktionen, Sätze von Castigliano und Maxwell, Dreimomentensatz, Vorspannungen, Temperaturspannungen, Fachwerke mit überzähligen Stützpunkten und überzähligen Stäben, Prinzip der virtuellen Verrückungen, Verschiebungsplan. Mit 44 Figuren. 120 Seiten. 1927. (Samml. Göschen Bd. 957.) Geb. RM 1.62.

Band I bespricht die Grundlagen der Elastizitätslehre sowie Allgemeines über Spannungszustände, Zylinder, ebene Platten, Torsion und gekrümmte Träger. Band II gibt eine Einführung in die Methoden zur Berechnung der statisch unbestimmten Konstruktion des Bau- und Maschineningenieurs.

Einführung in die geometrische Optik. Von Dr. W. HINRICHS, Berlin-Wilmersdorf. Mit 56 Figuren. Zweite, verbesserte Auflage. 143 Seiten. 1924. (Samml. Göschen Bd. 532.) Geb. RM 1.62.

Photogrammetrie und Stereophotogrammetrie. Von Dr. HANS DOCK, Privat- und Honorardozent an der Hochschule für Bodenkultur in Wien. Zweite Auflage. Mit 57 Figuren. 133 Seiten. 1923. (Samml. Göschen Bd. 699.) Geb. RM 1.62.

Angewandte Mathematik

Graphische Darstellung in Wissenschaft und Technik. Von Professor Dr. M. PIRANI. Zweite, verbesserte Auflage, besorgt durch Dr. I. RUNGE. Mit 71 Abbildungen. 149 Seiten. 1931. (Samml. Göschen Bd. 728.) Geb. RM 1.62.

Von der einfachen Darstellung von Größen mit unbekanntem Zusammenhang in Form von Kurven oder Skalen ausgehend, geht der Verfasser zur Darstellung von Größen bekannter Abhängigkeit (Funktionsskalen, insbesondere logarithmische projektive Teilung) über und bespricht dann die Aufstellung von Rechentafeln, namentlich mit der Methode der fluchtrechten Punkte oder mit Hilfe mehrerer gekreuzter Linien.

Kartenkunde. Von Dr. M. GROLL. Zweite Auflage, neubearbeitet von Dr. OTTO GRAF. I: Die Projektionen. Mit 56 Abbild. im Text und auf Tafeln. Neudruck. 1931. 117 Seiten. II: Der Karteninhalt und das Messen auf Karten. Mit 39 Abbild. im Text und auf Tafeln. 1923. 133 Seiten. (Samml. Göschen Bd. 30 u. 599.) Geb. je RM 1.62.

Geodäsie (Landesvermessung und Erdmessung). Von Prof. Dr. GUSTAV FÖRSTER. Mit 33 Figuren. 122 Seiten. 1927. (Samml. Göschen Bd. 102.) Geb. RM 1.62.

Vermessungskunde. Von Dr.-Ing. P. WERKMEISTER, o. Professor an der Technischen Hochschule Dresden. I: Stückmessung und Nivellieren. Mit 146 Figuren. Fünfte Auflage. 163 Seiten. 1932. (Samml. Göschen Bd. 468.) Geb. RM 1.62. II: Messung von Horizontalwinkeln, Festlegung von Punkten im Koordinatensystem, Absteckungen. Mit 93 Figuren. Dritte Auflage. 148 Seiten. 1930. (Samml. Göschen Bd. 469.) Geb. RM 1.62. III: Trigonometrische und barometrische Höhenmessung, Tachymetrie und Topographie. Mit 61 Figuren. Zweite Auflage. 136 Seiten. 1923. (Samml. Göschen Bd. 862.) Geb. RM 1.62.

Praktisches Zahlenrechnen. Von Professor Dr.-Ing. P. WERKMEISTER in Dresden. Mit 60 Figuren. Zweite, verbesserte Auflage. 136 Seiten. 1929. (Samml. Göschen Bd. 405.) Geb. RM 1.62.

Das Buch gibt eine übersichtliche Auskunft über die in der Praxis angewendeten Arten des Rechnens. Es wird daher in allen Kreisen der Technik und Naturwissenschaft ein willkommener Führer und Ratgeber sein.

Mathematische Instrumente. Von Professor Dr. FR. A. WILLERS. Mit 68 Figuren. 144 Seiten. 1926. (Samml. Göschen Bd. 922.) Geb. RM 1.62.

Der Band bringt nicht nur eine Beschreibung der mathematischen Instrumente, sondern auch eine genaue Theorie, aus der die Anwendungsmöglichkeiten, die beste Art des Gebrauchs, sowie die Größe der auftretenden Ungenauigkeiten abgeleitet werden.

Politische Arithmetik. (Zinseszinsen-, Renten- und Anleiherechnung.) Von Dr. EMIL FOERSTER, Honorardozent an der Technischen Hochschule in Wien. Mit 7 Figuren. 155 Seiten. 1924. (Samml. Göschen Bd. 879.) Geb. RM. 1.62.

In 6 Kapiteln wird der Reihe nach die einfache Zinsenrechnung, die Zinseszinsrechnung für Einzelkapitalien und Renten, das Rechnen mit vorschüssigen Zinsen, die Schuldentilgung sowie die Kurs- und Rentabilitätsrechnung behandelt.

Wahrscheinlichkeitsrechnung. Von Dr. OTTO KNOPF, o. Professor der Astronomie an der Universität Jena. I. 112 Seiten. 1923. II. Mit 10 Figuren. 112 Seiten. 1923. (Samml. Göschen Bd. 508 und 871.) Geb. je RM 1.62.

Eine knappe, klare Darstellung der Wahrscheinlichkeitsrechnung, deren Wert für die mathematischen Grundlagen des Versicherungswesens, für die statistische Mechanik und neuerdings auch für das Fernsprechwesen auf der Hand liegt.

Ausgleichungsrechnung nach der Methode der kleinsten Quadrate. Von WILHELM WEITBRECHT, Professor der Geodäsie in Stuttgart. Zweite, veränderte Auflage. I. Teil: Ableitung der grundlegenden Sätze und Formeln. Mit 8 Figuren. Neudruck. 127 Seiten. 1919. (Samml. Göschen Bd. 302.) Geb. RM 1.62.
II. Teil: Zahlenbeispiele. Mit 8 Figuren. Neudruck. 141 Seiten. 1920. (Samml. Göschen Bd. 641.) Geb. RM 1.62.

Jeder der beiden Teile bildet ein das ganze Gebiet umfassendes, für sich geschlossenes Ganzes. Der erste enthält die Ableitung der grundlegenden Sätze und Formeln, während im zweiten die fertigen Ergebnisse dieser Ableitungen zusammengestellt und auf hauptsächlich dem Gebiet der Geodäsie entnommene Zahlenbeispiele angewendet werden.

Versicherungsmathematik. Von Dr. FRIEDRICH BOEHM, Professor an der Universität München. I: Elemente der Versicherungsrechnung. 144 Seiten. 1925. (Samml. Göschen Bd. 180.) Geb. RM. 1.62. II: Lebensversicherungsmathematik. Einführung in die technischen Grundlagen der Sozialversicherung. 171 Seiten. 1926. (Samml. Göschen Bd. 917.) Geb. RM 1.62.

Der erste Band behandelt den Zins als erste, die Sterbetafel als zweite Rechnungsgrundlage, die Prämienreserve und die Versicherung verbundener Leben. Der zweite Band enthält außer einer eingehenden Behandlung der Lebensversicherungsmathematik eine Einführung in die technischen Grundlagen der Sozialversicherung.

Methoden der praktischen Analysis. Von Dr. FR. A. WILLERS, o. Professor an der Bergakademie Freiberg (Sachsen). 344 Seiten. 1928. (Göschens Lehrbücherei Bd. 12.) RM 20.—, geb. RM 21.50.

Der Band gibt dem Mathematiker einen Einblick in die Anwendungsmöglichkeiten der Methoden und macht den Naturwissenschaftler und Ingenieur mit den theoretischen Grundlagen bekannt.

Numerische Integration. Von Professor Dr. FR. A. WILLERS. Mit 2 Figuren. 116 Seiten. 1923. (Samml. Göschen Bd. 864.) Geb. RM 1.62.

Die Darstellung ist sehr übersichtlich und so elementar als möglich gehalten. Sie setzt nur die Kenntnisse der Grundgesetze der Differential- und Integralrechnung voraus und wendet sich an Mathematiker, Physiker und vor allem an Ingenieure, für die das Buch eine gute Anleitung und Einführung ist.

Graphische Integration. Von Professor Dr. FR. A. WILLERS. Mit 53 Figuren. 142 Seiten. 1920. (Samml. Göschen Bd. 801.) Geb. RM 1.62.

Der Verfasser versucht, einem weiteren Kreise die immer noch zu wenig benutzten zeichnerischen Methoden bekanntzumachen. Er setzt dabei so wenig Vorkenntnisse wie möglich voraus.

Astronomie

Astronomie. Größe, Bewegung und Entfernung der Himmelskörper. Von A. F. MÖBIUS. Bearbeitet von Dr. HERM. KOBOLD, o. Hon.-Professor an der Universität Kiel. I. Das Planetensystem. Mit 33 Figuren. Elfte Auflage. Durchgesehener Neudruck. 136 Seiten. 1925. (Samml. Göschen Bd. 11.) Geb. RM 1.62 II. Kometen, Meteore und das Sternsystem. Mit 15 Figuren und 2 Sternkarten. Dreizehnte Auflage. 128 Seiten. 1923. (Samml. Göschen Bd. 529.) Geb. RM 1.62.

Der erste Teil beschränkt sich auf die Darstellung der Bewegungserscheinungen und der Größenverhältnisse der Planeten und ihrer Trabanten. Im zweiten Teil leitet die zunächst gegebene Behandlung der dem Sonnensysteme weniger innig verbundenen Glieder, der Kometen und Meteore, zu dem Hauptgegenstande der Betrachtung, dem Fixsternsystem, über. Im letzten Kapitel wird der Leser mit den Theorien über die Entwicklungsvorgänge im Universum bekanntgemacht.

Einleitung in die Astronomie. Von Dr. A. VON FLOTOW, Observator am Geodät. Institut in Potsdam. Mit 1 Tafel. Groß-Oktav. 1911. (Samml. Schubert Bd. XV.) Geb. RM 7.—.

Astronomische Chronologie. Von Professor Dr. P. V. NEUGEBAUER, Observator am Astronomischen Rechen-Institut in Berlin-Dahlem. Erster Band: Text. Groß-Oktav. 190 Seiten. Zweiter Band: Tafeln. Groß-Oktav. 136 Seiten. 1929. Beide Bände RM 37.—, geb. RM 40.—.

Die Mechanik des Himmels. Von Prof. Dr. CARL LUDWIG CHARLIER. Vorlesungen. 2 Bände. Lex.-Oktav. Zweite Auflage. Mit zahlreichen Figuren. I: VIII, 488 Seiten, 1927. II: VIII, 480 Seiten, 1927. Zusammen RM 54.—, geb. RM 60.—.

Astronomischer Jahresbericht. Gegründet von WALTER F. WISLICENUS. Mit Unterstützung der Astronomischen Gesellschaft herausgegeben von dem Astronomischen Rechen-Institut zu Berlin-Dahlem. Oktav. Ab 1900, zuletzt erschien der 33. Band (Literatur des Jahres 1931, Preis RM 24.—). Preise der früheren Bände auf Anfrage.

FSC
www.fsc.org
MIX
Papier | Fördert
gute Waldnutzung
FSC® C083411

Zeitfracht Medien GmbH
Ferdinand-Jühlke-Straße 7
99095 Erfurt, Deutschland
produktsicherheit@kolibri360.de